쉬워지는 과학,
IDL 프로그래밍

허복행 저

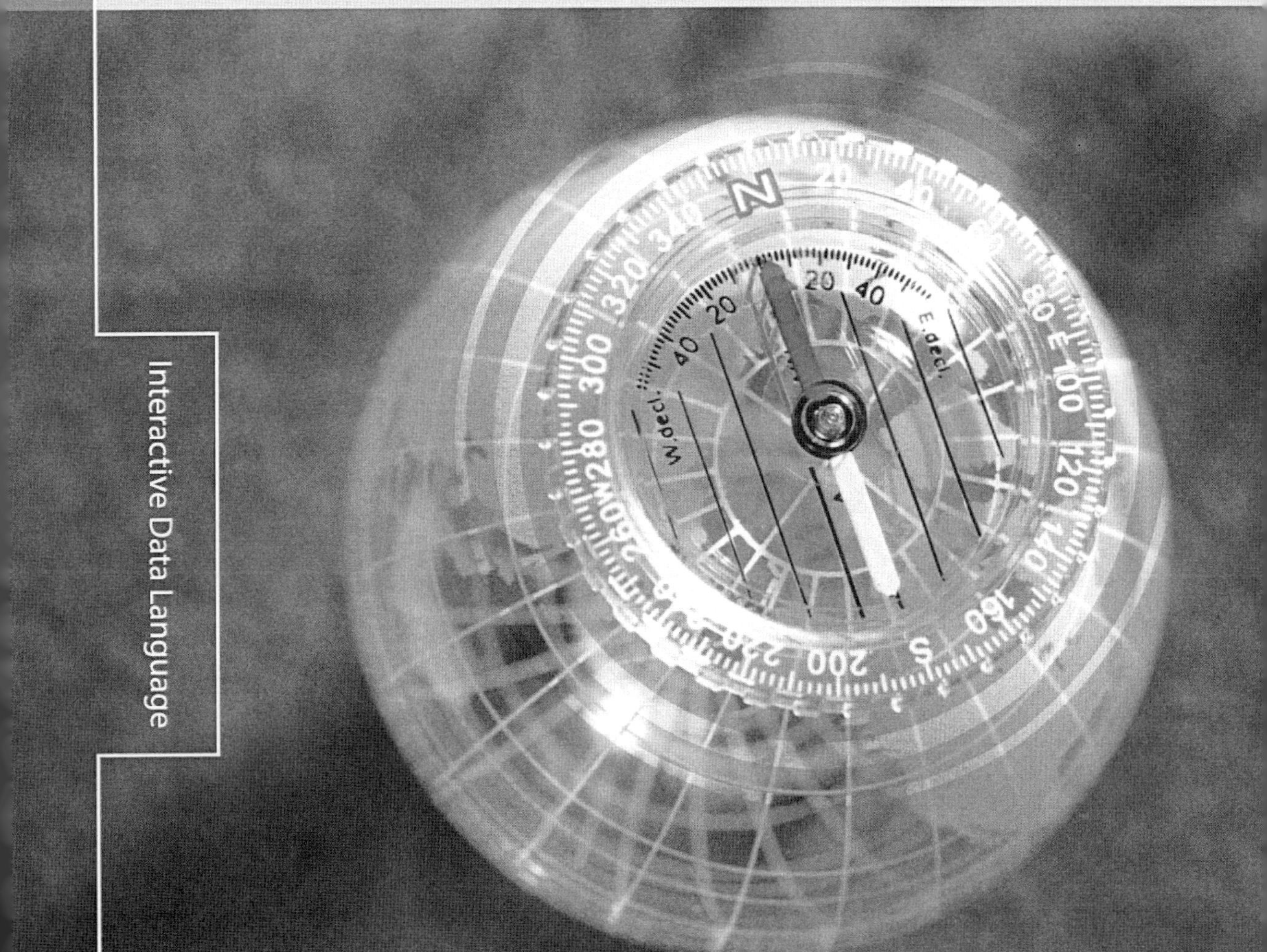

홍릉과학출판사

머리말_PREFACE

최근의 과학이나 공학 연구에 있어서 컴퓨터를 이용한 데이터의 분석은 필수적으로 포함되는 경우가 대부분이다. 이러한 분석은 실험이나 측정으로 얻은 데이터를 처리하여 시각화하고 해석하는 과정으로 이루어진다. 따라서 과학자나 공학도에게는 데이터 분석을 위한 컴퓨터 도구의 사용이 필수적이다.

지금까지 과학 연구 분야에 널리 알려진 컴퓨터 도구로는 BASIC, FORTRAN 77/90, C, C++ 등과 같은 프로그래밍 언어, SURFER, SigmaPlot, NCAR Graphics 등과 같은 그래픽 도구, 간단한 연산과 그래픽을 처리하는 워크시트 등이 있다. 프로그래밍 언어로 데이터를 분석하기 위해서는 프로그래밍 언어로 처리 프로그램을 작성하고 실행한 후에 다시 그래픽 도구로 시각화해야 하는 경우가 많다. 그래픽 도구는 다른 프로그램으로 처리된 데이터만을 시각화할 수 있다. 워크시트는 간단한 통계 연산과 그래픽을 처리할 수 있으나 수치해석, 신호처리 등과 같은 복잡한 분석과 과학 전문 그래픽 생성에 있어서는 한계가 있다. IDL은 다른 프로그래밍 언어와 비교하여 전혀 손색이 없는 언어 기능과 과학 연구 분야에서 필요한 모든 그래픽을 처리할 수 있는 그래픽 기능을 둘다 가진 언어로서, 과학 연구에서 강력하고 적합한 분석 도구로서의 그 가치는 이미 충분히 입증되고 있다.

IDL은 "Interactive Data Language"의 줄임말로 미국 RSI(Research Systems, Incorporated)사가 개발한 컴퓨터 프로그래밍 언어이며, 1981년에 버전 1.0이 공개되어 2008년에 버전 7.0까지 발표되었다. IDL은 WINDOWS, MAC, UNIX, LINUX, VMS 등의 운영 시스템에서 실행되며, BASIC, FORTRAN, C, C++, APL 등과 비슷하면서도 다음과 같이 프로그램 환경, 벡터 연산, 그래픽 생성 등에 있어서 우수한 기능을 가진 프로그래밍 언어이다.

- IDL은 대화형 프로그래밍 환경과 컴파일 프로그래밍 환경을 동시에 제공한다. IDL의 대화형 명령 프롬프트(command prompt)에서 명령어를 입력하면 인터프리터와 같이 곧바로 실행되어 그 결과가 나타난다. 또한, 편집기로 프로그램을 작성한 후에 컴파일·실행해도 그 결과가 나타난다.
- IDL은 벡터 연산(배열 연산)에 최적화되어 있어서 연산 속도가 빠를 뿐만 아니라 인간의 사고방식으로 표현된 플로차트 형태에 가깝게 프로그래밍할 수 있다.

- IDL에서 변수는 언제 어디서든지 변수형·변수크기·변수값 등을 새로이 생성하거나 정의할 수 있어서, 형식에 구애받지 않고 변수를 생성·활용할 수 있다.
- IDL은 그래픽스 디바이스를 내장하고 있어 특별한 응용 프로그램 없이도 그래픽을 표출할 수 있으며, 프로그램의 실행 결과를 그래픽으로 확인해가면서 프로그래밍할 수 있다. 또한, 수치해석이나 그래픽 인터페이스 개발에 필요한 내장함수를 포함하고 있어서, 비교적 복잡한 프로그램도 빠르게 작성할 수 있다는 장점이 있다.

IDL을 접하는 사용자의 대부분은 과학 또는 공학 분야에 관련된 일에 종사하며, 과학적인 사고방식을 갖고 있으며, 컴퓨터 사용에도 익숙할 것이다. 따라서 이 책의 내용은 이러한 전제 조건하에 작성되었다. 이 책에서는 여러 가지 개념과 응용 사례를 혼합하여 장황하게 설명하기보다는, 기본 개념을 설명한 후에 이를 기초로 응용할 수 있는 다양한 사례를 제시하는 방식으로 서술하였다. 따라서 사용자가 스스로 학습할 수 있을 뿐만 아니라, 제시된 사례를 각자의 연구 분야에 직접 활용할 수 있도록 다양한 관련 예제들을 소개하였다. 또한, 프러시저나 함수에 대한 정의는 나중에 확인할 때 쉽게 찾아볼 수 있도록 글상자로 작성하였다. 단, 이 책에서는 기존의 다른 소프트웨어에서 이미 많이 개발되어 있는 애니메이션 기능에 대한 설명은 제외하였다.

IDL은 30년 가까이 살아온 언어이고 그 효율성과 가치는 이미 충분히 입증되어 있다고 해도 과언이 아니다. IDL은 몇 시간 배워서 당장 간단한 분석을 해볼 수 있을 정도로 쉽기도 하면서, 상당히 어렵고 복잡한 분석을 불과 몇 줄로도 처리할 수 있도록 많은 과학적인 분석 도구를 제공하는 강력한 언어이다. 여러분이 데이터 분석을 위한 도구로 IDL을 배우게 된다면, 분석의 효율성과 속도는 지금보다도 훨씬 배가될 것이다. 또한, 프로그래밍이 인간의 사고방식에 가깝게 이루어지기 때문에, 누구나 쉽게 배우고 이해할 수 있으며 연구 분석의 노하우를 다른 사람에게 전수할 수도 있다. 당장 또는 미래에 과학이나 공학 분야에 종사할 생각이 있다면 지금부터라도 IDL을 시작하기를 권한다.

이 책은 Liam Gumley의 Practical IDL Programming을 참조하여 기상학자로서 필요하다고 생각되는 부분과 예제를 많이 추가하였다. 또한, IDL의 새로운 기능을 소개하고, 더 많은 예제를 수록하기 위해 책의 내용을 일부 수정하거나 추가한 부분이 있음을 밝힌다.

저자 허 복 행

차 례_CONTENTS

제1부 IDL 프로그래밍의 기초

제2부 데이터 입출력

제3부 그래픽 출력

부록 수학 관련 루틴과 유용한 팁

제1부

IDL 프로그래밍의 기초

IDL 개요

Chapter | 1

IDL은 Interactive Data Language의 약어로서 FORTRAN · C · BASIC · APL 컴퓨터 프로그래밍 언어와 비슷하면서도 벡터 연산과 그래픽 생성에 있어서 우수한 기능을 가진 프로그래밍 언어이다. 여기서는 IDL을 이해하는데 도움이 되는 IDL의 강점과 학습에 도움이 되는 교재에 대해 설명한다. 그리고 IDL 프로그래밍의 기본이 되는 두 가지의 IDL 모드에 대해 설명한다.

1.1 IDL이란

IDL은 미국 RSI(Research Systems, Incorporated)사가 만든 컴퓨터 프로그래밍 언어로서 WINDOWS · MAC · UNIX · LINUX 운영체제에서 실행된다. IDL은 1981년에 버전 1이 공개되어 천문학과 우주과학에 널리 활용되었고, 최근에는 그 분야가 지구과학 · 지리학 · 의학물리 · 공학까지 확대되어가고 있는 추세이다.

IDL은 프로그램 환경, 벡터 연산 그리고 그래픽 생성에서 다른 프로그램보다 우수한 장점을 가지고 있으며, 다음 측면에서 다른 프로그래밍 언어와 뚜렷한 차이를 보인다.

IDL은 대화형 프로그래밍 환경과 컴파일 프로그래밍 환경을 동시에 제공한다. IDL 대화형 프로그래밍 인터페이스에서 명령어를 입력하면 인터프리터와 같이 곧바로 실행되고 그 결과가 나타난다. 그리고 다른 프로그래밍 언어와 같이 편집기로 프로그램을 작성한 후에 컴파일 · 실행하면 그 결과가 나타난다.

C나 FORTRAN은 스칼라 연산에 최적화되어 있는 반면에, IDL은 벡터 연산(배열 연산)에 최적화되어 있다. 물론, FORTRAN-9x에 벡터 연산이 포함되어 있긴 하지만, 여전히 FORTRAN-9x의 많은 컴파일러가 스칼라 연산에서 효과적으로 실행된다. IDL의 벡터 연산은 속도를 크게 향상시킬 뿐만 아니라, 인간의 사고방식으로 표현된 플로차트의 형태로 프로그램을 작성할 수 있게 한다.

C나 FORTRAN에서 변수는 프로그램 도입부에서 정의한 변수형 · 변수크기 · 변수값 등으로만 실행되지만, IDL의 변수는 언제 어디서든지 변수형 · 변수크기 · 변수값을 새로이 생성하거나 정의할 수 있다. 따라서 기존 프로그래밍에서 요구하는 형식에 구애받지 않고 변수를 생성 · 활용할 수 있다.

C나 FORTRAN에서 데이터 처리 결과를 그래픽으로 출력할 경우에는 많은 외부함수가 필요하거나 다른 응용 프로그램을 이용해야 한다. 그러나 IDL은 기본적으로 그래픽을 그려주는 그래픽스 디바이스가 내장되어 있기 때문에 특별한 도구나 응용 프로그램 없이도 그래픽을 그릴 수 있다. 그리고 프로그램의 실행 결과를 그래픽으로 확인해가면서 프로그래밍할 수 있다. 또한, 수치해석이나 그래픽 인터페이스 개발에 필요한 내장함수를 포함하고 있어서 고난도 프로그램을 빠르게 작성할 수 있는 장점이 있다.

1.2 IDL 학습 교재

IDL을 배우는데 필요한 도움말과 교재는 내용의 수준에 따라 다양하게 제공되고 있다. IDL에 대한 자세한 설명은 온라인 도움말(online help)로 제공되고 있으며, 이 도움말에 포함되어 있는 매뉴얼은 전자파일로 저장되어 있다. IDL 온라인 도움말은 제1.3절에서 설명하는 명령행(command line)*에서 다음과 같이 물음표 "?"를 입력하면 얻을 수 있다.

```
IDL> ?
```

다른 방법으로, 역시 제1.3절에서 설명하는 IDL Development Environment 모드에서 "도움말" 메뉴의 "도움말 목차" 버튼을 누르면 그림 1.1과 같이 온라인 도움말에 대한

* 모니터 화면에서 프롬프트가 나타난 줄 위에 사용자가 명령을 입력하도록 되어 있는 행

여러 콘텐츠로 나타난다. 여기에 포함된 각 콘텐츠를 클릭하면 해당 메뉴에 연결된 전자매뉴얼을 볼 수 있다. 온라인 도움말에서 제공하는 주요 전자매뉴얼은 다음과 같다.

- About IDL : IDL 7.0의 사양 및 설치 가이드
- IDL Workbench Guide : IDL 워크벤치 환경에 관한 전반적인 소개
- IDL Reference Guide : 내장 프러시저와 함수, IDL 그래픽스 디바이스, 시스템 변수 등에 대한 참조사항
- Scientific Data Formats : 일반 데이터 · NetCDF · CDF · HDF · HDF-EOS 등의 데이터를 읽고 쓰는 방법
- IDL User's Guide : 이미지 데이터 처리, 데이터 입출력, iTools 등과 같은 IDL의 세부 기능에 대한 설명
- IDL Programmer's Guide : IDL을 개발 도구로 사용하는데 필요한 객체지향 그래픽, GUI 제작, 외부 언어와의 연결방법 등을 설명
- Supplemental IDL Guides : DataMiner, Wavelet Toolkit 등의 IDL 추가 모듈에 대한 소개

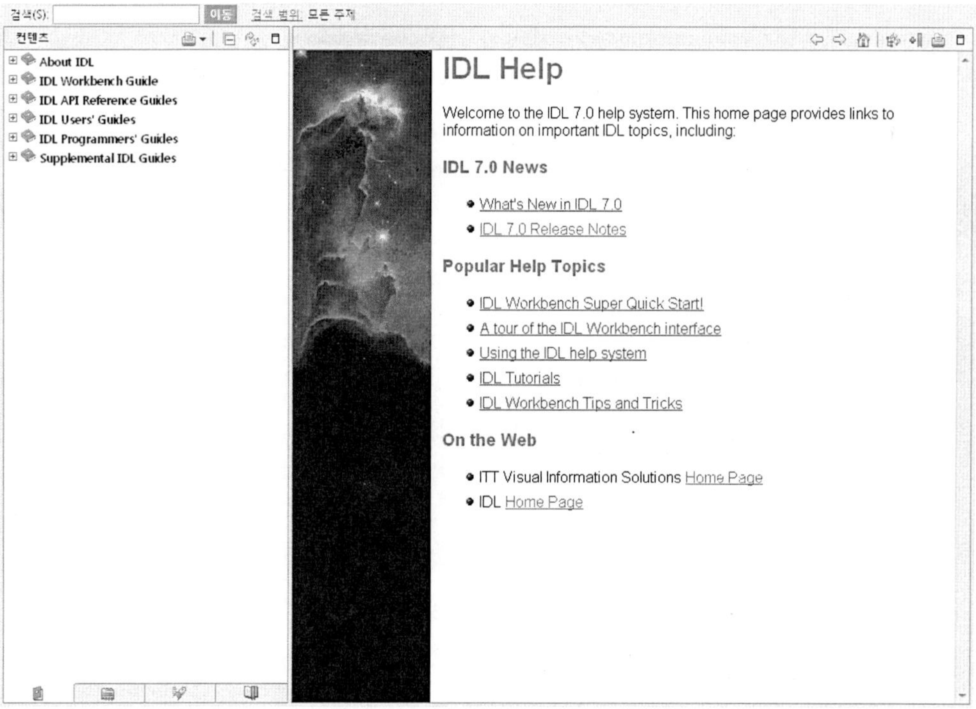

그림 1.1 IDL 7.0의 온라인 도움말

IDL 전자매뉴얼에서 제공하는 내용 이외에 다양한 프로그램 기법과 예문들은 다음 교재를 통해서 얻을 수 있다.

- Practical IDL Programming(Liam Gumley, 2002)
- IDL Programming techniques(David Fanning, 2000)
- An Introduction to Programming with IDL(Kenneth Bowman, 2006)
- IDLと 3次元畵像處理入門(飯倉善和著, 2007)

"Practical IDL Programming"은 유명한 IDL 교재 중 하나로, IDL 언어와 도구 모음 프로그램(toolkit)에 대하여 알려주고, 자칫 어렵게 느껴질 수 있는 객체지향 프로그래밍과 같은 내용은 제외시켜서 초보자도 쉽게 IDL 활용에 접근할 수 있는 교재이다. 이 책의 저자인 Liam Gumley는 자신의 웹 페이지인 http://www.gumley.com을 통해 유용한 팁과 프로그램 소스를 제공하고 있다. "IDL Programming Techniques"는 그래픽 출력에 관한 IDL 프로그래밍을 이해하기 쉽게 쓴 책으로, 다양한 종류의 그래픽에 대한 프로그래밍 기법이 자세하게 설명되어 있다. 또한, 그래픽 사용자 인터페이스와 객체지향의 IDL 프로그래밍에 대해서도 설명하고 있다. 이 책의 저자인 David Fanning은 자신의 웹 페이지 http://www.dfanning.com에서 다양한 예문과 도움말들을 제공하고 있다. "An Introduction to Programming with IDL"은 IDL 프로그래밍에 필요한 기초 지식을 담고 있으며, IDL로 대기과학 분야에서 접할 수 있는 다양한 데이터 분석과 그래픽 출력 방법에 대해 설명하고 있다. 가장 최근에 출판된 IDLと 3次元畵像處理入門는 위성영상 데이터를 3차원 이미지로 처리하는 방법을 자세히 소개하고 있다.

그림 1.2 IDL의 다양한 프로그래밍 기법에 대한 학습 교재

1.3 IDL 프로그램 개발 환경

IDL은 프로그램 코드를 작성하고 컴파일·실행하기 위한 프로그램 개발환경으로 IDL Development Environment(IDLDE) 모드와 IDL Command Line(명령행) 모드를 동시에 제공한다.

IDLDE 모드는 그림 1.3과 같은 그래픽 사용자 인터페이스(GUI)로 제공된다. 이 모드는 WINDOWS·MAC·UNIX·LINUX 등의 운영체제에서 실행된다. WINDOWS나 MAC 운영체제의 경우에는 바탕 화면에 있는 IDL 아이콘을 더블 클릭하면 IDLDE 모드가 가동된다. UNIX나 LINUX 운영체제의 경우에는 운영체제의 프롬프트에 idlde를 입력하고 엔터를 치면 IDLDE 모드가 가동된다.

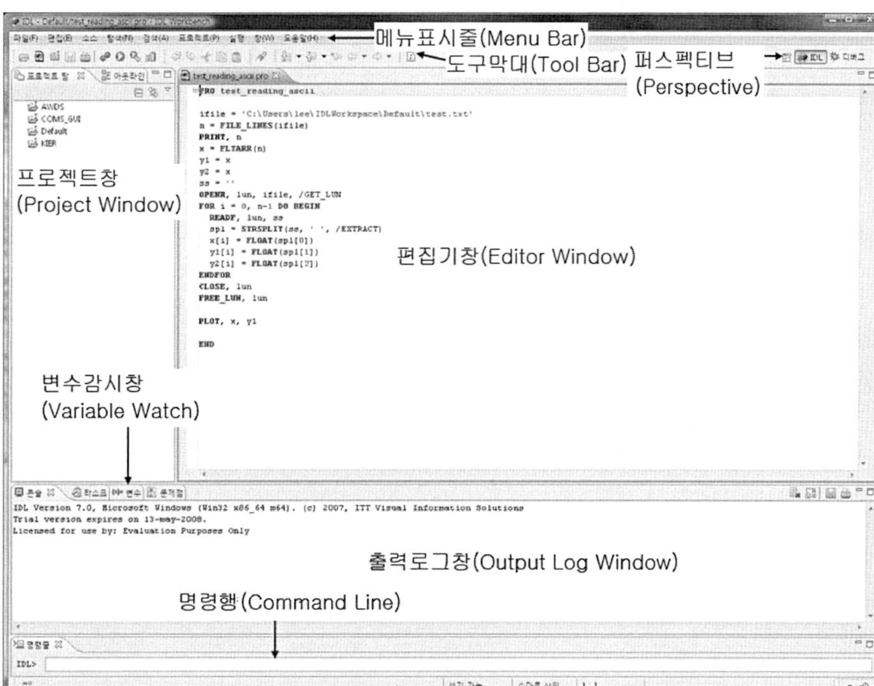

그림 1.3 WINDOWS 운영체제에서 IDLDE 모드의 실행 화면(IDL 7.0)

IDLDE 실행 화면은 메뉴표시줄(Menu Bar), 도구막대(Tool Bar), 프로젝트창(Project Window), 퍼스펙티브(Perspective), 편집기창(Editor Window), 출력로그창(Output Log Window), 변수감시창(Variable Watch Window), 그리고 명령행(Command Line)으로 구성

된다. 그리고 이들 화면 구성은 “창” 메뉴의 하위 메뉴인 “환경설정”에서 변경할 수 있다.

실행 화면의 상단에 위치한 메뉴표시줄은 IDLDE의 여러 특성을 관리하는데 사용한다. 퍼스펙티브(Perspective)는 작업 특성에 따라 최적으로 설정된 화면 배치와 도구 구성을 의미한다. 기본으로 프로그래밍에 적합한 “IDL 퍼스펙티브”와 디버깅에 적합한 “디버깅 퍼스펙티브”의 두 가지가 제공되며, 사용자가 직접 퍼스펙티브를 만들 수도 있다. 프로젝트창(Project Window)은 IDLDE 실행 화면에서 작성한 현행 프로젝트에 대한 정보를 표시한다. IDL 프로젝트는 IDL 응용 프로그램을 쉽게 개발할 수 있도록 필요한 모든 파일을 처리 · 컴파일 · 실행 · 배치한다. 편집기창은 IDL 프로그램 코드를 작성하는 곳이다. 명령행은 IDL 명령어를 입력하는 IDL 프롬프트이다. 여기에 그림 1.4와 같이 IDL 명령어를 입력하고 실행시키면 출력로그창으로 그 결과가 표출된다. 명령행의 오른쪽 하단에 위치한 “명령어 히스토리” 버튼을 클릭하면 명령어 히스토리를 보여주는 메뉴가 뜬다. 히스토리는 기본으로 500개 줄까지 기억하며, 이 개수는 “환경설정” 메뉴에서 변경할 수 있다. 변수감시창에는 프로그램을 종료하기 전까지 사용된 변수명, 변수형, 변수값 등의 변수 정보를 제공한다.

그림 1.4 IDLDE 실행 화면의 명령행에서 명령어 입력

IDL 명령행 모드는 UNIX나 LINUX 운영체제에서 사용하는 인터페이스이다. 운영체제의 프롬프트에서 “idl”을 입력하면 그림 1.5와 같은 화면이 뜬다. 여기에서 IDL 명령어를 입력하거나 미리 작성된 IDL 프로그램을 컴파일 · 실행한다.

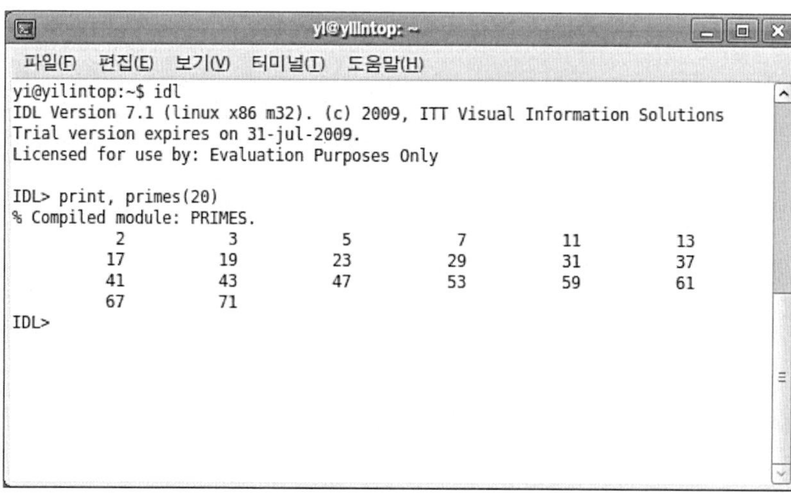

그림 1.5 LINUX 운영체제에서 IDL 명령행 모드의 실행 화면

1.4 프로그램 예문의 표현

이 책에서는 IDL 프로그래밍의 이해를 돕기 위하여 많은 프로그램 예문을 제시하고 있다. 이러한 예문은 크게 명령행에서 직접 입력하는 형태와 편집기로 작성한 프러시저나 함수의 스크립트 형태로 표현하였다.

명령행에서 입력하는 프러시저 · 함수 · 기타 명령어는 다음과 같이 IDL 프롬프트를 의미하는 "IDL> 명령어" 형식으로 콘솔 글씨체를 써서 표현하였다. IDL 프롬프트에서 입력한 명령어의 실행 결과는 바로 다음 줄에 표시하였다.

```
IDL> print, 'Hello IDL'
 Hello IDL
```

IDLDE 편집기나 다른 편집기로 작성한 프러시저나 함수의 스크립트는 다음과 같이 프러시저나 함수를 의미하는 "PRO" 혹은 "FUNCTION"으로 시작하여 끝을 의미하는 "END"로 표현하였다.

```
PRO hello
  print, 'Hello IDL'
  print, 'Dr. Heo'
END
```

명령행에서 직접 입력하는 형태는 명령어 입력과 동시에 곧바로 출력이 나타나는 경우에 사용하였다. 편집기로 작성한 프러시저나 함수의 스크립트 형태는 완전한 IDL 프러시저나 함수를 표현하고자 할 경우에 사용하였다. 따라서 명령행에서 직접 입력하는 형태는 예문의 서두에 "PRO 또는 FUNCTION"을 붙이고 끝에 "END"를 붙이면 스크립트처럼 사용할 수 있다. 반대로, 스크립트의 서두에 있는 "PRO 또는 FUNCTION"과 끝에 있는 "END"를 제외한 명령어를 IDL 명령행에 직접 입력하여 사용할 수 있다.

IDL 시작하기

Chapter 2

WINDOWS 운영체제에서 IDL 아이콘을 더블 클릭하거나 UNIX, LINUX 등의 운영체제에서 간단한 실행 명령어를 입력하여 IDL을 시작한다. 여기서는 IDL을 시작하고 종료하는 방법과 함께, IDL 프로그램을 실행 · 중지 · 재실행하는 방법을 설명할 것이다. 또한, IDL을 보다 편리하게 사용하기 위하여 반드시 알아야 하는 사용자 환경 설정과 시스템 변수에 대해 설명한다.

2.1 IDL 시작과 종료

IDL은 WINDOWS 운영체제에서 IDL 아이콘을 더블 클릭하거나 UNIX나 LINUX 운영체제에서 실행 명령어를 입력하여 시작한다.

WINDOWS 운영체제의 경우에 그림 2.1(a)와 같이 바탕 화면에 이미 설치된 IDL 아이콘을 더블 클릭하면 바로 IDLDE 화면이 실행된다. 다른 방법으로 그림 2.1(b)와 같이 WINDOWS의 시작 / 모든 프로그램 / IDL 디렉터리로 이동하여 IDL 버튼을 클릭하면 동일한 IDLDE 화면이 실행된다.

(a) (b)

그림 2.1 WINDOWS 운영체제에서 (a) 바탕 화면의 IDL 아이콘을 더블 클릭하여 IDLDE 실행하는 경우, (b) 시작 / 모든 프로그램 / IDL 디렉터리로 이동하여 IDLDE를 실행하는 경우

WINDOWS 운영체제에서 IDLDE 실행 화면의 오른쪽 상단에 있는 ☒ 아이콘을 클릭하거나 명령행 입력창에 exit 명령어를 입력하면 종료된다.

```
IDL> exit
```

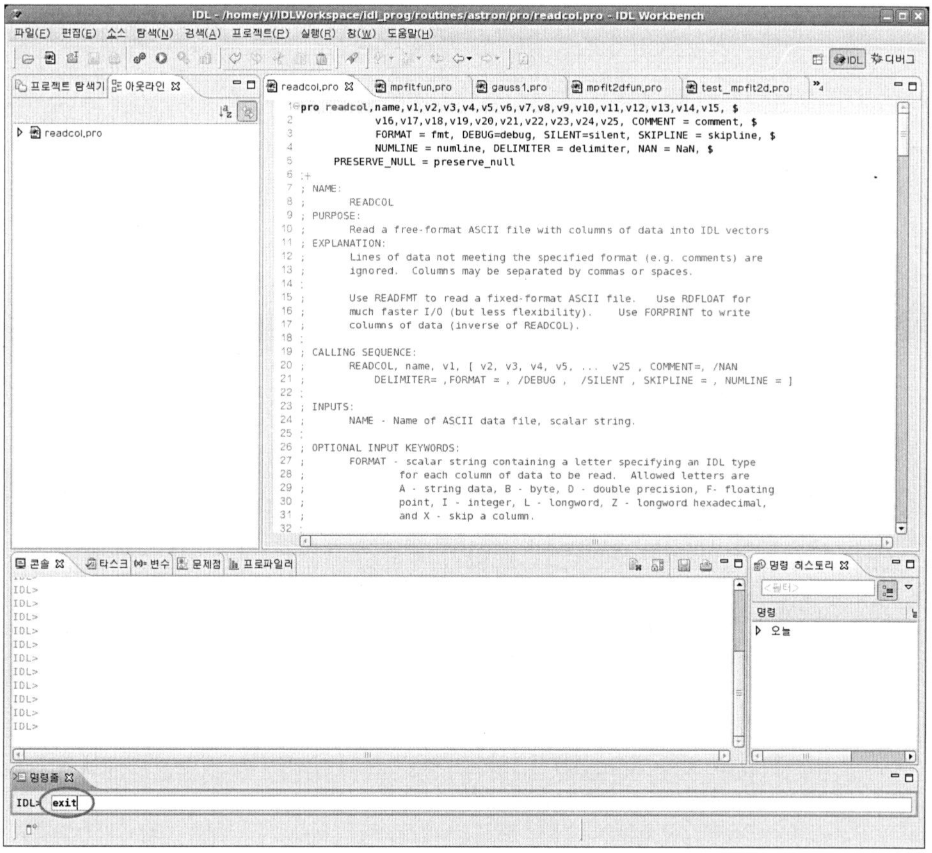

그림 2.2 UNIX 운영체제의 X-Window에서 IDLDE 실행과 종료

UNIX나 LINUX 운영체제의 경우에 IDLDE 모드나 IDL 명령행 모드를 모두 사용할 수 있다. UNIX의 X-Window 프롬프트에서 다음 예문과 같이 idlde 명령어를 입력하면 그림 2.2와 같은 IDLDE 화면이 실행된다. 이 때, 대소문자가 구별되므로 소문자로 입력해야 한다. 아래 예문에서 "Light"와 "workdir"는 임의로 설정한 워크스테이션 이름과 작업 디렉터리이다. UNIX나 LINUX 운영체제에서 IDLDE 모드는 WINDOWS 운영체제와 동일한 방법으로 종료시킨다.

```
Light> cd workdir
Light/workdir> idlde
```

UNIX의 X-Window 프롬프트에서 다음 예문과 같이 idl 명령어를 입력하면, startup 파일이 실행되고 IDL 프롬프트가 나오면서 IDL 명령행 모드가 시작된다. 여기서 IDL 프롬프트는 IDL 명령어를 입력할 준비가 되었다는 것을 의미한다.

```
Light> cd workdir
Light/workdir> idl
IDL>
```

이렇게 실행된 IDL 명령행 모드는 다음 예문과 같이 IDL 프롬프트에서 exit 명령어를 입력하면 IDL이 종료되고 X-Window 프롬프트로 전환된다.

```
IDL> exit
Light/workdir>
```

2.2 IDL 프로그램의 컴파일 · 실행 · 중지 · 재실행

IDL 프로그램을 컴파일 · 실행하는 방법에는 대화 모드(interactive mode)와 컴파일 모드(compiled mode)가 있다. 대화 모드에서는 IDL 명령행 모드의 IDL 프롬프트에서 명령어를 하나씩 입력하고 엔터를 치면 곧바로 실행된다. 이 모드에서는 다음 예문과 같이 IDL 명령어를 차례차례로 입력하면서 곧바로 컴파일하고 실행된다.

```
IDL> x=findgen(10)*0.1
IDL> print, x
```

```
0.0  0.1  0.2  0.3  0.4  0.5  0.6  0.7  0.8  0.9
IDL> x=findgen(37)*10
IDL> y=sin(x*!dtor)
IDL> plot, x, y
```

이러한 대화 모드는 몇 개의 명령어로 간결하고 빠르게 데이터를 분석하거나 그림을 그릴 때 적합하다.

컴파일 모드는 여러 개의 IDL 명령어로 구성된 프로그램 스크립트를 작성하고 이것을 컴파일·실행하는 것이다. 이 모드에서는 다음 예문과 같이 편집기로 프로그램을 작성하고 파일명으로 저장한다.

```
PRO WORLD_TOUR
  print, 'Happy Man's World Tour'
  map_set, /continents, /grid
END
```

이렇게 저장된 파일은 IDLDE 모드나 IDL 명령행 모드에서 컴파일·실행한다. 다음은 IDL 명령행 모드에서 컴파일·실행한 것이다.

```
IDL> .compile world_tour
IDL> world_tour
 'Happy Man's World Tour'
```

이와 같은 컴파일 모드는 여러 개의 명령어를 사용하는 작업을 수행하거나 데이터의 섬세한 분석 및 시각화에 적합하며, 사용자간에 독립된 파일 형태로 교환할 수도 있다.

컴파일 모드로 IDL 프로그램을 컴파일·실행하는 방법은 IDLDE 모드와 IDL 명령행 모드에서 약간 다르게 수행한다. IDLDE 모드의 경우에 그림 2.2의 IDLDE 편집기창에서 프로그램을 작성한 후에 실행 화면의 상단에 있는 컴파일 및 실행 도구상자(그림 2.3)를 클릭하여 컴파일·실행한다.

그림 2.3 IDLDE 실행 화면의 도구상자를 이용한 IDL 프로그램의 컴파일과 실행

IDLDE 모드에서 IDL 프로그램을 컴파일·실행하는 다른 방법으로 IDLDE 편집기창이나 다른 편집기로 미리 작성한 프로그램을 명령행 창에서 실행 명령어와 함께 입력하여 컴파일·실행하는 방법이 있다. 다음 예문은 미리 작성된 workpg.pro 프로그램을 컴파일·실행, 컴파일 또는 재실행하는 것이다.

```
IDL>.r workpg.pro
IDL>.compile workpg.pro
IDL>.rnew workpg.pro
```

IDL 프로그램의 컴파일·실행은 다음 예문과 같이 여러 개의 프로그램을 동시에 수행할 수도 있고, 목록을 미리 만들어 수행할 수도 있다.

```
IDL>.r -t workpg1.pro, workpg2.pro, workpg3.pro
IDL>.r -l workpg.list workpg1.pro, workpg2.pro, workpg3.pro,
IDL> print, workpg.list
  workpg1.pro  workpg2.pro  workpg3.pro
```

IDL 프로그램의 디버그를 위하여 프로그램을 중단하거나 한 문장씩 실행하는 방법도 있다.

```
IDL>.step 5 ; 5개 문장씩 건너뛴다.
IDL> Ctrl + C ; 실행 중인 프로그램을 중단한다.
```

지금까지 설명한 컴파일·실행·중지·재실행 방법은 IDL 명령행 모드에서 IDL 프롬프트에 명령어를 입력하여 컴파일·실행시키는 것과 동일하다. IDLDE 모드의 명령행창과 IDL 명령행 모드의 IDL 프롬프트에서 프로그램을 컴파일·실행·중지·재실행하는 명령어와 그 형식은 표 2.1과 같다.

표 2.1 프로그램의 컴파일·실행·중지·재실행에 대한 명령어

명령어	기능 및 형식
.run .r	버퍼에 주 프로그램, 프러시저 또는 함수를 파일로 저장하고 그 파일을 컴파일·실행한다. .run [-t 또는 -l 파일명] 인수 -t : 여러 파일을 동시에 컴파일·실행한다. 인수 -l 파일 목록명 : 파일 목록에 포함된 파일들을 컴파일·실행한다. .run [파일명1, 파일명2, ..., 파일명 n]
.rnew	".run"과 비슷하며, 기존의 주 프로그램에 있는 변수를 모두 지우고 다시 .run을 실행한다. .rnew [파일명1, 파일명2, ..., 파일명 n]

.compile	주 프로그램이 아닌 프러시저나 함수를 컴파일한다. .compile [파일명1, 파일명2, ..., 파일명 n]
.go	이전에 이미 컴파일한 주 프로그램을 실행한다.
Ctrl-c	프로그램의 실행 중에 프로그램 버그가 발견되거나 연산이 매우 길어서 시간이 오래 걸릴 경우에 프로그램 실행을 종료한다.
.continue .c	일시 정지한 프로그램을 다시 실행한다.
.out	현재의 루틴이 되돌아올 때까지 계속 실행한다.
.skip	다음 문장으로 한 단계 건너뛴다. .skip [문장 단계 수]
.step	한 문장씩 실행한다. .step [문장 단계 수] .s [문장 단계 수]
.stepover .so	만약 문장이 루틴을 되돌려 받지 못할 때 한 문장을 실행한다. .stepover [문장 단계 수] .so [문장 단계 수]
.trace	".continue"와 비슷하며 실행 전에 코드의 각 줄을 보여 준다.
.erase	이전에 실행한 프로그램으로 표출된 화면을 지운다. 이전 표출 화면을 지우지 않으면 앞으로 표출되는 결과와 동시 표출될 수 있다.

2.3 명령행 창과 IDL 프롬프트에서 명령어 입력

IDLDE 모드의 명령행 창이나 IDL 명령행 모드의 IDL 프롬프트에 명령어를 입력한다. IDLDE 모드인 경우에 명령어는 일반적인 워드프로세서와 동일하게 작성하면 된다. 이 때, 명령행 창의 오른쪽에 있는 "명령어 히스토리" 버튼을 클릭하면, 명령어 히스토리를 보여주는 메뉴가 뜬다. 이 히스토리 기능을 이용하여 편집하면 편리하다.

UNIX나 LINUX 운영체제의 IDL 명령행 모드인 경우에는 운영체제가 사용하는 편집기를 충분히 학습해야 한다. IDL 명령행 모드에서 최대로 기억하는 명령어 줄의 수는 다음과 같이 조정하여 사용할 수 있다.

```
IDL>!EDIT_INPUT = 500
```

2.4 사용자 환경 설정과 시스템 변수

IDL을 실행하기 전에 프로그래밍 작업에 편리하도록 IDL 설치경로, 작업 디렉터리, 그래픽스 디바이스 등과 같은 사용자 환경을 설정하는 것이 좋다. 이들 정보는 다음과 같은 환경변수로 설정한다.

- IDL_DIR : IDL이 설치된 디렉터리를 설정하는 변수이다. 이 변수의 설정 내용은 시스템 변수 !Dir에 저장된다.
- IDL_PATH : 사용자가 직접 만든 프러시저나 함수를 호출할 때 자동으로 검색하는 경로명이다. 이 변수의 설정 내용은 시스템 변수 !Path에 저장된다.
- IDL_DEVICE : 기본 그래픽스 디바이스의 이름을 설정하는 변수이다. 이 설정이 없으면 WINDOWS 운영체제에서는 윈도가, UNIX 운영체제에서는 X-Window 가 기본 그래픽스 디바이스로 설정된다.
- IDL_STARTUP : IDL을 실행하면 자동으로 실행되는 프로그램을 지정하는 변수이다. 이것은 보통 IDL 환경, 주요 단어의 정의 , 윈도 생성 등을 자동으로 실행하는데 이용된다.

UNIX 운영체제의 X-Window 프롬프트에서 환경변수는 다음 예문과 같이 설정한다. 아래 예문에서 "Light"는 임의로 설정한 워크스테이션 이름이다.

```
Light> setenv IDL_DIR /home/lib/idl/
Light> setenv IDL_PATH /home/lib/idl:/home/atm/bhheo/
Light> setenv IDL_DEVICE X
Light> setenv IDL_STARTUP /home/atm/bhheo/my_idl.pro
```

IDLDE 모드의 경우에 환경변수는 파일 메뉴의 하위 메뉴인 Preference에서 지정하며, 그 설정 내용은 Startup 파일을 보면 알 수 있다.

IDL 환경, 오류메시지, 미리 정의한 상수 등과 같은 환경정보는 다음과 같은 시스템 변수로 저장되며, 이들 변수는 변경할 수 없고 읽을 수만 있다.

• IDL 환경에 대한 시스템 변수

!DPI	: 상수 π의 배정도 상수값
!DtoR	: degree를 radian으로 전환하는 인수
!Error	: 마지막 오류 메시지의 코드

!Err_String : 마지막 오류 메시지의 내용

!Pi : 상수 π의 실수형 상수값

!RaDeg : radian을 degree로 전환하는 인수

!Values : NaN(not a number)와 무한대에 대한 IEEE의 표현

!Version : IDL 버전

- **오류 메시지에 대한 시스템 변수**

!Dir : IDL 설치 디렉터리

!Order : 이미지 데이터를 전달하는 방향(하 → 상, 상 → 하)

!Path : 프러시저나 함수를 호출하기 위한 디렉터리

!Prompt : IDL 프롬프트에 대한 이름

!Quiet : IDL의 정보 메시지를 중단시키는 것

- **그래픽 출력에 대한 시스템 변수**

!D (설정된 그래픽스 디바이스에 대한 시스템 변수)

!D.Name : 현재 선택된 그래픽스 디바이스의 이름

!D.N_Colors : 현재 선택된 그래픽스 디바이스의 색깔 수

!D.X_Size : 현재 선택된 윈도의 너비(픽셀)

!D.Y_Size : 현재 선택된 윈도의 높이(픽셀)

!D.Window : 현재 선택된 윈도의 고유번호

!D.Color : 현재 선택된 색상표의 지수

!D.CharSize : 그림에서 주석 글자의 크기

!D.LineStyle : 그림에서 선의 종류

!D.Psym : 그림에서 점 데이터의 표시 심볼

!D.Subtitle : 그림의 x축 아래에 쓰는 주석의 문자열

!D.Title : 그림의 제목에 대한 문자열

!X, !Y, !Z (그림의 x, y, z축에 대한 눈금, 범위, 주석의 시스템 변수)

!X.Minor : 축의 부 눈금 수

!X.Range : 축 눈금의 표시 범위

!X.TickFormat : 축 눈금에 상응하는 라벨의 형식

!X.Ticks : 그림 축에서의 눈금 수

!X.Title : 그림 축의 제목

!X.TicksName : 축 눈금에 대한 라벨을 문자로 표시

2.5 IDL 특수문자

IDL 프로그램이나 명령어에서는 느낌표(!), 작은따옴표('), 세미콜론(;), 콜론(:), 달러 사인($), 큰따옴표("), 점(.), 앰퍼센드(&), 별표(*), 엣 사인(@), 물음표(?) 등의 특수문자가 사용된다. 이들 특수문자와 그 기능은 표 2.2와 같다.

표 2.2 IDL에서 사용되는 특수문자와 그 기능

특수문자	기능
!	IDL 시스템 변수명을 나타내는 첫 번째 문자이다. 예 `!Dir`
'	문자열 상수, 8진수 상수, 16진수 상수에 대한 부분의 범위를 한정한다. 예 `IDL> print, 'Happy Man's World Tour'`

;	주석문 앞에 선행해서 주석문임을 표시한다. 세미콜론 다음에 나오는 문자는 모두 무시된다.
	예 `PRO ECHO`
	`; print message`
	`print, 'This is echo program'`
	`END`

$	현재 문장의 끝에 표시하여 다음 문장이 현재 문장과 연결됨을 표시한다. 단, 문자열 상수 안에서는 효력이 없다. 예 `IDL> print, 'happy man', $` `IDL> 'lucky man'`
"	8진수 앞에 오며, 문자열 상수의 범위를 한정한다. 예 `IDL> y = "100B"` `IDL> print,"Happy Man's World Tour"`
.	명령어의 시작점으로 쓰인다. 예 `IDL>.r workpg.pro` 실수형 혹은 배정도 실수형에서 소수점으로 사용된다. 예 `23.145`
&	한 줄에 여러 개의 문장을 사용할 때, 명령어 사이를 분리하는 표시이다. 예 `IDL>.r -l workpg.list & print, workpg.list`
:	라벨의 끝을 표시한다. 예 `PRO SWITCH_EXAMPLE, MONTH, YEAR` `switch long(month) of`

	1 : print, month, 'is small month' 2 : .... endswitch END
*	배열 차원의 크기와 같은 모든 범위의 첨자열을 나타낼 때 쓰인다. 예) IDL> print, a(*)
@	파일을 포함시키고 일괄처리 파일을 실행한다. 예) IDL>@mybatch
?	온라인 도움말(online help)을 호출한다. 예) IDL> ?

2.6 print와 help 명령어

이 책에서는 효과적인 설명을 위하여 많은 예문을 제시하고 있다. 이 예문 중에서 자주 등장하는 것이 print 프러시저와 help 프러시저이다. 따라서 이 책의 예문을 보다 쉽게 이해할 수 있도록 여기서 이들 명령어에 대해 간단히 설명한다.

print 명령어는 함께 오는 인수를 화면에 출력하는 명령어이다. print의 인수로는 문자열, 수치값, 변수, 연산 결과가 주어진다. print 명령어 다음에 작은따옴표(' ')나 큰따옴표(" ")가 오면 따옴표 안에 있는 문자를 화면에 출력한다. print 명령어 다음에 연산식이나 변수명이 오면 연산 결과나 변수명에 대입된 내용을 출력한다.

```
IDL> print, 'Hello happy man'
 Hello happy man
IDL> print, 5 + 2
 7
IDL> aa = 365
IDL> print, aa
 365
```

help 명령어는 함께 주어지는 변수 인수에 대한 정보를 알려준다. 인수가 스칼라 변수인 경우에 변수명, 변수형, 변수값을 출력하며, 인수가 배열 변수인 경우에는 변수명, 변수형, 변수크기를 출력한다.

```
IDL> mm = 55.0
IDL> nn = [1, 2, 3, 4, 5]
IDL> help, mm
 MM          FLOAT            =       55.00000
IDL> help, nn
 NN          INT              = Array[5]
```

size 함수를 사용하면 변수 차원, 배열의 열과 행 수, 변수형과 같은 변수 정보를 얻을 수 있다. 예를 들어, 다음과 같이 변수 xx에 대해 size 함수를 사용하면 변수 xx에 대한 변수 정보가 출력된다.

```
IDL> xx=findgen(4, 4)
IDL> print, size(xx)
       2     4     4     4     16
```

여기서 size 함수의 출력을 순서대로 보면, 배열 차원은 2차원, 변수의 배열 요소는 4열 4행, 변수형은 4 byte를 사용하는 float형 변수, 변수의 전체 개수는 16개이다.

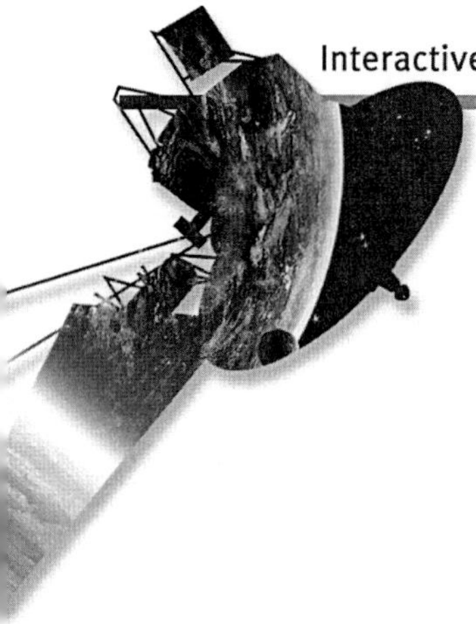

변수

Chapter 3

변수형과 변수크기를 미리 선언하거나 선언한 변수형을 다른 변수형으로 변환하는 것이 매우 제한적인 FORTRAN · C · BASIC 프로그래밍 언어와 달리, IDL은 변수형, 변수크기, 변수값을 선언하거나 변환하는 것이 매우 자유롭다. 여기서는 IDL 변수의 체계, 선언, 그리고 변환에 대해 설명한다.

3.1 변수명 명명

IDL에서 변수명은 다음 규칙에 따라 최대 255개 문자로 된 문자열로 만들 수 있다.

- 변수명의 첫 글자는 반드시 특수문자나 숫자를 제외한 문자로 시작해야 한다. 단, 특수문자 중에서 밑줄(_)은 사용할 수 있다. 따라서 income2, ra_$dec, _name 등은 변수명으로 사용할 수 있으나, $income, 2nd, %percentage 등은 변수명으로 사용할 수 없다.
- 변수명으로 글자(a-z), 숫자(0-9), 특수문자 등을 사용할 수 있으나 %와 여백(space)은 사용하지 못한다. 따라서 a, b, aa, ra_$dec, _sec_per_day 등은 변수명으로 사용할 수 있으나, ultra%sparc, month day 등은 변수명으로 사용할 수 없다.
- 변수명으로 표 3.1에 제시된 IDL 예약어와 내장함수명을 사용할 수 없다. 선언한 변수명이 내장함수인지는 온라인 도움말로 확인할 수 있다.

표 3.1 IDL 예약어

and	begin	case	common	do	else	end	endcase	endelse
endfor	endif	endrep	endwhile	eq	for	function	ge	
goto	gt	if	le	lt	mod	ne	not	of on_ioerror
or	pro	repeat	then	until	while xor			

- IDL은 대문자나 소문자를 구별하지 않으므로 변수명에 포함된 대문자는 소문자와 동일하게 취급된다. 예를 들어, 변수명 Computer와 coMpUter는 동일한 변수명으로 취급된다.

3.2 변수형 종류

IDL은 과학기술용 언어답게 데이터를 자유롭게 활용할 수 있도록 표 3.2와 같이 다양한 변수형을 지원한다.

표 3.2 변수형 종류

변수형	설명	비트 수	표현 범위
byte	부호 없는 정수	8	0~255
int	부호 표시 정수	16	-32,768~32,767
uint	부호 없는 정수	16	0~65,535
long	부호 표시 정수	32	-2^{31}~$2^{31}-1$
ulong	부호 없는 정수	32	0~$2^{32}-1$
long64	부호 표시 정수	64	-2^{63}~$2^{63}-1$
ulong64	부호 없는 정수	64	0~$2^{32}-1$
float	IEEE 부동소수점	32	-10^{38}~10^{38}
double	IEEE 부동소수점	64	-10^{308}~10^{308}
complex	복소수	64	
dcomplex	복소수	128	
string	문자열(0~32,767문자)		
Struct	1개 이상의 변수에 대한 구조체		
pointer	동적으로 부여된 변수에 대한 참조		
object	객체 구조에 대한 참조		

byte 변수형은 0에서 255까지의 정수만을 지원한다. 이 변수형은 이미지 데이터의 저장에 자주 사용된다. 이미지 데이터는 분해능에 상응하는 픽셀로 이루어지고 각 픽셀의 정보는 보통 256단계로 충분히 표현된다. 이러한 데이터를 int 변수형으로 저장하면 2바이트가 필요한 반면에, byte 변수형으로 저장하면 1바이트로도 충분하다. 그리고 컴퓨터에서 모든 데이터는 결국에 이진법으로 처리된다. 이런 까닭으로 이미지 데이터는 메모리를 적게 차지하고 처리속도가 빠른 byte 변수형으로 처리한다.

int 변수형은 표현 범위가 -32,768에서 32,767까지로 소수점이 없는 정수를 변수에 대입할 경우에 사용된다. float 변수형은 소수점이 있는 실수를 변수에 대입할 경우에 사용되는 변수형이다. float 변수형은 수의 정밀도에 대한 한계를 규정할 수 있으며, 그 정밀도는 그리 높지 않다. float 변수형보다 높은 정밀도를 요구하는 연산일 경우에는 double 변수형을 사용한다. double 변수형은 double이라는 단어가 의미하는 대로 정밀도가 두 배이다.

변수는 변수에 대입되는 데이터의 구조에 따라 스칼라 변수, 벡터 변수, 배열 변수로 구분하기도 한다. 스칼라 변수는 하나의 상수만을 저장하는 변수를, 벡터 변수는 1차원 배열의 데이터를 저장하는 변수를, 배열 변수는 2차원 이상인 배열의 데이터를 저장하는 변수를 말한다. 벡터 변수와 배열 변수는 제4장에서 자세히 설명한다. 다음 예문에서 변수 aa, bb, cc는 각각 스칼라 변수, 벡터 변수, 배열 변수이다.

```
IDL> aa = 55.0
IDL> bb = [1, 2, 3, 4, 5]
IDL> cc = [[1,2,3],[4,5,6],[7,8,9]]
IDL> help, aa
 AA   FLOAT  = 55.00000
IDL> help, bb
 BB   INT     = Array[5]
IDL> help, cc
 CC   INT     = Array[3,3]
```

3.3 변수형 선언

FORTRAN · C · BASIC과 달리, IDL은 변수를 미리 선언하지 않아도 되고 필요할 때마다 선언하면 된다. 또한, 변수형도 변수에 대입되는 값에 따라 자동으로 선언된다.

```
IDL> dd = 80
IDL> ee = 83.4
```

위의 예에서, 변수 dd에 정수 80이 대입되어 dd의 변수형은 int형으로 선언된다. 변수 ee에 실수 83.4가 대입되어 ee의 변수형은 float형으로 선언된다.

대입하는 데이터의 범위·정밀도·차원 등을 고려하여 변수형을 미리 선언할 경우가 있다. 이런 경우에는 표 3.3의 예와 같이 변수형과 변수의 차원을 고려하여 선언하면 된다. 이 표에서 aa, bb, cc, dd, ee, ff, gg, hh, ii, jj, kk, ll, mm, nn 등은 변수명이고 등호(=) 다음이 선언하고자하는 변수형이다.

```
IDL> pp = intarr(5) ; int형 벡터 변수
IDL> pp = [1, 2, 3, 4, 5]
IDL> rr = fltarr(3,3) ; flot형 배열 변수
IDL> rr = [[1,2,3],[4,5,6],[7,8,9]]
```

표 3.3 변수형 선언의 예

변수형	스칼라 변수	벡터 변수	배열 변수
byte	aa = 5b	aa = bytarr(5)	aa = bytarr(5,3)
int	bb = 0	bb = intarr(5)	bb = intarr(5,3)
uint	cc = 0u	cc = uintarr(5)	cc = uintarr(5,3)
long	dd = 0L	dd = lonarr(5)	dd = lonarr(5,3)
ulong	ee = 0UL	ee = ulonarr(5)	ee = ulonarr(5,3)
long64	ff = 0LL	ff = lon64arr(5)	ff = lon64arr(5,3)
ulong64	gg = 0ULL	gg = ulon64arr(5)	gg = ulon64arr(5,3)
float	hh = 0.0	hh = fltarr(5)	hh = fltarr(5,3)
double	ii = 0.0d	ii = dblarr(5)	ii = dblarr(5,3)
complex	jj = complex (1.0, 0.0)	jj = complexarr(5)	jj = complexarr(5,3)
dcomplex	kk = dcomplex (1.0D, 0.0D)	kk = dcomplexarr(5)	kk = dcomplexarr(5,3)
string	ll = 'hello world!'	ll = strarr(5)	ll = strarr(5,3)
pointer	mm = ptr_new()	mm = ptrarr(5)	mm = ptrarr(5,3)
object	nn = obj_new()	nn = objarr(5)	nn = objarr(5,3)

변수형을 선언할 때는 선언하는 변수형에 따라 데이터의 표현 범위와 정밀도가 크게 달라지는 것에 유의해야 한다. int형 변수의 표현 범위를 넘는 예문을 보자. aa에 int형 변수의 상한값인 32,767을 대입하면 aa는 int형 변수로 선언된다. aa에 정수 1을 더하면 32768이 아닌 -32768이 출력되고, aa에 long형 변수 1L을 더하면 32768로 출력된다.

```
IDL> aa = 32767
IDL> print, aa + 1
 -32768
IDL> print, aa + 1L
  32768
```

여기서 int형 변수 aa에 정수 1을 더한 경우에는 그 연산 결과가 int형 변수의 상한값을 초과하여 생각하지 못한 값이 출력되었다. 반면에, int형 변수 aa에 long형 변수 1L을 더하면 long형 변수 1L에 의해 int형 변수 aa가 long형 변수로 변환되면서 예상되는 값이 출력되었다.

int형 변수의 표현 범위를 고려하지 못하여 발생하는 전형적인 오류는 수만개의 줄로 된 데이터 파일을 반복문으로 읽을 때 자주 겪는다.

```
PRO COUNT_EXAMPLE
  count = 0
  while not EOF(lun) do begin
    readf, lun, temp
    data(count) = temp
    count = count + 1
  endwhile
END
```

위의 예문을 보면, 반복문에서 반복회수를 세는 변수 count가 int형 변수로 선언되었고, 이것 때문에 count가 32,767을 넘지 못하고 파일 끝까지 데이터를 읽지 못한다. 이런 경우에는 다음과 같이 count를 long형 변수로 선언하면 쉽게 해결할 수 있다.

```
PRO COUNT_EXAMPLE
  count = 0L
  while not EOF(lun) do begin
    readf, lun, temp
    data(count) = temp
```

```
    count = count + 1
  endwhile
END
```

선언하는 변수형에 따라 값의 정밀도가 크게 달라지기도 한다. 다음 예문은 float형과 double형 변수의 정밀도를 보여준다.

```
IDL> bb = 8.6
IDL> print, bb, format='(F10.8)'
 8.60000038
IDL> cc = 8.6d
IDL> print, cc, format='(F17.15)'
 8.600000000000000
```

위에서 float형 변수로 선언된 bb는 8.6이 아닌 8.60000038을 가지는 반면에, double형 변수로 선언된 cc는 정확히 8.6을 가진다. 이와 같이 변수형을 어떻게 선언하는가에 따라 값의 차이가 발생할 수 있다.

3.4 변수형 변환

IDL에서 변수형은 변수에 어떤 값이 대입되는 순간에 결정되며, 이 변수에 다른 변수형의 연산이나 값이 대입되면 변수형도 자동으로 변환된다.

```
IDL> dd = 100.0
IDL> help, dd
 DD   FLOAT = 100.0000
IDL> dd = 30 + 50L
IDL> help, dd
 DD   LONG = 80
```

위의 예문에서, 먼저 변수 dd에 float 값 100.0을 입력한다. help 명령어로 변수 dd에 대한 변수 정보를 출력하면 변수 dd는 float형으로 선언되었고, 그 값은 100.0000이라는 것을 알 수 있다. 다시, 변수 dd에 int 값과 long 값의 합인 30+50L을 입력하고, help 명령어로 변수 dd에 대한 변수 정보를 출력하면 변수 dd는 long형 변수로 변환되었고,

여기에 80이 저장되었음을 알 수 있다. 이와 같이 동일한 변수라도 입력하는 값의 변수형에 따라 자동으로 변환된다.

어떤 변수에 여러 변수형으로 구성된 연산이나 값이 대입될 경우에는 그 변수형은 데이터의 표현 범위와 정밀도가 큰 변수형으로 결정된다. 다음 예문을 보자.

```
IDL> ff = 255b + 1b
IDL> help, ff
 FF   BYTE = 0
IDL> gg = 255b + 1
IDL> help, gg
 GG   INT = 256
IDL> hh = 1.0/3
IDL> help, hh
 HH   FLOAT = 0.333333
```

위에서, 변수 ff는 byte 값(255b)과 byte 값(1b)의 연산에 따라 byte형으로 선언된다. 그러나 변수 gg는 byte 값(255b)과 int 값(1)의 연산에 따라 int형으로 선언된다. int형이 byte 형보다 데이터의 표현 범위와 정밀도가 크기 때문이다. 변수 hh는 float 값(1.0)과 int 값(3)의 연산에 따라 float형으로 선언된다. 이것은 int형보다 float형이 데이터의 표현 범위와 정밀도가 크기 때문이다.

IDL에서는 이미 일정한 값을 가진 변수형도 그 값을 그대로 가진 채로 다른 변수형으로 변환할 수 있다. 이것은 표 3.4에 제시된 변수형 변환 함수를 사용해야 한다. 다음 예문은 이들 변수형 변환 함수를 사용하여 다양한 변수형으로 변환하는 예이다.

표 3.4 변수형 변환 함수

변수형	변수형 변환 함수
byte	byte( )
int	fix( )
uint	uint( )
long	long( )
ulong	ulong( )
long64	long64( )
ulong64	ulong64( )
float	float( )
double	double( )
complex	complex( )
dcomplex	dcomplex( )
string	string( )

- **float형 변수 → long형 변수**

```
IDL> ii = 3.14159
IDL> print, ii, long(ii)
    3.14159              3
```

- **문자열 → 수치값**

```
IDL> print, float('3.2'), float('123ABC')
 3.20000      123.000
```

- **수치값 → 문자열**

```
IDL> jj = 100.0
IDL> print, jj, string(jj)
 100.0000     100.0000
```

- **byte형 변수 → 문자열**

```
IDL> print, string([48B, 49B, 50B, 51B])
 0123
```

- **문자열 → byte형 변수(문자열에 대응하는 ASCII 값을 출력)**

```
IDL> print, byte('ABCD')
 65  66  67  68
```

변수형 변환 함수를 사용하여 변수형을 변환할 때, 변환 후의 변수크기가 변환 전의 변수크기보다 작으면 잘라버림(truncation)이 발생할 수 있다.

```
IDL> kk = -2.93
IDL> print, fix(kk), long(kk)
 -2   -2
IDL> ll = 257
IDL> print, ll, byte(ll)
 257  1
```

위의 예문을 보면, 변환 전에 float형 변수인 kk는 int 값과 long 값으로 변환되면서 소수점 아래에서 잘라버림이 발생하였다. 변환 전에 int형 변수(부호 표시 16비트 정수)인 ll은 byte형 변수(부호 없는 8비트 정수)로 변환되면서 변수 ll의 8비트만이 추출되고 나머지 8비트는 무시되었다.

배열 기초

Chapter | 4

IDL은 배열 기반으로 설계된 제4세대 프로그래밍 언어이다. 따라서 배열을 이용하면 FORTRAN · C보다 훨씬 빠른 속도로 연산을 처리하고 프로그램 오류를 줄일 수 있다. 여기서는 배열을 활용하는데 필수적인 배열의 구성요소, 배열 생성, 배열 첨자 다루기, 그리고 배열 연산에 대해 설명한다.

4.1 배열의 구성요소와 저장 방식

배열은 다차원의 격자점을 가지는 변수의 모임이다. 배열에 포함된 변수는 모두 동일한 변수형이며, 그 변수형에는 정수형 · 실수형 · 문자형 · 구조체가 있다. IDL은 메모리가 허용하는 범위 내에서 최대로 8차원 배열까지 지원한다.

배열은 각 데이터에 해당하는 변수 요소로 구성되며, 각 변수 요소에는 주소에 해당하는 첨자가 할당된다. n차원의 배열인 경우에 첨자는 0부터 시작하여 n-1까지 할당되며, 배열 첨자는 각괄호 "[ ]"*를 사용하여 표시한다.

IDL에서 배열은 FORTRAN과 동일하게 열 우선 방식(column - major format)으로 저장된다. 이것은 열의 차원이 빠른 것부터 순차적으로 저장된다는 것을 의미한다. 예를 들어, 다음과 같이 1에서 12까지의 수열로 된 4열 3행의 2차원 배열(왼쪽 수열)에 대해 배열 첨자는 오른쪽 수열과 같이 부여된다. 이 때 배열의 첨자는 0부터 시작하므로 배열

* 배열 표시로 IDL 5.0 이전까지는 괄호 "( )"를 사용하였으나 IDL 5.0부터는 함수명과 혼돈을 피하기 위하여 각괄호 "[ ]"를 사용한다.

에서 m열과 n행의 배열 첨자는 A[m-1, n-1]을 갖는다.

```
1   2   3   4     A[0,0] A[1,0] A[2,0] A[3,0]
5   6   7   8     A[0,1] A[1,1] A[2,1] A[3,1]
9  10  11  12     A[0,2] A[1,2] A[2,2] A[3,2]
```

이 배열은 열 우선 방식에 따라 다음과 같이 열에서 행으로 옮겨지면서 순차적으로 메모리에 저장된다.

```
A[0,0] → A[1,0] → A[2,0] → A[3,0] → A[0,1] → A[1,1] →
A[2,1] → A[3,1] → A[0,2] → A[1,2] → A[2,2] → A[3,2]
```

IDL에서 배열을 읽고 쓰는 것은 아주 일상적이며, 특히 배열 첨자를 이용하여 각 배열 요소에 접근한다. 따라서 배열은 열 우선 방식으로 저장된다는 것과 배열의 개별적인 요소에 접근할 때 배열의 첨자가 0부터 시작하고 열 다음 행으로 옮겨진다는 것을 명심해야 한다. 배열의 저장 방식이나 첨자를 잘못 사용하면 파일의 읽기나 쓰기에서 엉뚱한 결과를 낳을 수 있다.

4.2 배열 생성과 배열 생성함수

IDL에서 배열은 데이터를 직접 입력하거나 IDL 내장함수로 생성하여 만든다. 먼저, 다음과 같이 어떤 변수에 데이터를 직접 입력하여 배열을 생성한다. 1차원 배열인 경우에 데이터를 각괄호로 감싸서 입력하고, 2차원 이상의 배열인 경우에 데이터를 각괄호로 포개 감싸서 입력한다.

```
IDL> bb = [0, 2, 4, 6, 8] ; 1차원 배열 생성
IDL> help, bb
 BB   INT   =   Array[5]
IDL> print, bb
 0   2   4   6   8
IDL> cc = [[1, 2, 3],[4, 5, 6]] ; 2차원 배열 생성
IDL> help, cc
 CC   INT   =   Array[3,2]
IDL> print, cc
 1   2   3
 4   5   6
```

다음으로, IDL 내장함수인 배열 생성함수로 배열을 생성하는 방법이다. 배열 생성함수에는 표 4.1과 같이 0배열 생성함수(zeroed array creation function)와 지수배열 생성함수(index array creation function)가 있다.

표 4.1 배열 생성함수

변수형	0배열 생성함수	지수배열 생성함수
byte	bytarr( )	bindgen( )
int	intarr( )	indgen( )
uint	uintarr( )	uindgen( )
long	lonarr( )	lindgen( )
ulong	ulonarr( )	ulindgen( )
long64	lon64arr( )	l64indgen( )
ulong64	ulon64arr( )	ul64indgen( )
float	fltarr( )	findgen( )
double	dblarr( )	dindgen( )
complex	complexarr( )	cindgen( )
dcomplex	dcomplexarr( )	dcindgen( )
string	strarr( )	sindgen( )

0배열 생성함수는 배열 요소의 모두가 0인 배열을 생성한다. 다음 예에서, 변수 dd에는 0배열 생성함수 fltarr에 의해 배열 요소의 모두가 0.0000인 1차원 배열이 생성되고, 변수 ee에는 0배열 생성함수 intarr에 의해 배열 요소의 모두가 0인 2차원 배열이 생성된다.

```
IDL> dd = fltarr(5)
IDL> print, dd
  0.0000    0.0000    0.0000    0.0000    0.0000
IDL> ee = intarr(3, 2)
IDL> print, ee
  0.0000    0.0000    0.0000
  0.0000    0.0000    0.0000
```

지수배열 생성함수는 0으로 시작하여 1씩 증가하는 수열을 생성한다. 생성하고자 하는 배열 요소의 변수형에 따라 적절한 배열 생성함수를 선택해야 한다. 0으로 시작하는 정수형 배열은 indgen 함수를, 0.0으로 시작하는 실수형 배열은 findgen 함수를, 배정도 정수형 배열은 lindgen 함수를 사용해야 한다. findgen 함수와 lindgen 함수로 실수형 배열과 배정도 정수형 배열을 생성해보자.

```
IDL> ff = findgen(5) ; 실수형 배열의 생성
IDL> print, ff
 0.0000    1.0000    2.0000    3.0000    4.0000
IDL> gg = lindgen(4) ; 배정도 정수형 배열의 생성
IDL> print, gg
 0    1    2    3
```

배열의 크기를 지정하여 2차원 배열도 생성한다. 이 때, 열 우선 저장 방식에 따라 0으로 시작하는 수열은 [0,0], [1,0], [2,0], [1,1], [2,1], [3,1] ... 등의 순서로 저장된다는 것에 유의해야 한다.

```
IDL> hh = findgen(3,4)
IDL> print, hh
 0.0000    1.0000    2.0000
 3.0000    4.0000    5.0000
 6.0000    7.0000    8.0000
 9.0000   10.0000   11.0000
```

여러 연산을 잘 조합하면 지수배열 생성함수로 다양한 수열을 만들 수 있다. 다음 예와 같이, 2008년부터 5년간의 연도를 생성할 수 있고 3씩 증가하는 수열도 생성할 수 있다.

```
IDL> print, indgen(5) + 2008
 2008    2009    2010    2011    2012
IDL> print, indgen(5) * 3
 0       3       6       9      12
```

replicate 함수와 make_array 함수로도 배열을 생성할 수 있다. replicate 함수는 하나의 스칼라 값을 지정한 차원의 배열로 복제한다. replicate 함수의 인수 1, 인수 2, 인수 3은 각각 복제하려는 스칼라 값과 생성하려는 배열의 열 개수와 행 개수이다. 다음은 replicate 함수로 실수 2.0을 4열 2행의 배열로 복제하는 예문이다.

```
IDL> ii = replicate(2.0, 4, 2)
IDL> print, ii
 2.00000    2.00000    2.00000    2.00000
 2.00000    2.00000    2.00000    2.00000
```

make_array 함수는 0, 지수 혹은 특정한 값을 가지는 일정한 차원의 배열을 생성한다. make_array 함수의 인수 1과 인수 2는 생성하려는 배열의 열과 행의 개수이다. 여기에 /byte, /index, /value 등과 같은 키워드를 추가하면 0, 지수 또는 특정한 값을 가진 배열을 생성할 수 있다. 다음은 make_array 함수로 0을 갖는 3열 2행 배열 jj, 지수값을 갖는 4열 3행의 배열 kk, 배정도 정수 32를 갖는 6열 벡터 ll을 생성하는 예문이다.

```
IDL> jj = make_array(3, 2, /byte)
IDL> print, jj
 0   0   0
 0   0   0
IDL> kk = make_array(4, 3, /float, /index)
IDL> print, kk
 0.000000    1.000000    2.000000    3.000000
 4.000000    5.000000    6.000000    7.000000
 8.000000    9.000000   10.00000   11.00000
IDL> ll = make_array(6, /long, value = 32L)
IDL> print, ll
 32      32   32   32   32   32
```

4.3 배열 첨자의 표현

IDL에서 배열 첨자는 "배열명[n]" 형태로 표현하며, 그 첨자는 항상 0으로부터 시작하여 n-1로 끝난다. 이 때, 배열 첨자가 다음 예문의 "mm[-1]"과 같이 첨자 범위를 넘어서면 오류가 발생하고 실행이 중지된다.

```
IDL> mm = indgen(6) * 2
IDL> print, mm
 0    2    4    6     8    10
IDL> print, mm[5]
 10
IDL> print, mm[-1]
```

```
% Attempt to subscript MM with INDEX is out of range.
% Execution halted at: $MAIN$
```

배열의 첨자는 스칼라·변수·범위·배열과 모든 배열 요소를 의미하는 와일드카드(*) 형태로 지정할 수 있다. 다음 예문은 다양한 배열 첨자로 지정한 것이다.

- **스칼라 첨자**

```
IDL> nn = indgen(6) * 2
IDL> print, nn
 0   2   4   6   8   10
IDL> print, nn[3] ; 1차원 배열의 스칼라 첨자
 6
IDL> pp = indgen(4, 4) * 4
IDL> print, pp
  0    4     8    12
 16   20    24   28
 32   36    40   44
 48   52    56   60
IDL> print, pp[0, 0], pp[3, 3] ; 2차원 배열의 스칼라 첨자
 0    60
```

- **변수 첨자**

```
IDL> nn = indgen(6) * 2
IDL> ii = 3
IDL> print, nn[ii] ; 1차원 배열의 변수 첨자
 6
IDL> pp = indgen(4, 4) * 4
IDL> print, pp[0,ii] ; 2차원 배열의 변수 첨자
 48
```

- **범위 첨자**

```
IDL> nn = indgen(6) * 2
IDL> print, nn[2:4] ; 1차원 배열의 범위 첨자
```

```
  4    6    8
IDL> pp = indgen(4, 4) * 4
IDL> print, pp[0:2, 0:2]  ; 2차원 배열의 범위 첨자
  0    4     8
 16   20    24
 32   36    40
```

• **배열 첨자**

```
IDL> nn = indgen(6) * 2
IDL> index = [1, 3, 4]
IDL> print, nn[index] ; 1차원 배열의 배열 첨자
  2    6    8
IDL> pp = indgen(4, 4) * 4
IDL> index = [1,2,3]
IDL> print, pp[1, index] ; 2차원 배열의 배열 첨자
 20
 36
 52
```

• **와일드카드(*) 첨자**

```
IDL> nn = indgen(6) * 2
IDL> print, nn[*] ; 1차원 배열의 와일드카드 첨자
  0    2    4    6    8    10
IDL> print, nn[2:*]
  4    6    8    10
IDL> pp = indgen(4, 4) * 4
IDL> print, pp[*, 0] ; 2차원 배열의 와일드카드 첨자
 0    4    8    12
IDL> print, pp[0, 1:*]
 16
 32
 48
```

2차원 이상의 배열에서 모든 요소는 메모리에 저장되는 순서에 따라 1차원 배열의 첨자로 표시할 수 있다. 이런 특성을 이용하면 2차원 이상의 배열을 1차원 배열로 접근할 수 있다. 다음 예문은 2차원 배열에서 2열 2행의 요소를 1차원 배열의 11번째 요소로 접근하는 것이다.

```
IDL> rr = indgen(4, 4) * 4
IDL> print, rr
  0    4    8    12
 16   20   24    28
 32   36   40    44
 48   52   56    60
IDL> print, rr[2,2], rr[10] ; 2차원 배열 r[2,2] = 1차원 배열
r[10]
 40   40
```

4.4 배열 첨자를 이용한 추출

배열 중에서 일부 데이터를 추출해야 할 경우가 있다. 이럴 경우에는 추출하고자 하는 배열 첨자를 지정하거나 모든 요소를 지정하는 와일드카드(*)를 사용하면 손쉽게 추출할 수 있다. 다음 예문은 어떤 배열에서 배열 첨자로 원하는 데이터를 추출하는 것이다.

```
IDL> ss = indgen(4,4) ; 2차원 배열에서 추출
IDL> print, ss
  0    1    2    3
  4    5    6    7
  8    9   10   11
 12   13   14   15
IDL> index2 = [0,2,3]
IDL> print, ss[index2,index2]
 0    10    15
IDL> print, ss[2,*] ; 와일드카드를 이용한 열 추출
  2
  6
 10
 14
IDL> print, ss[*,3] ; 와일드카드를 이용한 행 추출
 12    13    14    15
```

4.5 배열 연산

어떤 배열의 각 요소별로 연산을 수행하지 않고 배열 단위로 연산을 수행하는 것을 배열 연산이라고 한다. 이러한 배열 연산을 이용하면 각 배열 요소에 대해 반복 연산 없이도 각종 연산을 수행할 수 있다.

1,000개의 실수형 데이터를 갖는 1차원 배열 xx와 똑같은 수의 데이터를 갖는 변수 yy를 더하여 새로운 배열 zz를 만들어 보자. FORTRAN · C의 사용자는 다음과 같이 반복문 형태로 IDL 프로그램을 작성할 것이다.

```
IDL> xx = fltarr(1000)
IDL> yy = fltarr(1000)
IDL> zz = fltarr(1000)
IDL> for  i = 0, 999 do zz[i] = xx[i] + yy[i]
```

위의 예문을 보면, 변수 xx, yy, zz에는 각각 1000개의 데이터를 갖는 배열이 생성된다. 그리고 반복문 i = 0부터 999까지 반복하면서 변수 xx의 i번째 배열 원소와 변수 yy의 i번째 배열 원소를 더한 값을 변수 zz의 i번째 배열 원소로 저장한다. 위 예문을 전형적인 IDL 배열 연산으로 바꾸면 다음과 같다.

```
IDL> xx = fltarr(1000)
IDL> yy = fltarr(1000)
IDL> zz = xx + yy
```

여기서 변수 xx와 변수 yy를 배열 단위로 더하고 그 결과를 변수 zz에 저장한다. 각 배열 요소에 대한 언급 없이도 사람이 작성한 플로차트처럼 단순하고 해석하기 편한 프로그램이 작성된다. 아무리 간단한 프로그램이라 하더라도 반복문이 들어가면 프로그래밍이 복잡해져 오류의 소지가 많아진다.

배열 기반의 프로그래밍 언어는 프로그래밍의 길이가 짧아지고 이를 해석할 때도 훨씬 편리하게 이해할 수 있다. 배열 연산은 반복문을 사용한 연산보다 최소한 2배 이상으로 빠르게 처리된다. 따라서 IDL 프로그래밍에서는 가능한 반복문을 지양하고 배열 연산을 사용하여 프로그래밍을 하는 것이 바람직하다.

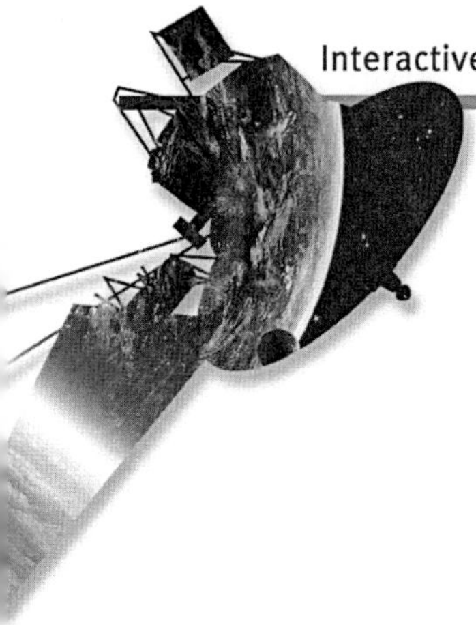

배열 응용

Chapter | 5

IDL은 배열 기반의 프로그래밍 언어답게 다양한 배열 응용이 가능하도록 많은 배열 관련 함수를 제공한다. 여기서는 배열 요소의 개수에 변화없이 배열의 차원 변경·회전·역전·전치·이동하는 방법과 배열 요소의 개수가 변하면서 배열 크기 변환, 부분배열 생성, 배열 중에서 특정한 열과 행을 삭제하는 방법에 대해 설명한다. IDL 프로그래밍에서 자주 필요하게 될 배열 속성 정보를 얻는 방법에 대해서도 설명한다.

5.1 배열 차원의 변경

reform 함수는 배열 요소의 개수를 그대로 유지하면서 배열 차원을 변경한다. reform 함수는 다음과 같은 형식으로 실행한다.

```
outarr = reform(inarr, arg1, arg2, agr3 [, /overwrite])
```

여기서 inarr는 입력 배열명이고, outarr는 변경한 배열명이다. arg1과 arg2는 변경하고자 하는 배열의 열과 행의 개수이다. 키워드 /overwrite는 메모리 절약을 위해 새로운 배열을 생성하지 않고 입력 배열에 덮어쓸 경우에 설정한다. 새로운 배열로 저장할 때보다 입력 배열에 덮어쓸 때 연산의 처리속도가 더 빠르다.

다음은 1차원 배열을 2차원 배열로, 4열 2행의 배열을 2열 4행의 배열로 변경하는 예문이다.

```
IDL> aa = [0, 20, 40, 60, 80, 100]
IDL> print, reform(aa, 3, 2) ; 1차원 → 3열 2행 배열
  0    20    40
 60    80   100
IDL> bb = indgen(4, 2)
IDL> print, bb
  0    1    2    3
  4    5    6    7
IDL> print, reform(bb, 2, 4,/overwrite) ; 4열 2행 → 2열 4행 배열
  0    1
  2    3
  4    5
  6    7
```

5.2 배열 요소의 회전 · 역전 · 전치 · 이동

rotate 함수는 1차원 혹은 2차원 배열을 90도씩 시계 방향으로 회전시킨다. rotate 함수는 다음과 같은 형식으로 실행한다.

```
outarr1 = rotate(inarr1, arg)
```

여기서 inarr1은 입력 배열명이고, outarr1은 회전된 배열명이다. arg는 방향 플래그로서 0, 1, 2, 3은 각각 0, 90, 180, 270도의 회전을 의미한다. rotate 함수에 의한 배열의 회전은 배열 차원의 수를 변경한다.

```
IDL> cc = indgen(4, 3)
IDL> print, cc
  0    1    2    3
  4    5    6    7
  8    9   10   11
IDL> print, rotate(cc, 1) ; 90도 회전
```

```
  8    4    0
  9    5    1
 10    6    2
 11    7    3
IDL> print, rotate(cc, 2) ; 180도 회전
 11   10    9    8
  7    6    5    4
  3    2    1    0
IDL> print, rotate(cc, 3) ; 270도 회전
  3    7   11
  2    6   10
  1    5    9
  0    4    8
```

reverse 함수는 배열의 요소 순서를 거꾸로 바꾼다. reverse 함수는 다음과 같은 형식으로 실행한다.

```
outarr2 = reverse(inarr2 [, arg])
```

여기서 inarr2는 입력 배열명이고, outarr2는 배열 요소의 순서가 역전된 배열명이다. arg는 배열 요소의 순서를 역전하는 방향으로, 0이면 1차원 배열 방향으로, 1이면 배열의 열 단위를 행 방향으로, 2이면 배열의 행 단위를 열 방향으로, 3이면 배열의 열과 행 순서를 동시에 바꾼다.

```
IDL> dd = findgen(5)
IDL> print, dd
 0.00000    1.00000    2.00000    3.00000     4.00000
IDL> print, reverse(dd) ; 1차원 배열 방향으로 역전
    4.00000     3.00000     2.00000    1.00000     0.00000
IDL> ee = lindgen(3,3)
IDL> print, ee
 0    1    2
 3    4    5
 6    7    8
```

```
IDL> print, reverse(ee,1) ; 배열의 열 단위를 행 방향으로 역전
 2    1    0
 5    4    3
 8    7    6
IDL> print, reverse(ee,2) ; 배열의 행 단위를 열 방향으로 역전
 6    7    8
 3    4    5
 0    1    2
```

선형대수학에서 어떤 행렬의 열은 행으로, 행은 열로 바꾸는 전치행렬이 있다. transpose 함수는 배열의 전치 행렬을 만들고 다음과 같은 형식으로 실행한다.

```
outarr3 = transpose(inarr3)
```

여기서 inarr3은 입력 배열명이고, outarr3은 전치된 배열이다.

```
IDL> gg = indgen(4, 3)
IDL> print, gg
 0    1    2    3
 4    5    6    7
 8    9   10   11
IDL> print, transpose(gg) ; 배열의 전치
 0    4    8
 1    5    9
 2    6   10
 3    7   11
IDL> help, transpose(gg)
 <Expression>      INT     = Array[3,4]
```

shift 함수는 배열 요소의 자리를 이동시키며, 다음과 같은 형식으로 실행한다.

```
outarr4 = shift(inarr4, arg1, arg2)
```

여기서 inarr4는 입력 배열명이고, outarr4는 배열 요소의 순서가 역전된 배열명이다. arg1은 열 이동의 자리 수로 그 값이 양(+)이면 오른쪽으로, 음(-)이면 왼쪽으로 이동한다. arg2는 열 이동의 자리 수로 그 값이 양(+)이면 아래로, 음(-)이면 위로 이동한다.

```
IDL> ff = indgen(4, 4)
IDL> print, ff
  0    1    2    3
  4    5    6    7
  8    9   10   11
 12   13   14   15
IDL> print, shift(ff,1,0) ; 열 단위를 오른쪽으로 1칸 이동
  3    0    1    2
  7    4    5    6
 11    8    9   10
 15   12   13   14
IDL> print, shift(ff,-1,0) ; 열 단위를 왼쪽으로 1칸 이동
  1    2    3    0
  5    6    7    4
  9   10   11    8
 13   14   15   12
IDL> print, shift(ff,0,3) ; 행 단위를 아래로 3칸 이동
  4    5    6    7
  8    9   10   11
 12   13   14   15
  0    1    2    3
```

5.3 배열 크기의 변경

배열 크기의 변경(resizing)은 배열 요소의 개수를 바꾸면서 배열 크기를 확대하거나 축소하는 것이다. 이 때, 확대하거나 축소하는 배열은 선형보간법(linear interpolation method) · 최근접 이웃평균법(nearest-neighbor average method) · 최근접 이웃추출법

(nearest-neighbor sample method) · 3차 콘볼류션 보간법으로 구한다. IDL에서 배열 크기를 변경하기 위한 함수에는 rebin · congrid · interpolate 함수가 있다.

rebin 함수는 다차원의 배열을 정수배 크기의 배열로 확대하거나 축소한다. rebin 함수는 다음과 같은 형식으로 실행한다.

```
outarr1 = rebin(inarr1, arg1 [, agr2, /sample])
```

여기서 inarr1은 입력 배열명이고, outarr1은 정수배로 확대 혹은 축소된 배열명이다. 확대 혹은 축소되는 배열이 1차원 배열이면 인수는 arg1을 설정하고, 2차원 배열이면 인수는 arg1과 arg2를 설정해야 한다. arg1과 arg2는 확대 혹은 축소하고자 하는 배열의 열과 행이다. 기본적으로 확대에는 선형보간법을, 축소에는 최근접 이웃평균법을 사용하며, 키워드 /sample을 설정하면 최근접 이웃추출법으로 확대하거나 축소한다.

```
IDL> gg = [0, 1, 2, 3, 4, 5]
IDL> print, rebin(gg, 12) ; 1차원 배열을 선형보간법으로 확대
0    0    1    1    2    2    3    3    4    4    5    5
IDL> print, rebin(gg,12,/sample) ; 1차원 배열을 최근접 이웃추출법으로 확대
 0    0    1    1    2    2    3    3    4    4    5    5
IDL> print, rebin(gg, 3) ; 1차원 배열을 최근접 이웃평균법으로 축소
 0    2    4
```

위의 예문에서, rebin 함수로 확대할 때 입력 배열의 마지막 요소가 출력 배열에 그대로 복사된다. 이는 rebin 함수가 확대 배수는 충실히 지키지만 배열의 마지막 요소에 대해서는 외삽하지 못하기 때문이다.

rebin 함수는 1차원 배열을 다차원 배열로 만들 때 유용하다. 다음 예문과 같이 열이나 행 차원을 따라서 증가하는 배열을 만들 수 있다.

```
IDL> hh = findgen(4)
IDL> print, hh
 0.00000    1.00000    2.00000    3.00000
IDL> print, rebin(hh, 4, 3, /sample) ; 열 차원을 따라 증가
 0.00000    1.00000    2.00000    3.00000
 0.00000    1.00000    2.00000    3.00000
```

```
 0.00000    1.00000    2.00000    3.00000
IDL> ii = [[0.0], [1.0], [2.0], [3.0]]
IDL> print, ii
 0.00000
 1.00000
 2.00000
 3.00000
IDL> print, rebin(ii, 3, 4, /sample) ; 행 차원을 따라 증가
 0.00000    0.00000    0.00000
 1.00000    1.00000    1.00000
 2.00000    2.00000    2.00000
 3.00000    3.00000    3.00000
```

rebin 함수는 reform과 연계하여 다차원의 지수배열을 생성하는데 사용될 수 있다.

```
IDL> jj = indgen(3)
IDL> print, rebin(jj, 3, 3,/sample)
     0       1       2
     0       1       2
     0       1       2
IDL> print, rebin(reform(jj,1,3),3,3,/sample)
     0       0       0
     1       1       1
     2       2       2
IDL> print, rebin(reform(jj,1,1,3),3,3,3,/sample)
     0       0       0
     0       0       0
     0       0       0

     1       1       1
     1       1       1
     1       1       1

     2       2       2
     2       2       2
     2       2       2
```

congrid 함수는 다차원 배열을 임의 크기의 배열로 확대하거나 축소한다. congrid 함수는 다음과 같은 형식으로 실행한다.

```
outarr2 = congrid(inarr2, arg1 [arg2, /interp])
```

여기서 inarr2는 입력 배열명이고, outarr2는 임의의 크기로 확대 혹은 축소된 배열명이다. argl과 arg2는 확대하거나 축소하고자 하는 배열의 열과 행이다. 기본적으로 최근접이웃추출법으로 확대하거나 축소하며, 배열의 마지막 값은 그대로 복사한다. 키워드 /interp를 설정하면 선형 또는 3차 콘볼류션 보간법으로 확대하거나 축소한다.

```
IDL> kk = [20, 40, 60]
IDL> print, congrid(kk, 4)
 20    40    60    60
IDL> print, congrid(kk, 5)
 20    40    40    60    60
IDL> print, congrid(kk, 6)
 20    40    40    60    60    60
IDL> print, congrid(kk, 7)
 20    40    40    60    60    60    60
```

interpolate 함수는 선형 · 겹선형(bilinear) · 삽겹선형(trilinear) 등의 보간법을 사용하여 다차원 배열을 임의 크기의 배열로 확대하거나 축소한다. interpolate 함수는 다음과 같은 형식으로 실행한다.

```
outarr3 = interpolate(inarr3, loc [,/grid])
```

여기서 inarr3은 입력 배열명이고, outarr3은 임의의 크기로 확대 혹은 축소된 배열명이다. loc는 보간하고자 하는 위치를 입력 배열에 대해 상대적인 지수값으로 표시한 위치 배열이다. 위치 배열의 열 · 행은 차원이 서로 달라서 열이 다른 배열을 생성할 때는 키워드 /grid를 설정해야 한다.

다음 예문은 입력 배열 [10.0, 20.0, 30.0]을 지수 0.0에서 2.0까지 분포하는 위치 배열로 내삽하는 것이다.

```
IDL> mm = [10.0, 20.0, 30.0] ; 입력 배열
IDL> loc = [0.0, 0.5, 1.0, 1.5, 2.0] ; 위치 배열
IDL> print, interpolate(mm, loc) ; 위치 배열의 지수에 대한 값을 내삽
 10.0000    15.0000    20.0000    25.0000    30.0000
```

interpolate 함수로 이미지 데이터와 같은 2차원 배열을 확대하거나 축소하기 위해서는 보간하고자 하는 위치 배열을 먼저 계산해야 한다. 다음 예문은 32열 32행의 배열을 500열 300행의 배열로 확대하는 것이다.

```
IDL> pp = dist(32, 32)
IDL> nx = 500 & ny = 300
IDL> dims = size(pp, /dimensions)
IDL> xloc = (findgen(nx) + 0.5)*(dims[0]/float(nx))-0.5
IDL> yloc = (findgen(ny) + 0.5)*(dims[1]/folat(ny))-0.5
IDL> rr = interpolate(pp, xloc, yloc, /grid)
IDL> help, rr
 RR      FLOAT     = Array[500, 300]
IDL> tvscl, rr ; 이미지 표출
```

위를 살펴보면, size 함수로 입력 배열 pp의 차원을 알고, 이것으로 열과 행에서 500열과 300행에 대한 위치 배열[xloc, yloc]을 계산한다. 이 위치 배열을 interpolate 함수에 입력하여 확대된 배열 rr을 생성한다. 이 때, 위치 배열이 500열 300행으로 열과 행의 차원이 서로 다르기 때문에 키워드 /grid를 설정한다.

5.4 부분 배열의 생성과 특정 열 · 행의 삭제

어떤 배열에 스칼라 · 변수 · 범위 · 배열 · 와일드카드의 배열 첨자를 활용하여 부분 배열을 만들 수 있다. 다음은 4열 6행의 배열에서 부분 배열을 만드는 예문이다.

```
IDL> ss = indgen(4, 6)
IDL> print, ss
  0    1    2    3
```

```
 4    5    6    7
 8    9   10   11
12   13   14   15
16   17   18   19
20   21   22   23
IDL> tt = ss[3,5] ; 부분 배열 생성
IDL> uu = ss[*,4] ; 부분 배열 생성
IDL> vv = ss[2,*] ; 부분 배열 생성
IDL> ww = ss[2:3,1:2] ; 부분 배열 생성
IDL> print, tt, uu, vv. ww
23

16    17    18    19

 2
 6
10
14
18
22

 6    7
10   11
```

어떤 배열에서 열이나 행을 추출하여 만든 부분 배열의 열 혹은 행이 1차원일 때 reform 함수를 이용하여 1차원인 열 혹은 행을 없앤 배열을 만들 수 있다.

```
IDL> xx = indgen(5, 5)
IDL> yy = xx[0, *] ; 와일드카드로 1열만 추출한 경우
IDL> help, yy ; 와일드카드로 추출한 경우에 배열 차원은 [1, 5]임
 YY    INT    = Array[1, 5]
IDL> zz = reform(yy)
IDL> help, zz  ; reform 함수로 변형한 경우에 배열 차원은 [5]임
 ZZ    INT    Array[5]
```

어떤 배열에서 일정한 열이나 행을 삭제하고자 할 경우가 있다. 다음은 100열 100행 배열에서 20, 30, 50, 70, 90행을 삭제하는 예문이다.

```
IDL> aa = findgen(100, 100)
IDL> remov_row = [20, 30, 50, 70, 90] ; 삭제하는 행
IDL> index = replicate(1L, 100) ; 보존하는 행에 지수 1L을 부여
IDL> index[remov_row] = 0L ; 삭제하는 행에 지수 0L을 부여
IDL> keep_row = where(index eq 1) ; 지수가 1인 행을 추출
IDL> aa = aa[*, keep_row] ; 보존하는 행만 제외한 새로운 배열을 생성
IDL> help, aa
 AA    FLOAT    = Array[100, 95]
```

위에서, 지수 1L은 보존하는 행을, 지수 0L은 삭제하는 행을 의미한다. where 함수가 지수가 1L인 행만을 되돌려 준다.

5.5 배열 속성 정보를 얻기 위한 함수

IDL 프로그래밍에서 배열의 요소 수, 차원 수, 차원 크기, 그리고 변수형과 같은 배열 속성을 알고자 할 경우가 있다. IDL은 배열 속성 정보를 얻을 수 있는 함수를 표 5.1과 같이 제공한다.

• 배열 요소의 개수

n_elements 함수는 입력 배열의 요소 개수를 되돌려 준다. 입력 배열이 미리 정의되지 않으면 n_elements 함수는 0을 되돌려 주며, 이런 점을 이용하여 변수나 배열이 정의되었는지를 검사할 수 있다.

표 5.1 배열 속성 정보를 얻기 위한 함수

함수	되돌려주는 값
n_elements( )	배열 요소의 개수
size( )	배열의 크기와 변수형
min( )	배열의 최소값
max( )	배열의 최대값
mean( )	배열의 평균
variance( )	배열의 분산
stddev( )	배열의 표준편차
moment( )	배열의 평균, 분산, 비대칭도, 첨도, 표준편차, 평균절대오차
total( )	배열의 총합

```
IDL> bb = findgen(32, 32)
IDL> help, bb
 BB    FLOAT    = Array[32, 32]
IDL> print, n_elements(bb) ; 배열 bb의 요소 개수
 1024
IDL> print, n_elements(cc) ; 정의되지 않은 배열 cc의 요소 개수
 0
```

• 배열의 크기와 변수형

size 함수는 배열의 크기와 변수형에 대한 정보를 담은 long 벡터를 되돌려 준다. 이 long 벡터에는 차원 수(배열이 스칼라이거나 미리 정의되지 않으면 0), 차원 크기, 변수형 코드(배열이 미리 정의되지 않으면 0), 배열의 요소 개수가 차례로 저장된다. 키워드 n_dimensions, dimensions, type, tname, n_elements을 설정하면, 그 키워드에 맞추어서 각각 차원 수, 차원 크기, 변수형 코드(표 5.2), 변수형 이름, 배열의 요소 개수를 되돌려 준다.

표 5.2 변수형 코드와 이름

변수형	코드	이름
미정의	0	'UNDEFINED'
byte	1	'BYTE'
integer	2	'INT'
long integer	3	'LONG'
float	4	'FLOAT'
double precision	5	'DOUBLE'
complex float	6	'COMPLEX'
string	7	'STRING'
structure	8	'STRUCT'
complex double precision	9	'DCOMPLEX'
pointer	10	'POINTER'
object reference	11	'OBJREF'
unsigned integer	12	'UNIT'
unsigned long integer	13	'ULONG'
64-bit integer	14	'LONG64
unsigned 64-bit integer	15	'ULONG64'

```
IDL> dd = dist(256)
IDL> help, dd
 DD    FLOAT    = Array[256, 256]
IDL> print, size(dd) ; 키워드가 설정되지 않은 경우
 2   256   256   4   65536
IDL> print, size(dd, /n_dimensions); 키워드 n_dimensions를 설정
 2
IDL> print, size(dd, /dimensions) ; 키워드 dimensions를 설정
 256   256
IDL> print, size(dd, /type) ; 키워드 type을 설정
 4
IDL> print, size(dd, /tname) ; 키워드 tname을 설정
 FLOAT
IDL> print, size(dd, /n_elements) ; 키워드 n_elements을 설정
 65536
```

size 함수가 되돌려준 long 벡터에서 배열 속성 정보를 추출하여 프로그래밍에 활용해야 한다. 다음 예문은 size 함수가 되돌려준 long 벡터에서 원하는 배열 속성 정보를 추출하여 사용하는 것이다. 여기서 변수 ndim는 차원 수, 변수 dim는 차원 크기, 변수 type은 변수형 코드, 변수 nele는 요소 개수를 말한다.

```
IDL> dd = dist(256)
IDL> info = size(dd)
IDL> print, info
 2   256   256   4   65536
IDL> ndim = info[0] ; 배열의 차원 수 2
IDL> ;ndim이 0이면 배열이 미리 정의되지 않은 것임
IDL> if(ndim gt 0) then dim = info[1 : ndim] else dim = -1L
IDL> type = info[ndim + 1] ; 배열의 변수형 코드 4(float)
IDL> nele = info[ndim + 2] ; 배열의 요소 개수 65536
```

• 배열의 최소값과 최대값

min 함수와 max 함수는 배열 요소 중에서 최소값과 최대값을 되돌려 준다. min 함수는 입력 배열 하나만을 입력하여 최소값을 얻을 수도 있고, 키워드 max를 설정하여 최

소값과 최대값을 동시에 얻을 수도 있다. max 함수도 입력 배열 하나만 입력하여 최대값을 얻을 수도 있고, 배열과 함께 지수에 대한 변수를 동시에 입력하여 최대값과 그에 상응하는 지수를 얻을 수 있다.

```
IDL> ee = dist(32)
IDL> print, min(ee), max(ee) ; 배열의 최소값과 최대값 산출
 0.000000    22.6274
IDL> minval = min(ee, max = maxval) ; max 키워드 설정으로 최소값과
                                        최대값을 동시 산출
IDL> print, minval, maxval
 0.000000    22.6274
IDL> maxval = max(ee, index) ; 최대값과 최대값에 대한 지수를 산출
IDL> print, index
 528
```

• 배열의 평균 · 분산 · 표준편차 · 비대칭도 · 첨도

mean · variance · stddev 함수는 입력 배열에 대한 평균 · 분산 · 표준편차를 되돌려 준다. moment 함수는 배열의 평균, 분산, 비대칭도(skewness), 첨도(kurtosis)를 되돌려 준다. 이 함수에 키워드 sddev와 mdev를 설정하면 표준편차와 절대평균편차를 되돌려 준다.

```
IDL> ff = fingen(10)*100.0
IDL> print, ff
 0.0    100.0    200.0    900.0
IDL> print,mean(ff),variance(ff),stddev(ff); 평균 · 분산 · 표준편차
 450.000    91666.7    302.765
IDL> gg=moment(ff) ; moment에 의한 평균 · 분산 · 비대칭도 · 첨도 산출
IDL> print, gg
 450.000    91666.7    2.88252    -1.5614
IDL> hh=moment(ff,sdev=sdev,mdev=mdev) ; sdev, mdev 키워드 설정
IDL> print, sdev, mdev
 302    765    250.00
```

• 배열의 총합

total 함수는 배열의 총합을 되돌려 준다. total 함수에 배열 하나만 입력하면 배열의 총합을 얻을 수 있고, 입력 배열과 함께 1 혹은 2를 입력하면 열(1) 혹은 행(2) 단위로 총합을 구할 수 있다. 키워드 /cumulative를 설정하면 누적합계가 계산된다.

```
IDL> ii = [[0,1,2],[3,4,5],[6,7,8]]
IDL> print, total(ii) ; 배열의 총합을 계산
 36.00000
IDL> print, total(ii, 1) ; 열(1) 단위로 총합을 계산
 3.00000    12.0000    21.0000
IDL> print, total(ii, 2) ; 행(2) 단위로 총합을 계산
 9.00000    12.0000    15.0000
IDL> print, total(ii, /cumulative) ; 누적합계를 계산
 0.0   1.0   3.0   6.0   10.0   15.0   21.0   28.0   36.0
```

식과 연산자

Chapter | 6

100, x, x + y, sin(y*2), y > 100 등과 같이 어떤 값을 계산하기 위하여 숫자 · 변수 · 연산자로 조합된 것을 식이라고 한다. 식의 연산 결과를 올바르게 얻기 위해서는 식이 어떻게 연산되는지를 이해하는 것이 상당히 중요하다. 여기서는 변수형 결정, 연산 우선 순위, 배열 연산, 그리고 각종 연산자를 설명한다.

6.1 식의 변수형 결정

식은 "변수 = 숫자, 변수, 연산자로 구성된 식"으로 표현된다. FORTRAN과 C에서 식의 결과값에 대한 변수형은 미리 선언한 변수형에 따라 결정된다. 다음의 C 코드 예문에서 대입연산자(=)의 왼쪽에 있는 변수 dtor이 앞서서 double로 선언되었기 때문에 식의 결과값도 double로 저장된다.

```
double dtor:
dtor = 3.1415927 / 180.0
```

IDL에서 식의 결과값에 대한 변수형은 두 가지 방법으로 결정된다. 첫째 방법으로, 대입연산자의 왼쪽에 있는 변수가 스칼라 변수, 배열 혹은 선언하지 않은 변수이면 식의 결과값에 대한 변수형은 대입연산자의 오른쪽에 있는 식에 따라 결정된다.

다음 예문과 같이 대입연산자의 오른쪽에 있는 식이 동일한 "float형 / float형"인 경우에 dtor의 변수형은 자연스럽게 float형이 된다.

```
IDL> dtor = 3.1415927 / 180.0 ; float형 /float형 = float형
IDL> help, dtor
 DTOR    FLOAT    = 0.0174533
```

반면, 대입연산자의 오른쪽에 있는 식이 여러 변수형으로 혼합되어 있는 경우, 표 6.1의 변수형 종류에 있는 우선순위에 따라 식의 결과값에 대한 변수형이 결정된다. 이 표에서 byte의 우선순위가 가장 낮고 dcomplex의 우선순위가 가장 높다. 다음 예문에서 대입연산자의 오른쪽 식에 있는 "10.0D"가 double형으로 int형인 "indgen(100)"보다 우선순위가 높아서 식의 결과값은 double형 변수가 된다. 변수형의 우선순위에 확신이 없으면 표 3.4의 변수형 변환 함수를 사용하여 하나의 변수형으로 고정시키면 편리하다.

```
IDL> aa = indgen(100) * 10.0D ; 우선순위 int형보다 double형이 높음
IDL> help, aa
 AA    DOUBLE    = Array[100]
```

두 번째 방법으로, 식의 결과값에 대한 변수가 미리 선언된 배열의 부분 배열인 경우에, 대입연산자의 오른쪽에 있는 식과 관계없이 선언된 변수형으로 결정되고 식의 결과값도 변수형에 따라 저장된다. 다음 예문에서 int형으로 선언된 부분 배열 bb[0]에는 대입연산자의 오른쪽에 있는 float형이나 double형에 관계없이 소수점 이하가 잘려서 int형인 6이 저장된다. 마치 변수형 변환 함수를 사용한 것처럼 변수형이 변환된다.

```
IDL> bb = indgen(9) ; int형 배열이 선언
IDL> bb[0] = 2.0 * 3.1415927 ; float형 * double형
IDL> help, bb[0] ; 부분배열 bb[0]에 식의 결과값이 int형으로 저장
 <Expression>    INT    = 6
```

6.2 산술 연산자와 우선순위

IDL은 산술연산에 필요한 수학연산자(+, /, ^ 등)와 논리검사에 필요한 관계연산자(eg, ne, le 등) 및 논리연산자(and, or 등)를 제공한다. IDL에서 제공하는 연산자와 그 우선순위는 표 6.1과 같다.

표 6.1 IDL 연산자와 우선순위

연산자	의미	우선순위	
( )	괄호	1	높음 ↑
*	포인터 참조	2	
^	멱승법	2	
*	스칼라 곱셈	3	
#	배열 곱셈	3	
##	행렬 곱셈	3	
/	나눗셈	3	
mod	나눔자	3	
+	덧셈 · 양(positive)	4	
−	뺄셈 · 음(negative)	4	
〈	최소	4	
〉	최대	4	
not	부정(NOT)	4	
eq	equal to	5	
ne	Not equal to	5	
le	Less than or equal to	5	
lt	Less than	5	
ge	Greater than or equal to	5	
gt	Greater than	5	
and	논리곱(AND)	6	
or	논리합(OR)	6	
xor	배타적 논리합(XOR)	6	
?:	3치 연산자	7	
=	대입	8	↓ 낮음

하나의 식에 여러 개의 연산자가 포함되어 있는 경우에 그 연산자는 우선순위를 적용받아서 우선순위가 높은 연산자가 우선순위가 낮은 연산자보다 먼저 계산된다. 하나의 식에 동일한 우선순위를 갖는 연산자가 여러 개 포함되어 있으면 식의 왼쪽부터 오른쪽으로 계산된다. 다음 예문의 경우에 나눗셈(/)이 덧셈(+)보다 우선순위가 높기 때문에 나눗셈이 먼저 계산되고 다음으로 덧셈이 계산된다.

```
IDL> print, 5.0 + 10.0 / 5.0 ; 5.0 + (10.0/5.0) 연산과 동일
 7.00000
```

연산자의 우선순위에 대해 확신을 갖기 위한 가장 안전한 방법은 괄호를 사용하는 것이다. 괄호로 감싸진 부분의 식이 먼저 계산되며, 식이 여러 개의 괄호로 감싸져 있으면 안쪽 괄호로부터 바깥 괄호로 나오면서 계산된다.

```
IDL> print, (5.0 + 10.0) / 5.0 ; 괄호 먼저 계산하고 나눔
 3.00000
IDL> print, 5.0 + (10.0 / 5.0 ) ; 괄호 먼저 계산하고 더함
 7.00000
```

6.3 배열의 산술 연산

IDL 연산자는 스칼라 연산과 배열 연산이 모두 가능하다. 배열 연산은 스칼라 변수에 연산자를 적용하는 스칼라 연산과 동일한 방법으로 수행한다. 다음은 스칼라 연산과 배열 연산을 보여주는 예이다.

```
IDL> cc = 2.0
IDL> dd = 3.0
IDL> print, cc + dd ; 스칼라 연산
 5.00000
IDL> ee = [ 1, 3, 5, 7]
IDL> ff = [ 2, 2, 2, 2]
IDL> print, ee + ff ; 배열 덧셈
 3    5    7    9
IDL> print, ee * ff ; 배열 곱셈
 2    6    10    14
```

위의 배열 연산에서 식에 포함된 변수는 모두 배열이고 배열의 요소 개수도 동일하다. 그러나 실제 IDL 프로그래밍에서 식에 포함된 변수형이나 배열 요소의 개수가 서로 다를 수 있다. 식에 포함된 변수형과 배열의 요소 개수에 따른 연산 결과는 다음과 같이 결정된다.

- 식에서 포함된 변수 중에 하나라도 배열이면, 연산 결과는 배열이 된다.

```
IDL> gg = 10.0 ; 스칼라 변수
IDL> hh = [1.0, 2.0, 3.0, 4.0] ; 배열
IDL> ii = gg * hh
IDL> print, ii ; 배열 hh에 10.0을 곱함
 10.0000    20.0000    30.0000    40.0000
IDL> help, ii
 II    FLOAT    = Array[4]
```

- 대입연산자의 왼쪽이 부분 배열이고 오른편이 스칼라 변수이면, 스칼라 변수값이 부분 배열의 모든 요소에 복사된다.

```
IDL> jj = indgen(9)
IDL> jj[0:6] = 2.0 * 3.14
IDL> print, jj
 6    6    6    6    6    6    6    7    8
```

- 식에 요소 개수가 다른 배열이 서로 혼합되어 있으면, 연산 결과는 식에서 가장 작은 배열의 요소 개수를 갖는다.

```
IDL> print, [10, 10] * [1, 2, 3, 4, 5] ; 요소 개수 2 * 5
 10    20
```

- 식에 배열의 요소 개수와 차원이 모두 다른 배열이 혼합되어 있으며, 연산 결과는 식에서 가장 작은 배열의 요소 개수와 차원을 갖는다.

```
IDL> kk = [10, 10, 10, 10, 10, 10, 10]
IDL> ll = [[0, 1, 2], [3, 4, 5]]
IDL> print, kk * ll
  0   10   20
 30   40   50
```

- 식에 배열의 요소 개수는 같으나 차원이 다른 배열이 혼합되어 있으며, 연산 결과는 식에서 가장 왼쪽에 있는 배열의 차원을 갖는다.

```
IDL> mm = [10, 10, 10, 10]
IDL> nn = [[0, 1], [2, 3]]
IDL> print, mm * nn
```

```
0   10      20      30
IDL> print, nn * mm
  0    10
 20    30
```

6.4 최소 연산자, 최대 연산자, 나눔자

최소 연산자(<)는 인수 중에서 작은 값을, 최대 연산자(>)는 인수 중에서 큰 값을 되돌려 준다. 이 때, 최소 연산자나 최대 연산자의 오른쪽에 있는 상수나 변수가 음(-)의 값이면 괄호로 감싸주어야 한다. 최소 연산자와 최대 연산자에서 두 인수가 배열이면 배열 요소의 각 쌍에 대해 연산을 수행한다.

```
IDL> print, 4 < 5, 5 < 5, 6 < 5 ; 최소 연산자
 4    5    5
IDL> print, 9 > 8, 8 > 8, 7 > 8 ; 최대 연산자
 9    8    8
IDL> print, 3 > (-1), -3 < (-1) ; 오른쪽에 있는 인수가 음의 상수인 경우
 3      -3
IDL> print, -5 > (-indgen(9)) ; 오른쪽에 있는 인수가 음의 변수인 경우
 0    -1    -2    -3    -4    -5    -5    -5    -5
IDL> pp = [ 2, 4, 6, 8]
IDL> qq = [ 3, 4, 5, 6]
IDL> print, pp < qq ; 두 인수가 배열인 경우
      2       4       5       6
```

최소 연산자와 최대 연산자는 다음 예와 같이 특이값을 걸러내는데 아주 요긴하게 사용할 수 있다.

```
IDL> rr = [0, 1, 2, -999, 4.5, -999, 7, 8]
IDL> print, arr > 0
 0    1    2    0    4    5    7    8
```

나눔자(mod)는 인수1을 인수2로 나누고 남은 값을 되돌려준다. 인수 중에 하나가 배열이면 배열의 각 요소에 대해 연산을 수행한다. 이 때, 인수가 실수값이면 절삭오차 때문에 부정확한 연산 결과를 줄 수 있다는 것에 주의해야 한다.

```
IDL> print, 9 mod 2 ; int mod int
 1
IDL> print, indgen(9) mod 2 ; 배열 mode int
 0   1   0   1   0   1   0   1   0
IDL> print, 1.0 mod 0.2, 100.0 mod 0.4 ; 정확한 결과는 0임
 0.200000    0.399999
```

나눔자에서 인수가 실수값일 때 절삭오차로 인한 나눔자의 부정확한 연산은 다음과 같이 변수형 변환 함수를 이용하여 피할 수 있다.

```
IDL> xx = 1.0
IDL> yy = 0.2
IDL> print, xx - (yy * long(xx/yy)) ; 변수형 변환 함수를 이용
 0.000000
```

6.5 배열곱 연산자와 행렬곱 연산자

IDL에서 배열은 "열 × 행" 형식으로 메모리에 저장하며, 이것은 수학의 행렬 개념인 "행 × 열" 형식과 반대이다. IDL은 이러한 문제점을 해결하기 위해 배열곱 연산자(#)와 행렬곱 연산자(##)를 제공한다.

배열곱 연산자(#)는 인수1 배열의 열을 인수2 배열의 행으로 곱한다. 이 연산의 결과는 인수1 배열의 열 개수와 인수2 배열의 행 개수로 된 배열로 주어지며, 이 배열은 "열 × 행" 형식의 배열이다. "열 × 행" 형식의 배열에 transpose 함수를 적용하면 수학의 행렬 개념인 "행 × 열" 형식으로 표현할 수 있다.

```
IDL> aa = [[1,2,3],[4,5,6]]
IDL> bb = [-1,0],[1,2],[3,4]]
IDL> cc = aa # bb ; 배열곱(열 × 행)
```

```
IDL> print, cc
 -1    -2    -3
  9    12    15
 19    26    33
IDL> print, transpose(cc) ; 배열곱의 전치(행 × 열)
 -1     9    19
 -2    12    26
 -3    15    33
```

여기서 배열곱의 연산 결과 cc는 다음과 같은 과정으로 계산된 것이다.

```
cc[0,0] = aa[0,0]xbb[0,0] + aa[0,1]xbb[1,0] = 1 x-1 + 4 x 0 = -1
cc[0,1] = aa[0,0]xbb[0,1] + aa[0,1]xbb[1,1] = 1 x 1 + 4 x 2 = 9
cc[0,2] = aa[0,0]xbb[0,2] + aa[0,1]xbb[1,2] = 1 x 3 + 4 x 4 = 10

cc[1,0] = aa[1,0]xbb[0,0] + aa[1,1]xbb[1,0] = 2 x-1 + 5 x 0 = -2
cc[1,1] = aa[1,0]xbb[0,1] + aa[1,1]xbb[1,1] = 2 x 1 + 5 x 2 = 12
cc[1,2] = aa[1,0]xbb[0,2] + aa[1,1]xbb[1,2] = 2 x 3 + 5 x 4 = 26

cc[2,0] = aa[2,0]xbb[0,0] + aa[2,1]xbb[1,0] = 3 x-1 + 6 x 0 = -3
cc[2,1] = aa[2,0]xbb[0,1] + aa[2,1]xbb[1,1] = 3 x 1 + 6 x 2 = 15
cc[2,2] = aa[2,0]xbb[0,2] + aa[2,1]xbb[1,2] = 3 x 3 + 6 x 4 = 33
```

배열곱의 연산 결과에 transpose 함수를 적용하여 수학 개념의 행렬을 얻는 과정은 상당히 혼란스럽다. 그래서 IDL은 수학 개념의 행렬과 동일하게 연산할 수 있도록 행렬곱 연산자(##)를 제공한다. 행렬곱 연산자(##)는 인수1 배열의 행을 인수2 배열의 열로 곱한다. 이 연산의 결과는 인수1 배열의 행 개수와 인수2 배열의 열 개수로 된 배열로 주어진다.

```
IDL> dd = [[-2,-1], [0,1], [2,3], [4,5]]
IDL> ee = [[2,3,4,5], [6,7,8,9]]
IDL> ff = dd ## ee ; 행렬곱(행 × 열)
IDL> print, ff
 -10     -13    -16     -19
   6       7      8       9
  22      27     32      37
  38      47     56      65
```

여기서 배열곱의 결과값 ff는 다음과 같은 과정으로 계산된 것이다.

```
ff[0,0] = dd[0,0]xee[0,0] + dd[0,1]xee[0,1] = -2 x 2 + -1 x 6 = -10
ff[1,0] = dd[0,0]xee[1,0] + dd[0,1]xee[1,1] = -2 x 3 + -1 x 7 = -13
ff[2,0] = dd[0,0]xee[2,0] + dd[0,1]xee[2,1] = -2 x 4 + -1 x 8 = -16
ff[3,0] = dd[0,0]xee[3,0] + dd[0,1]xee[3,1] = -2 x 5 + -1 x 9 = -19
ff[0,1] = dd[0,1]xee[0,0] + dd[1,1]xee[0,1] = 0 x 2 + 1 x 6 = 6
ff[1,1] = dd[0,1]xee[1,0] + dd[1,1]xee[1,1] = 0 x 3 + 1 x 7 = 7
ff[2,1] = dd[0,1]xee[2,0] + dd[1,1]xee[2,1] = 0 x 4 + 1 x 8 = 8
ff[3,1] = dd[0,1]xee[3,0] + dd[1,1]xee[3,1] = 0 x 5 + 1 x 9 = 9
ff[0,2] = dd[0,2]xee[0,0] + dd[1,2]xee[0,1] = 2 x 2 + 3 x 6 = 22
ff[1,2] = dd[0,2]xee[1,0] + dd[1,2]xee[1,1] = 2 x 3 + 3 x 7 = 27
ff[2,2] = dd[0,2]xee[2,0] + dd[1,2]xee[2,1] = 2 x 4 + 3 x 8 = 32
ff[3,2] = dd[0,2]xee[3,0] + dd[1,2]xee[3,1] = 2 x 5 + 3 x 9 = 37

ff[0,3] = dd[0,3]xee[0,0] + dd[1,3]xee[0,1] = 4 x 2 + 5 x 6 = 38
ff[1,3] = dd[0,3]xee[1,0] + dd[1,3]xee[1,1] = 4 x 3 + 5 x 7 = 47
ff[2,3] = dd[0,3]xee[2,0] + dd[1,3]xee[2,1] = 4 x 4 + 5 x 8 = 56
ff[3,3] = dd[0,3]xee[3,0] + dd[1,3]xee[3,1] = 4 x 5 + 5 x 9 = 65
```

6.6 관계 연산자

관계 연산자는 참/거짓을 검사하고 표 6.2에 따라 참과 거짓에 해당하는 특별한 값을 되돌려 준다. 관계 연산자는 if문과 연계하여 자주 사용된다.

표 6.2 참/거짓 정의

변수형	참	거짓
정수	홀수이고 0이 아닌 값 (예 : -3, -1, 1, 3, 5)	0 혹은 짝수 (예 : -4, -2, 0, 2, 4, 6)
부동소수점	0이 아닌 값 (예 : -1.0, -0.5, 0.5, 1.0, 3.1415)	0.0
문자열	공백이 아닌 모든 문자열 (예 : 'Hello', 'IDL')	널문자열('')

다음 예문에서 첫 번째 if문은 관계식 “gg lt hh”가 참인지를 검사하고, 그 결과로 1B가 되돌려 주어서 참이 된다. 두 번째 if문은 관계식 “gg lt hh”의 결과가 1B와 동일하여 참이 된 것으로서 첫 번째 if문과 동일한 결과를 얻는다.

```
IDL> gg = 10.0
IDL> hh = 20.0
IDL> help, gg lt hh ; 관계식의 결과 = 1B
 <Expression>       BYTE    = 1
IDL> if(gg lt hh) then print, 'True'; 관계식 결과가 1B로 참 출력
 True
IDL> if(gg lt hh) eq 1B then print, 'True'; 관계식 결과=1B로 참 출력
 True
```

부동 소수점 변수에서 관계 연산자 eq와 ne의 적용은 피해야 한다. 이것은 부동 연산의 정밀도가 IDL 플랫폼에 따라 변하여 검사하고자 하는 값이 정확하게 같지 않을 수 있기 때문이다. 이런 경우에는 다음과 같이 해당 컴퓨터의 정밀도보다 더 큰 허용한계치를 이용하는 것이 좋다.

```
IDL> ii = 1.00
IDL> jj = 1.00
IDL> tol = 1.0 e-6 ; 허용한계치 = 1.0 e-6
IDL> if(abs(ii-jj) lt tol) then print, 'Values agree within tolerance'
 Values agree within tolerance
```

관계 연산자는 배열에 대해서도 적용할 수 있다. 관계 연산자의 인수가 스칼라 변수와 배열 변수이면 배열의 각 요소에 대한 참과 거짓을 검사하고 그 결과를 되돌려준다. 관계 연산자의 두 인수가 모두 배열이면 각 배열 요소에 대응하는 쌍에 대해 관계 연산자를 적용하고 그 결과를 되돌려준다.

```
IDL> kk = 2
IDL> ll = [0, 1, 2, 3]
IDL> mm = [2, 4, 1, 8]
IDL> pp = ll le kk ; 스칼라 변수와 배열 변수의 관계식
IDL> print, pp
```

```
 1    1    1    0
IDL> rr = ll gt mm ; 배열 변수와 배열 변수의 관계식
IDL> print, rr
 0    0    1    0
```

관계 연산자는 배열에서 일정한 조건을 만족하는 값을 보존하거나 소거하기 위한 마스크(mask)*로서 활용할 수 있다. 예를 들어, 다음과 같이 어떤 배열에서 그 값이 5 이상인 배열 요소의 총합을 구해보자.

```
IDL> ss = [0, 1, 2, 3, 4, 5, 6, 7, 8]
IDL> mask = ss ge 5
IDL> print, mask
 0    0    0    0    0    1    1    1    1
IDL> print, mask * ss
 0    0    0    0    0    5    6    7    8
IDL> print, total(mask * ss)
 26.0000
```

위 예에서, mask는 그 값이 5 이하인 배열 요소에는 0을, 6 이상인 배열 요소에는 1을 설정하였다. 따라서 원래 배열에 mask를 곱하면 5 이상인 배열만을 되돌려 준다.

6.7 논리 연산자

논리곱(AND)은 변수 P와 Q가 동시에 참인 경우에만 참으로 출력되는 논리 연산이다. 논리합(OR)은 변수 P와 Q 중에서 적어도 하나가 참인 경우에 참으로 출력되는 논리 연산이다. 배타적 논리합(XOR)은 변수 P와 Q 중에서 하나가 참이고 다른 하나가 거짓일 경우에 참으로 출력되는 연산이다. 논리부정(NOT)은 출력된 논리를 부정하는 논리 연산으로, 논리곱(AND), 논리합(OR), 배타적 논리합(XOR)의 논리 부정은 각각 부정 논리곱, 부정 논리합, 배타적 부정 논리합이다. 논리곱(AND), 논리합(OR), 배타적 논리합(XOR)의 진리값은 표 6.3과 같다.

* 어떤 문자 패턴의 한 부분을 보전하거나 소거하는데 쓰이는 문자 패턴

표 6.3 논리곱(AND)·논리합(OR)·배타적 논리합(XOR)의 진릿값

P	Q	P AND Q	P OR Q	P XOR Q
0	0	0	0	0
0	1	0	1	1
1	0	0	1	1
1	1	1	1	0

논리 연산자에는 논리부정(not)·논리곱(and)·논리합(or)·배타적 논리합(xor)이 있고 이 연산자의 인수로는 정수형·부동 실수형·배정도 실수형 변수가 사용된다. 단, xor 연산자의 인수로는 정수형 변수만이 사용된다.

논리 연산자는 인수의 변수형에 따라 달리 작용한다. 정수형(byte·int·long 등) 인수에서 논리 연산자는 비트 연산으로 연산을 수행한다. 즉, 인수에 있는 각 비트로 연산된다. 부동소수점(float·double) 인수에서 논리 연산자는 참 혹은 거짓을 되돌려 준다. 이러한 인수의 변수형 구분은 not 연산자를 사용할 때 꼭 기억해야 한다.

• not 연산자

not 연산자는 단정도 정수 인수에 대해 비트 보수를 수행한다. 인수에서 대응하는 비트가 설정되지 않을 때 결과에서 비트가 설정된다. 다음 예문에서, 부호 없는 byte 배열 tt와 부호 long 배열 uu에서 그 결과가 다르게 나타난다. 이것은 부호 정수가 그 보수 형태로 나타내지기 때문이다.

```
IDL> tt = byte([0, 1, 2, 3, 4])
IDL> print, not tt
 255    254    253    252    251
IDL> uu = long([0, 1, 2, 3, 4])
IDL> print, not uu
 -1    -2    -3     -4     -5
```

not 연산자는 단정도 부동소수점 인수에 대해 논리 보수를 수행한다. 인수가 참이면 그 결과는 거짓이고, 인수가 거짓이면 그 결과는 참이다.

```
IDL> print, not 10.0
 0.000000
IDL> print, not 3.1415927
 0.00000
IDL print, not 0.0
 1.00000
```

정수의 논리 보수를 만들기 위해 not 연산자를 사용하는 것은 피해야 한다. 마스크 배열의 논리 연산자를 만드는 예를 보자.

```
IDL> mask = arr ge 5
IDL> print, mask
 0   0   0   0   0   1   1   1   1   1
IDL> mask = not (arr ge 5)
IDL> print, mask
 255   255   255   255   255   254   254   254   254
```

위에서, not 연산자가 적용한 후에 mask 배열은 더 이상 1B가 참이고 0B가 거짓인 IDL 관습을 확인할 수 없다. 이 mask 배열이 후에 1B가 참으로 사용되리라고 보장할 수 없다. 예를 들어, 다음은 5 미만의 모든 배열 요소의 합을 주지 않는다.

```
IDL> print, total(mask * arr)
 9154.00
```

정수의 논리 보수를 형성하기 위해서는 변수에서 1B를 제외해야 한다.

```
IDL> arr = indgen(9)
IDL> mask = 1B - (arr ge 5)
IDL> print, mask
 1   1   1   1   1   0   0   0   0
IDL> print, total(mask * arr)
 10.0000
```

• and 연산자

한 쌍의 정수 인수를 연산할 때 and 연산자는 비트 방식의 AND 연산을 수행한다. 인수에서 서로 대응하는 비트가 모두 설정되면 결과에서 비트도 설정된다. 그렇지 않으면 결과에서 비트도 설정되지 않는다.

```
IDL> xx = [0, 0, 1, 1, 2]
IDL> yy = [0, 1, 1, 2, 2]
IDL> print, xx and yy
 0   0   1   0   2
```

한 쌍의 float 또는 double 인수를 연산할 때 and 연산자는 논리 연산자 AND 연산을 수행한다.

```
IDL> aa = [0.0, 0.0, 1.0, 1.0, 2.0]
IDL> bb = [0.0, 1.0, 1.0, 2.0, 2.0]
IDL> print, aa and bb
 0.000000    0.000000    1.00000    2.00000    2.00000
```

• or 연산자

or 연산자는 정수 인수의 쌍에서 연산할 때 비트 or를 수행한다. 인수의 상응 비트가 모두 설정될 때 결과의 비트는 설정된다. 결과의 모든 비트가 인수의 상응 비트에 설정되지 않는다.

```
IDL> cc = [0, 0, 1, 1, 2]
IDL> dd = [0, 1, 1, 2, 2]
IDL> print, cc or dd
 0    1    1    3    2
```

or 연산자는 float 또는 double 인수의 쌍에서 연산할 때 논리 OR을 수행한다. 두 인수가 참이면 결과는 참이고 그렇지 않으면 결과는 거짓이다. 0이 아니면 제1인수는 되돌려진다. 제1인수가 0이거나, 제2인수가 0이 아니면 제2인수는 되돌려진다.

```
IDL> ee = [0.0, 0.0, 1.0, 1.0, 2.0]
IDL> ff = [0.0, 1.0, 1.0, 2.0, 2.0]
IDL> print, ee or ff
 0.000000    1.00000    1.00000    1.00000    2.00000
```

• xor 연산자

xor 연산자는 한 쌍의 정수인수에서 비트 xor 연산을 수행한다. 대응하는 인수의 비트가 다르면 결과에서 대응하는 비트는 설정된다.

```
IDL> gg = [0, 0, 1, 1, 2]
IDL> hh = [0, 1, 1, 2, 2]
IDL> print, gg xor hh
 0    1    0    3    0
```

• 관계 연산자와 논리 연산자의 조합

관계 연산자와 논리 연산자를 조합하여 복잡한 논리검사를 수행할 경우가 있다. 이때, 괄호를 사용하여 연산자와 인수가 정확하게 묶여졌는지 확인하는 것이 좋다. 다음 예문은 관계 연산자와 논리 연산자를 조합하여 연산하는 것이다.

```
IDL> ii = 100
IDL> jj = 120
IDL> print, (ii gt 90) and (jj gt 90)
     1
IDL> print, (ii gt 110) and (jj gt 110)
     0
IDL> print, (ii gt 110) or (jj gt 110)
     1
IDL> if ((ii mod 10) eq 0 ) and ((jj mod 10) eq 0) then $
     print, 'Factors of 10'
 Factors of 10
```

• 비트 조작

논리 연산자는 정수 변수로부터 비트 열을 추출하는 데 사용된다. 예를 들어, byte 변수로부터 가장 오른쪽의 4개의 비트를 추출하기 위하여, 가장 오른쪽의 4개 비트 세트로만 구성된 mask라는 변수를 생성한다. 그림 6.4에서 보는 바와 같이 mask에서 오른쪽 4개의 비트는 1, 왼쪽 4개의 비트는 0이 된다. 따라서 23+22+21+20=15가 될 것이다.

```
IDL> mask = 8B + 4B + 2B + 1B
IDL> help, mask
MASK   BYTE   = 15
```

이제 임의로 정의된 word라는 변수로부터 오른쪽 4개의 비트를 추출하기 위하여, 다음과 같이 mask 변수와의 AND 연산을 수행한다.

```
IDL> word = 35B
IDL> bits = word and mask
IDL> help, bits
BITS   BYTE   =  3
```

그림 6.4에서 보는 것처럼, word에서 가장 오른쪽에 위치한 4개의 최하위비트(LSB) 중에서 비트수 1과 0은 살아남고, 가장 왼쪽에 위치한 4개의 최상위비트(MSB)는 걸러진다. 비트수는 그림과 같이 관습적으로 왼쪽부터 오른쪽으로 유효순서가 감소하면서 붙여진다. 이렇게 word의 오른쪽 4개의 비트만 살아남게 되어서 그 결과는 3이 된다.

Bit no.	7	6	5	4	3	2	1	0	
Word	0	0	1	0	0	0	1	1	= 35
Mask	0	0	0	0	1	1	1	1	= 15
Result	0	0	0	0	0	0	1	1	= 3

그림 6.4 Bit mask

• 왼쪽에 최상위 비트, 오른쪽에 최소 하위 비트

굳이 오른쪽 끝 또는 왼쪽 끝 뿐만 아니라 중간위치의 비트를 추출하기 위해서는 비트를 이동시킨 다음 mask를 적용할 수도 있다. 이 때 사용되는 'shift & mask' 방법은 정수 변수에서 임의의 위치로부터 비트를 추출할 때 자주 사용된다. IDL에서 비트 이동(bit shift) 연산은 ishft 함수로 다루어진다. 이 함수는 2개의 인수를 받아들인다. 제1 인수는 비트 이동을 할 대상변수이고, 제2 인수는 비트 위치를 이동하는 크기(+는 왼쪽으로, -는 오른쪽으로 이동)이다. 공백 비트의 위치는 0으로 채워진다. 예를 들어, byte 변수에서 비트 6과 5의 값을 추출하기 위해서 비트는 0 위치에서 5 위치로 이동한다. 마스크는 두 개의 가장 오른쪽에 있는 LSB에 적용한다.

```
IDL> word = 35B
IDL> shifted = ishft(word,-5)
IDL> help, shifted
 SHIFTED   BYTE   =    1
IDL> mask = 2B + 1B
IDL> bits = shifted and mask
IDL> help, bits
 BITS   BYTE         = 1
```

이 예제의 결과는 그림 6.5에 설명되어 있다. word에 있는 모든 비트가 오른쪽으로 5 비트 이동하고 mask가 적용되면 그 결과는 1B가 된다.

Bit no.	7	6	5	4	3	2	1	0	
Word	0	0	1	0	0	0	1	1	= 35
Shifted	0	0	0	0	0	0	0	1	= 1
Mask	0	0	0	0	0	0	1	1	= 3
Result	0	0	0	0	0	0	0	1	= 1

그림 6.5 Bit shift와 mask

6.8 3치 연산자

일정한 조건식을 판단하고 이 조건식이 참인지 혹은 거짓인지의 여부에 따라서 다른 결과값을 얻고자할 경우가 있다. 이런 경우에 3치 연산자를 사용하면 편리하다. 3치 연산자는 다음과 같은 형식으로 나타낸다.

```
result = (expr) ? var1 : var2
```

여기서 expr은 참 혹은 거짓을 판단하는 조건식이며, 이 결과가 참이면 var1을, 거짓이면 var2를 result로 되돌려준다. 이 조건식의 변수형은 var1 혹은 var2의 변수형에 따라 결정된다.

다음 예문은 2개의 스칼라 중에서 최소값을 찾기 위한 if문이다.

```
IDL> x = 10
IDL> y = 5
IDL> if(x lt y) then  z = x else z = y
IDL> print, z
 5
```

위의 예문은 다음과 같이 3치 연산자를 사용하여 간단히 표현할 수 있다. 여기서는 조건식 "x lt y"가 거짓이 되면서 y값이 z에 입력된다.

```
IDL> x = 10
IDL> y = 5
IDL> z = (x lt y) ? x:y
IDL> print, z
 5
```

구조체

Chapter | 7

구조체(structure)는 변수형이나 변수 크기가 서로 다른 여러 변수를 하나의 독립체로 묶는 변수형으로 연관성 있는 여러 정보를 묶어 하나의 변수로 만들 때 사용한다. 예를 들어, 서지에 포함되는 책의 가격(정수형), 책이름(문자열), 저자(문자열), 출판사(문자열), 출판일(정수형) 변수는 변수형과 변수 크기가 서로 다르지만 연관성이 있으므로 하나의 변수로 묶을 때 구조체를 사용한다.

구조체에는 익명 구조체(anonymous structure)와 지명 구조체(named structure)가 있다. 구조체와 일반적인 변수에는 근본적인 차이점이 있다. 일반적인 변수는 프로그램 안에서 새로운 값을 입력하면 앞에 저장된 값이 없어지고 새로운 값이 변경 · 저장된다. 반면에, 구조체는 한번 정의되면 태그 크기와 형이 고정되어 변경이 어렵다. 여기서는 익명 구조체, 지명 구조체, 내포형 구조체, 그리고 구조체 배열에 대해 설명한다.

7.1 익명 구조체

익명 구조체는 새로운 변수형을 선언하지 않고 연관성 있는 몇 개의 변수를 묶어서 하나의 변수로 대표할 때 사용한다. 익명 구조체는 다음의 예와 같이 태그명(tag name), 콜론(:), 태그 정의(tag definition)로 구성된 각 데이터 쌍을 중괄호("{ }")로 묶어서 변수명에 대입시켜 만든다.

```
IDL> book1= {price:100,title:'Learning IDL',author:'Heo'}
```

여기서 book1은 변수명, price, title, author 등은 태그명이고, 100, 'Learning IDL', 'Heo' 등은 태그의 정의이다. 변수명, 태그명 등은 IDL 변수의 명명 규칙에 따라 붙인다.

구조체에 포함된 변수는 다음과 같이 "변수명.태그명"이나 "변수명.(스칼라 지수)"로 접근한다.

```
IDL> print, book1.price ; 변수명.태그명
 100
IDL> print, book1.author ; 변수명.태그명
 Heo
IDL> print, book1.(0) ; 변수명.(스칼라 지수)
 100
IDL> print, book1.(2) ; 변수명.(스칼라 지수)
 Heo
```

구조체에 포함된 태그의 값은 다음과 같이 수정할 수 있다. 그러나 이미 정의된 변수형이나 변수 크기는 수정할 수 없다.

```
IDL> book1.price = 200
IDL> book1.title = 'Practical IDL'
IDL> book1.author = 'Liam E. Gumley'
IDL> print, book1.title
 Practical IDL
IDL> book1.title = 200
IDL> print, book1.title
 200
```

여기서 문자변수인 book1.title에 정수인 200이라는 값을 부여하면, 이 200은 정수로서의 200이 아니라 '200'이라는 문자로서 인식된다.

구조체의 형식은 변수명을 복사하여 선언할 수 있다. 구조체 변수 book2는 구조체 변수 book1에 포함된 태그 정의를 그대로 복사한다. help 명령어로 구조체 정보를 볼 수 있고, 여기에 키워드 /structure를 설정하면 더욱 자세한 내용을 볼 수 있다.

```
IDL> book2 = book1
IDL> print, book2
 200 Practical IDL Liam E. Gumley
IDL> help, book2
```

```
 BOOK2        STRUCT =  -> <Anonymous> Array[1]
IDL> help, book2, /structure
 ** Structure <1052178>, 3 tags, length=40, data length=34
   PRICE    INT           200
   TITLE    STRING 'Practical IDL'
     AUTHOR STRING 'Liam E. Gumley'
```

위의 예문을 보면, 첫 번째 구조체에 대한 help 명령어에서 구조체가 익명인지 지명인지를 알려주고 몇 개짜리 구조체 배열인지를 알려준다. 그러나 두 번째 help 명령어에 키워드 /structure를 사용하면 각 태그명과 태그 정의까지 일목요연하게 보여주는 것을 알 수 있다.

7.2 지명 구조체

지명 구조체는 사용자가 만든 템플릿에 따르는 변수를 하나의 변수로 묶은 것이다. 지명 구조체는 다음과 같이 템플릿명, 태그명, 콜론(:), 태그 정의로 구성된 각 데이터의 쌍을 중괄호("{ }")로 묶어서 변수명에 대입시켜 만든다.

```
IDL> book3 = {book, price:100,title:'Learning IDL',author:'Heo'}
```

여기서 book3이 변수명이고, book은 태그명(price, title, author)을 포함하는 템플릿명, 100, 'Learning IDL', 'Heo'는 태그 정의이다. 지명 구조체에서도 변수명, 템플릿명, 태그명은 IDL 변수의 명명 규칙에 따라 붙인다.

지명 구조체가 한번 정의되면 템플릿명은 IDL 세션에 저장된다. 따라서 프로그램의 중간에 지명 구조체를 생성할 수 있으나 템플릿이 한번 만들어지면 더 이상 수정할 수 없다. 동일한 종류의 구조체는 이전의 구조체 변수명에 {템플릿명}을 대입하여 복사한다. 그러면 book4 변수는 price, title, author 세 가지의 태그명을 가지는 구조체가 된다.

```
IDL> book4 = {book}
IDL> help, book4,/struct
 ** Structure BOOK3, 3 tags, length=40, data length=34
   PRICE    INT           0
```

```
    TITLE    STRING ''
      AUTHOR STRING ''
```

이렇게 만들어진 book4라는 구조체는 book의 템플릿만 따온 구조체이기 때문에, 태그명과 태그 형까지는 그대로이지만, 태그 정의 자체는 아직 정의되지 않은 초기화된 값을 갖게 된다. 이 구조체의 태그 정의는 다음 예와 같이 변경하여 저장할 수 있다. 그리고 지명 구조체인 경우에 help 명령어에서 키워드 /structure를 설정하면 태그명과 태그 정의 이외에도 book이라는 템플릿명까지 함께 출력된다.

```
IDL> book4.price=200
IDL> book4.title='IDL Expert'
IDL> book4.author='Lee'
IDL> help, book4,/structure ; 지명 구조체에 대한 help 실행
 ** Structure BOOK, 3 tags, length=40, data length=34
    PRICE    INT            200
    TITLE    STRING 'IDL Expert'
      AUTHOR STRING 'Lee'
```

7.3 내포형 구조체

내포형 구조체는 중괄호 안에 기존 구조체에 포함시켜 만든 구조체를 말하며, 계층형 구조체(hierarchical structure)라고도 한다. 다음은 익명 구조체 sample에 기존 구조체 book1이 포함되는 경우이다.

```
IDL> book1= {price:100,title:'Learning IDL',author:'Heo'}
IDL> sample = {date:'20-MAR-1999',time:'21:23:55',name:book1}
IDL> print, sample.name.title
'Learning IDL'
```

위의 예문에서, 세 번째 줄의 print 명령어는 내포형 구조체에 접근하는 방법을 보여준다. 각 구조체의 태그명을 계층적으로 따라가면 접근이 가능하다.

7.4 구조체 배열

하나의 구조체를 replicate 함수로 복사하여 여러 개의 배열 요소를 가진 구조체 배열을 만들 수 있다. 다음 예문과 같이, image 변수명을 replicate 함수로 복사하여 10개의 배열 요소를 가진 구조체 배열을 만든다. 구조체 배열의 각 배열 요소는 "구조체 변수명[배열첨자].태그명" 형식으로 접근할 수 있다.

```
IDL> image = {name: 'IR Image', $
IDL>             Valid_range: [0.0, 100.0], data: dist(256)}
IDL> series = replicate(image, 10) ; 구조체 배열
IDL> series[0].name='VIS Image' ; 제1 배열 요소의 name 태그에 접근
IDL> series[0].data[0:100]=1.0 ; 제1 배열 요소의 data 태그에 접근
```

7.5 구조체와 관련된 함수의 활용

구조체와 함께 사용하는 함수로는 n_tags( ), tag_names( ), create_struct( ), struct_assign( )이 있다. n_tags 함수는 구조체에 포함된 태그 개수를 되돌리고, tag_names 함수는 구조체에 포함된 태그 이름을 대문자로 되돌려준다. tag_names 함수에 structure_name 키워드를 설정하면 구조체 변수명을 되돌려 준다.

```
IDL> image = {name:'Test Image', Valid_range:[0.0,100.0], $
              data: dist(256)}
IDL> print, n_tags(image)
 3
IDL> print, tag_names(image)
 NAME VALID_RANGE DATA
```

create_structure 함수는 구조체를 생성한다. 이 함수는 프로그램 실행 중에 새로운 구조체를 생성하거나 기존의 익명 구조체에 새로운 태그를 추가시킬 때 사용한다. 예를 들어, 변수형과 변수 크기가 다른 데이터를 가진 파일은 그 파일을 읽기 전까지는 구조체를 정의할 수 없다. 이런 경우에 create_structure 함수에 태그 명과 태그 정의를 인수로 주어 구조체를 생성한다.

```
IDL> image = create_structure('data',dist(256),$
            'valid_range',[0.0,100.0])
IDL> help, image.data
 <Expression>      FLOAT   =   Array[256,256]
IDL> print, image.valid_range
  0.000000   100.000
```

이 함수에 키워드 name을 설정하면 지명 구조체를 만들 수 있다. 또한, 기존의 익명 구조체에 새로운 태그 명과 태그를 인수로 주면 태그를 추가할 수 있다.

```
IDL> image = create_struct('data', dist(256), $
            'valid_range',[0.0,100.0])
IDL> image = create_struct(image,'date',systime( ))
IDL> help, image.date
 <Expression>   STRING  = 'Wed Dec 08  13:58:53  1991'
```

struct_assign 프러시저를 사용하면 두 개의 구조체에 포함된 내용을 하나로 합칠 수 있다.

검색과 정렬

Chapter | 8

프로그래밍에서 어떤 조건을 만족하는 변수를 찾거나 일정한 순서로 정렬하는 작업은 아주 흔하게 접한다. 배열 기반의 IDL에서는 이러한 작업을 아주 편리하고 효율적으로 수행할 수 있다. 여기서는 생성된 배열에서 특정한 값을 검색하는 방법, 배열 요소를 오름차순 혹은 내림차순으로 정렬하는 방법, 그리고 배열에서 유일한 값을 추출하는 방법을 설명한다.

8.1 배열의 조건 검색

배열 작업에서 가장 많이 접하는 일 중 하나가 어떤 조건을 만족하는 배열 요소를 찾는 것이다. where 함수를 사용하면 아주 간단히 어떤 조건을 만족시키는 배열 요소를 찾아낼 수 있다.

where 함수는 주어진 조건을 만족하는 배열 요소의 첨자를 되돌려 주며, 다음과 같은 형식으로 실행한다.

```
outarr = where(expr[,count])
```

여기서 expr은 조건을 나타내는 식으로 각종 연산자를 사용하여 표현한다. outarr는 where 함수의 실행 결과에 대한 배열이다. where 함수는 조건을 만족하는 배열 요소가 있는 경우에 그 배열 요소의 첨자를 되돌려 주고, 조건을 만족하는 배열 요소가 없는 경우에는 long 정수 -1을 되돌려 준다. count변수를 설정하면 주어진 조건을 만족하는 배열 요소의 개수를 되돌려 준다.

다음 예제는 0에서 1 사이의 무작위 수를 생성하여 0.3보다 크고 0.9보다 작은 값을 갖는 배열 요소를 검색하는 것이다.

```
IDL> aa=randomn(-1L, 5)
IDL> print, aa
      0.415999   0.0919649    0.756410    0.529700    0.930436
IDL> bb=where(aa gt 0.3 and aa lt 0.9, count)   ; 0.3 < aa < 0.9
IDL> print, bb        ;조건에 일치하는 값의 배열 번호
      0           2           3
IDL> print, aa[bb]  ;조건에 일치하는 값 출력
      0.415999     0.756410     0.529700
IDL> print, count    ;조건에 일치하는 배열 요소 개수
      3
```

참고로 이 예제에서는 씨앗값(seed)을 의도적으로 -1L이라는 고정값을 사용하여 결과가 항상 같도록 만들었지만, 이 값을 변경하면 생성되는 무작위수가 달라진다.

where 함수의 조건식으로 입력된 배열이 2차원 이상인 경우에 where 함수는 입력된 배열을 1차원 배열로 변환했을 때의 첨자로 되돌려 준다.

```
IDL> cc = dist(250, 500) ; 250열 500행의 2차원 배열을 생성
IDL> index = where(cc gt 150.0) ; 150 이상인 값을 검색
IDL> help, index ; 조건을 만족하는 배열 요소에 대한 1차원 배열 첨자
 INDEX    LONG    = Array[59942]
IDL> print, cc[index[0]]
 150.047
```

where 함수의 결과를 입력 배열과 동일한 차원으로 처리하고자 할 경우가 있다. 이런 경우에는 다음의 예문과 같이 size 함수로 입력 배열의 차원을 알아내고 이것을 이용하여 변환하면 된다.

```
IDL> dims = size(cc, /dimensions)
IDL> print, dims
 250   500
```

```
IDL> ncol = dims[0]
IDL> colindex = index mod ncol
IDL> rowindex = index / ncol
IDL> print, cc[colindex[0], rowindex[0]]
 150.047
```

8.2 배열 정렬

sort 함수는 입력 배열을 오름차순으로 정렬한 배열 요소의 첨자를 되돌려 주며, 다음과 같은 형식으로 실행한다.

```
outarr = sort(inarr)
```

여기서 inarr는 입력 배열이며, outarr는 오름차순으로 정렬한 배열 요소의 첨자에 대한 배열이다. sort 함수로 얻은 결과를 내림차순으로 정렬하고 싶을 경우에는 sort 함수의 결과에 reverse 함수를 적용하여 순서를 역전시키면 된다.

```
IDL> cc = [0.5, 2.4, 3.3, 4.1, 1.2, 5.9]
IDL> dd = sort(cc)
IDL> print, dd ; 오름차순으로 정렬된 배열 요소의 첨자
 0    4    1    2    3    5
IDL> print, cc[dd] ; 오름차순으로 정렬된 배열 요소값
 0.5    1.2    2.4    3.3    4.1    5.9
IDL> print, reverse(cc[dd]) ; 내림차순으로 정렬된 배열 요소값
 5.9    4.1    3.3    2.4    1.2    0.5
```

8.3 유일한 배열값의 추출

uniq 함수는 정렬한 배열에서 유일한 값의 첨자를 되돌려 주며, 다음과 같은 형식으로 실행한다.

```
outarr = uniq(inarr)
```

여기서 inarr는 입력 배열이며, outarr는 입력 배열에서 중복과 관계없이 유일한 값에 대한 배열이다.

입력 배열에서 유일한 값을 추출하기 위해서는 다음 예문과 같이 sort 함수로 정렬시킨 후에, 정렬된 배열에 다시 uniq 함수를 적용하여 유일한 배열값을 추출한다.

```
IDL> ee = [20, 30, 20, 40, 40, 30, 50, 60, 10]
IDL> sindex = sort(ee) ; sort 함수로 오름차순으로 정렬
IDL> ff = ee[sindex]
IDL> uindex = uniq(ff) ; 정렬된 배열 요소값을 uniq 함수에 입력
IDL> print, ff[uindex]
 10    20    30    40    50    60
```

프러시저와 함수

Chapter 9

IDL 프로그래밍에서 동일하게 반복 실행하는 작업이나 복잡하고 긴 프로그램은 단순한 작업을 실행하는 프로그램으로 블록화하는 것이 효율적이다. IDL은 특정한 작업을 처리할 수 있는 부 프로그램의 한 형태로서 프러시저(procedure)와 함수(function)를 지원한다. 프러시저는 여러 작업을 하나의 프로그램으로 캡슐화한 것이다. 예를 들어, 파일 읽기, 연산, 이미지 표출, 파일 쓰기와 같은 일련의 작업을 수행하는 하나의 프로그램이다. 함수는 1개의 작업을 1개의 프로그램으로 캡슐화한 것이다. 예를 들어, km 단위를 mile 단위로 변환하고 그 결과를 일정한 변수로 되돌려주는 프로그램이다. 여기서는 IDL 프러시저와 함수를 활용하고 조직화하는 방법에 대해 설명한다.

9.1 주 프로그램 · 프러시저 · 함수의 정의

IDL 프로그램은 주 프로그램, 프러시저, 그리고 함수로 구분된다. 주 프로그램은 프러시저나 함수와 다르며, 여러 줄의 IDL 명령어로 작성하고 마지막에 END문으로 끝난다.

```
주 프로그램 내용
   :
END
```

여기서 주 프로그램에는 파라미터나 키워드가 없으며, 오직 1개의 프로그램만으로 구성되고 IDL 명령행에서 컴파일·실행된다. 따라서 IDL 명령행을 떠나면 제약이 발생한다. 이 때는 주 프로그램 대신에 프러시저나 함수를 사용해야 한다.

다음 예문은 파일명 example.pro로 작성된 주 프로그램이다.

```
a = 5
b = 3
print, a + b
END
```

이 주 프로그램은 파일명 example.pro로 저장하고 IDL 명령행에서 다음과 같이 컴파일·실행한다.

```
IDL> .run example.pro
```

프러시저는 어떤 프로그램에서 하나 이상의 값을 주고받을 경우에 사용한다. 프러시저는 PRO문으로 시작해서 END문으로 끝나고, PRO문에는 프러시저명, 출력/입력 파라미터 목록, 키워드 목록을 열거한다.

```
PRO 프러시저명, 파라미터1, 파라미터2,…, 키워드1, 키워드2,…
  프로그램 내용
  :
END
```

여기서 파라미터는 주로 일반적인 변수로서 스칼라, 벡터, 배열이며, 키워드는 "키워드=키워드"나 "/키워드"의 형태로 입력된다.

- **파라미터를 갖지 않은 프러시저**

```
PRO MESSAGE
  print, 'Insert a file name'
END
```

- **파라미터를 갖는 프러시저**

```
PRO ADD, A, B, c
  c = a + b
END
```

- **파라미터와 키워드를 갖는 프러시저**

```
PRO MESSAGE, IMAGE, DATE, TIME, COLOR=COLOR
  print, date, time
          :
END
```

프러시저는 다음과 같은 형식으로 호출한다.

```
프러시저명, 파라미터1, 파라미터2,…, 키워드1, 키워드2,…
```

여기서 파라미터는 주로 일반적인 변수로서 스칼라, 벡터, 배열이며, 키워드는 "키워드=키워드"나 "/키워드"의 형태로 입력된다.

다음 예문은 plot 프러시저를 호출하는 예이다. 여기서 plot은 프러시저명, xdata와 curve는 파라미터, psym=2와 symsize=1이 키워드이다.

```
IDL> plot, xdata, curve, psym=2, symsize=1
```

함수는 y = cos(x)의 대입문과 같이 일정한 변수를 입력하고 그 결과를 되돌려 받는 프로그램이다. 함수는 FUNCTION문으로 시작하고, 호출자에게 반환값을 되돌려 주는 RETURN문이 있으며, END문으로 끝난다. 프러시저와 동일하게 FUNCTION문에는 함수명, 출력/입력 파라미터 목록, 키워드 목록을 열거한다.

```
FUNCTION 함수명, 파라미터1, 파라미터2,…, 키워드1, 키워드2,…
  프로그램 내용
  return, 반환값
   :
END
```

여기서 파라미터는 주로 일반적인 변수로 스칼라, 벡터, 배열이며, 키워드는 "키워드=키워드"나 "/키워드"의 형태로 입력된다.

- **파라미터를 갖는 함수**

```
FUNCTION HAP, X, Y
  sum = x + y
  return, sum
END
```

- **파라미터와 키워드를 갖는 함수**

```
FUNCTION GET_BOUND, IMAGE, LAT, LON, POLAR=POLAR
  프로그램 내용
          :
END
```

함수는 다음과 같은 형식으로 호출한다.

```
반환값 = 함수명(파라미터1, 파라미터2,…, 키워드1, 키워드2,…)
```

여기서 파라미터는 주로 일반적인 변수로 스칼라, 벡터, 배열이며, 키워드는 “키워드=키워드”나 “/키워드”의 형태로 입력된다.

다음 예문은 indgen 함수를 호출하는 예이다. 여기서 x가 반환값, indgen이 함수명, 5와 5는 파라미터, /byte는 키워드이다.

```
IDL> x = indgen(5, 5, /byte)
```

IDL은 수백 개의 내장 프러시저와 내장 함수를 지원한다. 이들 내장 프러시저와 내장 함수는 이미 컴파일 되어 있어서 입력만 하면 바로 실행이 된다. print, plot, help 프러시저나 indgen, findgen 함수가 그 예이다. 다음 예문은 findgen 함수의 결과를 print 프러시저로 출력한 것이다.

```
IDL> print, findgen(5)
 0.00000    1.00000    2.00000    3.00000    4.00000
```

9.2 프러시저와 함수 파일명의 명명

파일명은 IDL이 운영되는 운영체제에 따라 다르다. 어떤 시스템은 대소문자를 구별하지만 어떤 시스템은 구별하지 않으며, 어떤 시스템은 확장자를 요구하지 않기도 한다. 이런 환경에서 작성한 프러시저나 함수가 서로 다른 시스템을 옮겨가면서 사용할 수 있게 하는 것은 매우 중요하다. 운영체제 이전에 따른 문제를 최소화하기 위해서는 프러시저와 함수의 파일명은 다음과 같은 원칙에 따라 붙여 주는 것이 좋다.

- 파일명은 문자, 숫자, '_' 등과 같은 문자를 사용한다. 그 외의 공백을 포함한 특수문자는 사용하지 않는 것이 좋다.
- 파일명은 숫자가 아닌 문자로 시작하는 것이 좋으며, 혼란을 피할 수 있도록 모두 소문자로 쓰는 것이 좋다.
- 파일명은 프러시저명이나 함수명에 IDL 프로그램의 확장자인 "pro"를 붙여서 만든다. 그 예로서, message.pro, add.pro, hap.pro, get_bound.pro와 같이 확장자 pro를 붙인 소문자 파일명이 좋다.
- 하나의 프로그램에는 하나의 프러시저나 함수를 포함한다. 함수나 프러시저를 만들 때 파일명은 PRO문이나 FUNCTION문에서 지정한 프러시저명이나 함수명과 동일하게 사용한다.

print, findgen 등과 같이 IDL에서 널리 사용되는 내장 프러시저나 내장 함수의 원시 코드는 사용자가 볼 수 없다. 그러나 그 외에 많은 프러시저나 함수에 대해서는 원시 코드를 볼 수 있고 사용자가 원하는 목적에 맞추어서 편집할 수 있다. IDL로 개발된 프러시저나 함수에 대한 원시 파일은 설치 디렉터리의 lib 디렉터리에 저장되어 있다.

9.3 파라미터와 키워드

IDL 프러시저와 함수는 두 종류의 인수 즉, 파라미터와 키워드를 사용하여 어떤 값을 서로 넘겨주거나 받고 또한 여러 가지 선택사항을 설정한다. 이 때, 인수의 변수형이나 변수 크기는 따로 정의할 필요가 없다. 이것은 프러시저나 함수로부터 전달되는 인수에 따라 변수형이나 변수 크기가 자동으로 결정되기 때문이다.

파라미터는 호출 프러시저나 함수로 넘겨주거나 받는 변수나 식이며, 프러시저나 함수를 호출할 때 파라미터 목록에서의 위치에 해당하는 실제값이 존재해야 한다. 이런 이유로 이 파라미터를 위치 파라미터라고도 한다.

다음 예문은 입력된 값을 더하여 합을 되돌려 주는 프러시저이다.

```
PRO ADD, A, B, C
  c = a + b
END
```

여기서 변수 A, B, C는 모두 파라미터로서, 변수 A와 B는 입력 인수, 변수 C는 출력 인수이다. 이 프러시저를 호출할 때는 다음과 같이 파라미터 A, B, C에 대응하는 실제값이 순서대로 주어져야 한다. 여기서 3과 5는 입력 인수이고, hap은 출력 인수이다.

```
IDL> add, 3, 5, hap
IDL> print, hap
      8
```

키워드는 피라미터에 대한 식별자이다. 키워드는 "키워드명(대문자) = 반환값 변수명/값(소문자)"이나 "/키워드명" 형식으로 정의한다. 파라미터와는 달리, 키워드는 필요할 때만 설정하면 되고, 목록 위치에 구애받지 않고 인수를 넘겨받는다. 입력 키워드는 선택 사항을 설정하거나 논리연산자를 설정할 때 사용한다. 출력 키워드는 호출 프로그램에서 당장 요구하지는 않았지만 향후 요구할 것으로 예상되는 변수를 되돌려 받을 때 사용한다.

다음 예문에서 FIRST, SECOND는 파라미터이고, MYTITLE는 출력 키워드이다.

```
PRO MYPLOT, FIRST, SECOND, MYTITLE=str
  case n_params( ) of
    1: plot, first, title=str
    2: plot, first, second, title=str
    else : print, 'error'
  endcase
END
```

키워드가 프러시저나 함수에 사용될 때 축약 키워드로 표시할 수 있다. 다음 예문에서 첫째 줄의 "position"과 둘째 줄의 "pos"는 동일한 의미이다. 그러나 셋째 줄의 plot 프러시저의 경우에 키워드 "ym"은 키워드 "ymargin"이나 "yminor"로 해석될 수 있기 때문에 오류가 발생한다. 따라서 프러시저나 함수의 키워드는 서로 오류가 발생하지 않도록 독특한 이름으로 지어야 한다.

```
IDL> map_set, position=[0.2, 0.2, 0.6, 0.6]
IDL> map_set, pos=[0.2, 0.2, 0.6, 0.6]
IDL> plot, sin(findgen(100)*0.2), ym=[0,1]
 % Ambiguous keyword abbreviation: YM.
 % Execution halted at: $MAIN$
```

키워드는 논리연산의 결과로서 호출 프로그램에 참/거짓값을 전달할 수 있다. 이런 경우에 "/키워드명"이나 "키워드명=0 또는 1" 형식으로 키워드를 설정할 수 있다.

```
IDL> plot, sin(findgen(100)*0.2), /noerase
IDL> plot, sin(findgen(100)*0.2), noerase = 1
IDL> plot, sin(findgen(100)*0.1), noerase = 0
```

9.4 인수 전달 메커니즘

주 프로그램에 의해 프러시저나 함수가 호출되면, 주 프로그램의 인수는 호출된 프러시저나 함수의 인수로 전달되고 실행된다. 호출 프로그램 내에서 인수를 올바르게 활용하기 위해서는 프러시저나 함수의 인수 전달 메커니즘을 충분히 이해해야 한다.

IDL에서 인수는 값(value)이나 참조(reference)로 프러시저나 함수로 전달된다. 상수, 시스템 변수, 식, 구조체 요소, 첨자로 표현된 배열 변수 등으로 된 인수는 값으로 전달되며, 변수, 배열, 구조체 등으로 된 인수는 참조로 전달된다. 값으로 전달된 인수는 호출된 프러시저나 함수 내에서 그 변수형, 변수 크기, 값을 변경할 수 있지만 호출자에게 다시 전달될 수는 없다. 참조로 전달된 인수는 호출된 프러시저나 함수 내에서 인수의 변수형, 변수 크기, 값을 변경할 수 있고, 변경된 인수는 호출자에 다시 전달될 수 있다.

인수 전달 메커니즘의 차이는 다음의 두 가지 예로서 알 수 있다. 먼저, 다음과 같이 첫째 인수와 둘째 인수를 더하고 그 결과를 첫째 인수에 전달하는 프러시저 add_1을 살펴보자.

```
PRO ADD_1, A, B
  a = a + b
END
```

이 프러시저를 다음과 같이 호출하면 변수 a에 13이 저장된다. 이 경우에 첫째 인수 a는 참조로 전달되고 둘째 인수 4는 값으로 전달된다. 따라서 변수 a에 4를 더하고 그 결과를 다시 변수 a에 저장하면 13이 출력된다.

```
IDL> a = 9
IDL> add_1, a, 4
IDL> print, a
 13
```

반면에, 다음과 같이 호출할 경우에는 아무런 변화가 나타나지 않는다. 이것은 첫째 인수 4는 값으로 전달되고 둘째 인수 a는 참조로 전달되며, 값으로 전달된 상수 4에는 어떤 값도 저장할 수 없기 때문이다.

```
IDL> a = 9
IDL> add_1, 4, a
IDL> print, a
 9
```

다음으로 입력 인수의 값을 3으로 곱하여 되돌려주는 프러시저 tripple을 살펴보자.

```
PRO TRIPLE, DATA
  data = 3 * data
END
```

이 프러시저를 다음과 같이 호출하면 변수 arr의 입력값에 3배를 곱한 0, 3, 6, 9, 12가 저장된다. 이 경우에 인수 arr는 참조로 전달되고, 변수 arr에 3을 곱한 결과가 다시 변수 arr에 저장되어 0, 3, 6, 9, 12가 출력된다.

```
IDL> arr = [0, 1, 2, 3, 4]
IDL> triple, arr
IDL> print, arr
 0    3    6    9    12
```

반면에, 다음과 같이 호출하면 변수 arr의 값이 수정되지 않은 채로 출력된다. 이 경우에는 첨자를 가진 변수 arr[0:3]이 값으로 전달되고, 값으로 전달된 상수 0, 1, 2, 3에는 어떤 값도 저장할 수 없기 때문이다.

```
IDL> arr = [0, 1, 2, 3, 4]
IDL> triple, arr[0:3]
IDL> print, arr
 0    1    2    3    4
```

위와 같은 결과는 인수 전달 메커니즘 때문이다. 프러시저나 함수가 호출되면 모든 인수는 임시판으로 저장된다. 그런 후에, 이 인수에 대한 복사판이 만들어지고, 호출된 프로그램이 실행되는 동안에는 이 복사판이 사용되고 수정되기도 한다. 호출된 프로그램이 실행 완료되고 다시 호출자로 되돌아갈 때, 참조로 전달된 인수의 경우에 그 복사판은 대응되는 호출 인수에게 복사시켜 되돌려 주고, 값으로 전달된 인수의 경우에 그 복사판은 그대로 지워져 버린다. 이러한 과정은 입력 인수의 값을 3으로 곱하여 되돌려주는 프러시저의 예문으로 확인할 수 있다.

```
PRO TRIPLE_1, DATA
  data = 3 * data
  print, 'Value within triple procedure is', data
END
```

이 프러시저를 다음과 같이 배열 변수로 호출하면, 이 배열의 복사판이 프러시저 내에서 수정되고 수정된 배열은 다시 호출자로 되돌려 준다.

```
IDL> arr = [0, 1, 2, 3, 4]
IDL> triple_1, arr
 Value within triple procedure is  0  3  6  9  12
IDL> print, arr
 0    3    6    9    12
```

반면에, 다음과 같이 첨자로 표현된 부분 배열로 호출하면, 배열의 복사판이 프러시저 내에서 수정되지만 수정된 배열은 다시 호출자로 되돌려 주지 않는다.

```
IDL> arr = [0, 1, 2, 3, 4]
IDL> triple_1, arr[0:3]
 Value within triple procedure is  0  3  6  9
IDL> print, arr
 0    1    2    3    4
```

9.5 파라미터와 키워드의 점검

프러시저나 함수가 호출될 때 IDL은 프러시저나 함수의 파라미터가 정의된 개수보다 많은지와 정의되지 않은 키워드가 있는지만 점검한다. 따라서 프러시저나 함수를 부드럽게 실행하기 위해서는 입력인수와 출력인수에 대한 추가적인 점검이 필요하다. 인수 점검에 사용하는 루틴은 표 9.1과 같다.

표 9.1 프러시저나 함수의 인수를 검사하기 위한 루틴

이름	기능
n_params( )	전달되는 파라미터의 개수를 되돌려준다. 단, 키워드는 제외된다.
n_elements( )	인수가 정의되면 변수의 요소 개수를 되돌려준다. 반환값이 0이면 인수가 정의되지 않았음을 의미한다.
size( )	인수의 변수 크기와 변수형을 되돌려 준다.
keyword_set( )	키워드가 정의되고 그것이 0이 아닌 상수 또는 배열이면 참(1)을 되돌려 준다.
arg_present( )	인수가 정의되고 참조로 전달되면 참(1)을 되돌려 준다.
message	메시지를 출력하고 실행을 중지한다.

입력 파라미터와 키워드를 점검하기 위한 루틴은 다음 예문을 응용하면 좋을 것이다. 다음과 같이 myplot 프러시저가 정의된다고 가정하자.

```
MYPLOT, X, Y, POSITION=POSITION
```

이 프러시저에서 파라미터 x와 y는 같은 크기의 1차원 배열이고, 키워드 position은 4개의 배열 요소를 갖는 1차원 배열이다. 이 키워드는 항상 요구되지 않으며 기본설정값은 [0.0, 0.0, 1.0, 1.0]이다. 이러한 프러시저에 다음과 같이 입력 인수를 점검하는 루틴을 포함하는 것이 좋다.

• 전달된 입력 파라미터의 개수가 정확한가?

```
if(n_params( ) ne 2) then message,'Usage : MYPLOT, X, Y'
```

- **입력 파라미터가 정의되었는가?**

```
if(n_elements(x) eq 0) then message,'X is undefined'
if(n_elements(y) eq 0) then message,'Y is undefined'
```

- **입력 파라미터의 차원 수가 정확한가?**

```
if(size(x, /n_dimensions) ne 1) then message, $
   'X must be 1D array'
if(size(y, /n_dimensions) ne 1) then message, $
   'Y must be 1D array'
```

- **입력 파라미터가 서로 동일한 크기인가?**

```
if(n_elements(x) ne n_elements(y)) then $
  message,'X & Y must be same size'
```

- **키워드가 전달되지 않은 경우에 기본설정값으로 설정할 것인가?**

```
if(n_elements(position) eq 0) then $
   message, 'position = [0.0, 0.0, 1.0, 1.0]'
```

- **키워드가 전달되었다면 배열 요소의 개수가 정확한가?**

```
if(n_elements(position) ne 4) then $
   message, 'POSITION must have 4 elements'
```

keyword_set 함수로 논리 키워드가 설정되었는지를 검사한다. 이 함수는 인수가 정의되고 그것이 0이 아닌 상수 또는 배열이면 참(1)을 되돌려 준다. 따라서 이 함수를 이용하면 키워드의 설정 유무에 따라 특정 작업을 수행하는 루틴을 만들 수 있다. 앞에서 정의한 myplot 프러시저에 erase 키워드를 추가하여 설명한다.

```
MYPLOT, X, Y, POSITION=POSITION, /ERASE
```

이 프러시저에서 키워드 erase가 설정되면 화면을 지우고 그렇지 않으면 화면을 그대로 유지한다. 이런 경우에 보통 다음과 같은 코드를 삽입하여 화면을 지울 것인지를 점검할 것이다.

```
if keyword_set(erase) then erase
```

물론, erase가 참이면 화면이 지워진다. 그러나 이 코드에서는 erase가 입력 파라미터이기 때문에 erase를 변경해서 사용할 수 없다. 따라서 다음과 같은 코드를 삽입하는 것이 더욱 좋다. 이 경우에 erase가 0이 아닌 상수 또는 배열이면 스칼라 1로 전환되고 호출자에게 되돌려준다.

```
erase = keyword_set(erase)
if(erase) then erase
```

이 코드를 활용한 예문은 다음과 같다. 여기서는 keword_set 함수를 사용하여 배열 keyval을 스칼라로 전환한다.

```
IDL> keyval = [0, 1, 2, 3, 4]
IDL> keyval = keyword_set(keyval)
IDL> help, keyval
 KEYVAL    INT    =    1
```

출력 인수가 호출된 루틴에서 수정되기도 하고 호출자에게로 되돌려지기 위해서는 반드시 참조로 전달되는 출력 인수이어야 한다. arg_present 함수는 호출된 루틴 내에서 수정될 수 있는 인수인지를 검사한다. 이 함수는 인수가 프러시저나 함수에 정의되고 참조로 전달되면 참(1)을 되돌려 준다. 앞에서 정의한 myplot 프러시저에 xrange 키워드나 slope 키워드를 추가로 설정할 경우에 다음과 같은 루틴으로 출력 인수를 검사할 수 있다.

```
MYPLOT, X, Y, POSITION=POSITION, XRANGE=XRANGE, SLOPE=SLOPE
 :
if(arg_present(xrange)) then xrange=[min(x)-1.0, max(x)+1.0]
if(arg_present(slope)) then message,'SLOPE cannot be modified'
```

9.6 컴파일

IDL 프로그램을 작성하고 일정한 파일명으로 저장한 후에, 그 파일을 실행하기 위해서는 컴파일·실행해야 한다. 컴파일·실행은 IDL 명령행에서 관련 명령어를 입력하여 수행할 수도 있고, IDLDE 실행 화면의 메뉴나 단축키를 사용하여 수행할 수도 있다.

IDL 명령행에서 프러시저나 함수는 .compile와 .run 명령어로 컴파일하거나 실행한다.

.compile 명령어는 컴파일만 수행하고, .run 명령어는 컴파일과 실행을 동시에 수행한다. 이 때, .compile이나 .run 명령어는 .com이나 .r로 축약해서 사용할 수 있고, 파일 확장자를 생략하면 pro 확장자로 간주하여 컴파일한다. 그리고 한번의 컴파일 실행으로 여러 개 파일을 동시에 컴파일할 수도 있다.

```
IDL> .compile regress1.pro ; .compile로 컴파일
 % Compiled module: REGRESS1.
IDL> .run regress2.pro ; .run으로 컴파일·실행
 % Compiled module: REGRESS2.

IDL> .com regress3.pro ; 축약된 .com으로 컴파일
 % Compiled module: REGRESS3.
IDL> .r regress4.pro ; 축약된 .r로 컴파일·실행
 % Compiled module: REGRESS4.

IDL> .compile regress5 ; 확장자 pro를 생략하고 컴파일
 % Compiled module: REGRESS5.
IDL> .run regress6 ; 확장자 pro를 생략하고 컴파일·실행
 % Compiled module: REGRESS6.

IDL> .com regress1 regress2 regress3 ; 여러 개 파일을 동시에 컴파일
 % Compiled module: REGRESS1.
 % Compiled module: REGRESS2.
 % Compiled module: REGRESS3.
```

IDLDE 실행 화면의 Run / Compile 메뉴에서 컴파일을, Run / Run 메뉴에서 컴파일과 실행을 수행할 수 있다. 또한, 단축키 CTRL+F8로 컴파일한 후에 기능키 F8를 눌러 실행할 수도 있다.

프러시저나 함수를 한번 컴파일하고 새로 컴파일하지 않는 한, IDL 세션이 끝나기 전까지는 그 결과가 계속해서 메모리에 저장되고 재컴파일 없이 그대로 호출된다. 따라서 프러시저나 함수의 코드 일부를 변경해도 컴파일하지 않으면 변경 내용이 반영되지 않는다. 이런 오류를 줄이기 위해서는 IDL 프로그램을 컴파일·실행할 때는 반드시 .r을 사용하여 새롭게 컴파일·실행하는 습관을 갖는 것이 좋다.

IDL은 프로그램 실행 중에 호출하는 프러시저와 함수를 자동으로 컴파일한다. 미리 컴파일하지 않은 프러시저나 함수이지만 IDL이 실행 중에 이 프러시저나 함수를 호출하면, IDL은 현행 디렉터리와 IDL 지정탐색경로에 있는 모든 디렉터리를 탐색하여 호출

하는 프러시저나 함수와 동일한 이름의 파일을 찾고 자동으로 컴파일한다. 예를 들어, 다음과 같이 프러시저 map_set이 처음 호출되면 컴파일 완료 메시지가 출력된다.

```
IDL> map_set, /continents
 % Compiled module: MAP_SET.
 % Compiled module: CROSSP.
 % Compiled module: MAP_CONTINENTS.
 % Compiled module: FILEPATH.
```

9.7 일괄처리 작업

여러 개의 IDL 명령어를 순서대로 실행하는 작업을 반복해야 할 때가 있다. 이럴 경우에는 스크립트(script)*, 짜넣기 파일(include file)†, 그리고 저널링(journaling)‡으로 일괄 처리하는 것이 좋다.

스크립트는 순차적으로 실행되는 IDL 프러시저나 함수의 목록을 저장한 파일이다. 이 파일명의 앞에 @을 붙여서 IDL 명령행에 입력하면 스크립트에 기술된 작업이 자동 실행된다. 다음 예문과 같이 IDL 명령행에서 동일한 과정을 여러 번 반복해야 할 경우가 있다.

```
IDL> map_set, /aitoff, /isotropic
IDL> map_continents, /fill
IDL> map_grid, /label
```

위의 작업 내용은 편집기로 다음과 같이 작성하고 일정한 파일명(여기서는 mapimage.pro)으로 저장한다.

```
map_set, /aitoff, /isotropic
map_continents, /fill
map_grid, /label
```

---

* 소프트웨어에 실행시키는 처리 절차를 문자로 기술한 것. 일종의 프로그램

† 복수의 프로그램이 공통으로 사용하는 정수나 영역 등에 대해서 그 속성을 뜻매김한 정보를 저장하고 있는 파일

‡ IDL 명령행에서 수행된 모든 작업 내용을 로그로 기억하고 있다가 하나의 파일로 묶어서 되돌려주는 기능

이 스크립트를 IDL 명령행에서 다음과 같이 @과 함께 입력하면 실행된다.

```
IDL> @mapimage
```

스크립트는 다음과 같은 점에서 프러시저나 함수와는 다르고 뒤에 설명하는 짜넣기 파일이나 저널링과도 다르다.

- 스크립트에는 IDL 명령행에서 입력되는 IDL 명령어 모두를 사용할 수 있으며, 프로그램 끝에 END문이 없다.
- 스크립트는 줄 단위로 컴파일·실행하기 때문에 여러 줄로 실행되는 명령어는 처리하기 어렵다. 따라서 다음 예문과 같이 한 줄로 된 for문은 실행된다.

```
for index = 0, 10 do print, index
```

그러나 다음 예문과 같이 여러 줄로 작성된 for문은 실행하기 어렵다.

```
for index = 0, 10 do begin
  print, index
endfor
```

- 스크립트는 동일하게 반복되는 작업 시간을 절약할 수 있고 오래 된 프로그래밍이나 작업을 쉽게 기억하게 한다.

짜넣기 파일은 프러시저나 함수에 삽입되는 IDL 명령어의 집합체이다. 이 파일에는 프러시저나 함수에서 사용하는 문과 블록문이 모두 포함될 수 있다. 예를 들어, 기본적인 물리상수를 다음과 같이 "physical_constant.inc"라는 짜넣기 파일로 저장한다.

```
planck_constant     = 6.6260755d-34 ; Joule second
light_speed         = 2.9979246d+8  ; meters per second
boltzmann_constant  = 1.380658d-23 ; Joule per Kelvin
rad_c1 = 2.0d0 * planck_constant * light_speed^2
rad_c2 = (planck_constant * light_speed) / boltzmann_constant
```

이 짜넣기 파일은 다음과 같이 planck.pro 함수에 @physical_ consatant.inc 형태로 삽입되며, 이 함수는 주어진 파수와 온도에서 플랑크 복사를 계산한다.

```
FUNCTION PLANCK_1, V, T
  @physical_constant.inc
```

```
  vs = 1.0d2 * v
  return, vs^3*((rad_c1*1.0d5)/(exp(rad_c2*(vs/t))-1.0d0))
END
```

짜넣기 파일은 IDL 명령행에서 프러시저나 함수를 컴파일할 때 표시없이 삽입된다.

```
IDL> .compile planck_1
 % Compiled module: PLANCK_1.
IDL> print, planck_1(1100.0, 300.0)
 85.587115
```

편집기로 일괄처리 작업을 작성하는 스크립트와 짜넣기 파일과는 달리, 저널링은 IDL 세션에서 수행한 작업을 기록하는 journal 프러시저를 이용하여 일괄처리 파일을 만든다. IDL 명령행에서 journal, '저장파일명'을 입력하면, 인수없이 journal 명령이 입력되기 전까지 IDL 명령행에 입력된 모든 명령어가 순서대로 파일로 저장된다.

```
IDL> journal, 'mybatch.pro' ; 입력 내용을 mybatch.pro 파일로 저장
IDL> a = 5
IDL> print, a
IDL> journal                  ; mybatch.pro 쓰기 끝
```

journal 프러시저로 생성된 일괄처리 파일은 다음과 같이 파일명 앞에 @을 붙여서 실행시키면 앞에서 실행한 과정과 동일하게 반복된다.

```
IDL> @mybatch
```

9.8 전역변수

전역변수는 IDL 명령행, 호출된 프러시저 혹은 함수의 모든 수준에서 동일하게 참조할 수 있는 변수를 말한다. IDL에서 운영하고 있는 전역변수로는 읽기전용 전역변수(시스템 변수), 기록가능 시스템 변수, 사용자정의 시스템 변수, 공통블럭(common block)* 등이 있다. 시스템 변수는 다른 일반 변수명과 구별되도록 느낌표(!)로 시작한다.

* 2개 이상의 프로그램 단위에서 공통으로 참조할 수 있는 기억 장소

읽기전용 시스템 변수는 현재 IDL 세션에 대한 정보(예; IDL 버전, 색상표 종류, 그래픽 장치 이름, 수학 상수)를 보여주는 전역변수로서, 공통적으로 사용되는 읽기전용 시스템 변수는 표 9.2와 같다.

표 9.2 공통적으로 사용되는 읽기전용 시스템 변수

시스템 변수	의미
!dtor	도 → 라디안 변환계수
!radeg	라디안 → 도 변환계수
!pi	단정도 π
!dpi	배정도 π
!version.release	IDL 버전(예; 7.0)
!version.os_family	플랫폼(운영체제) 식별자('WINDOWS', 'UNIX')
!d.frags	현재 그래픽 장치에 관한 정보를 포함하는 bitmask
!d.n_colors	팔레트에서 사용가능한 색의 개수
!d.name	현재 그래픽 장치명
!d.table_size	색상표의 크기
!d.window	현재 그래픽 윈도의 지수
!d.x_vsize	현재 그래픽스 디바이스의 수평 크기(픽셀)
!d.y_size	현재 그래픽스 디바이스의 수직 크기(픽셀)
!x.window	현재 그림의 수평 좌표(정규 단위)
!y.window	현재 그림의 연직 좌표(정규 단위)

기록가능 시스템 변수는 표 9.3과 같은 IDL 기본설정을 IDL 전체 수준에서 변경할 때 사용한다. 기록가능 시스템 변수를 변경하면 그 효과는 IDL 전체에서 나타난다. 예를 들어, 다음과 같이 !p.font = 0으로 폰트를 설정하면 그림의 문자 폰트가 플랫폼 독립 벡터 폰트에서 플랫폼 의존 하드웨어 폰트로 변경되고 모든 그림에서 이 폰트로 그려진다.

```
IDL> x = findgen(360)
IDL> y = sin(x*!dtor)
IDL> initial_font = !p.font ; 초기 설정된 폰트
IDL> !p.font = 0 ; 폰트 설정
IDL> plot, x, y
```

이 경우에 폰트를 변경하고자 하는 그림뿐만 아니라 다른 그림에서도 폰트가 변경된다. 이런 실수를 막기 위해서는 다음과 같이 현재 시스템 변수를 다른 변수로 저장하고 새로운 시스템 변수로 변경한 후에 그림을 그린다. 그리고 저장된 시스템 변수를 이용하여 이전의 시스템 변수로 환원하면 된다.

```
IDL> !p.font = initial_font ; 초기 설정된 폰트로 환원
IDL> window, 1 ; 1번 창 열기
IDL> plot, x, y
```

표 9.3 일반적으로 사용되는 기록가능 시스템 변수

시스템 변수	기능
!p.multi	다중 판넬 그림을 설정한다.
!p.font	그림의 문자에 대한 폰트를 선택한다.
!order	이미지 표출 순서를 지정한다.
!path	프러시저와 함수의 현재 탐색경로를 지정한다.
!except	수학 오류에 대한 표출 방식을 지정한다.

사용자정의 시스템 변수는 필요에 따른 시스템 변수를 정의한 것이다. 그러나 새로운 시스템 변수를 정의할 때는 각별한 주의가 필요하며, 다른 방법으로 구현할 수 있으면 굳이 사용자정의 시스템 변수는 사용하지 않는 것이 좋다. 새로운 사용자정의 시스템 변수는 다음과 같이 defsysv 프러시저를 사용하여 생성한다.

```
IDL> defsysv, '!plot_info', 10.0 ; 사용자정의 시스템 변수를 생성
IDL> help, !plot_info
 <Expression>    FLOAT   =   10.0000
```

한번 생성된 사용자정의 시스템 변수는 IDL을 나가거나 새로운 IDL 세션을 시작하기 전까지는 그대로 유지된다. IDL 세션이 그대로 유지되는 상태에서 이 시스템 변수의 값은 새로 변경할 수 있지만 변수형이나 변수크기는 변경할 수 없다.

```
IDL> !plot_info = 64L ; float형을 long형 변수로 변경
IDL> help, !plot_info ; 값은 바뀌었으나 변수형은 그대로
 <Expression>    FLOAT   =   64.0000
IDL> !plot_info = indgen(10) ; 변수크기를 변경
 % Conflicting data structure: <INT Array[10]>, !PLOT_INFO.
 % Execution halted at: $MAIN$
```

새로 만들고자 하는 사용자정의 시스템 변수가 이미 있는지를 알아보기 위해서는 exist 키워드를 사용하여 알 수 있다. 사용자정의 시스템 변수가 이미 있으면 참(1)을, 없으면 거짓(0)을 되돌려 준다.

```
IDL> defsysv, '!plot_info', 2.0
IDL> defsysv, '!plot_info', exist=exist ; 시스템 변수의 존재를 검사
IDL> help, exist
 EXIST      LONG     =    1
IDL> defsysv, '!plot_nothing', exist=exist
IDL> help, exist
 EXIST      LONG     =    0
```

이미 생성된 사용자정의 시스템 변수를 새로 변경하고자 할 때에는 IDL을 나와서 새로운 IDL 세션으로 시작하거나 다음과 같이 .reset_session 명령어를 사용하면 된다. .reset_session 명령어는 모든 사용자정의 변수, 포인트, 구조체, 객체를 없애며, 사용자정의 프러시저나 함수에 대한 모든 참조를 제거한다.

```
IDL> .reset_session ; 사용자정의 시스템 변수를 새로 변경
IDL> help, !plot_info
 % Not a legal system variable : !PLOT_INFO
 % Execution halted at: $MAIN$
```

공통블럭은 모든 프로그램 단위가 참조하는 변수로서, 다음 형식으로 선언한다.

```
common 블록명, 변수1, 변수2, 변수3, …
```

여기서 블록명은 공통블럭의 이름이고, 변수1, 변수2, 변수3은 공통블럭으로 저장되는 변수이다. 공통블럭을 참조하는 첫 프러시저나 함수는 공통블럭 내에 포함된 변수의 개수를 정의한다. 공통블럭을 참조하는 프러시저와 함수는 공통블럭에 있는 변수를 읽거나 쓸 수 있다. 그러나 변수형이나 변수의 총수는 변경할 수 없다. 현재 프로그램 단위에서 파라미터로 나오는 변수는 공통블럭에 저장될 수 없다. 공통블럭은 IDL 세션이 끝나거나 .reset_session 명령어가 실행되기 전까지는 그대로 유지된다.

다음 예문은 long형 정수값을 시간으로 저장하기 위하여 공통블럭을 사용한 프러시저이다.

```
PRO SET_NUMBER
  common set_number_info, number, time
  number = 0L
  read, prompt = 'Enter a number :', number
  time = systime( )
END

PRO GET_NUMBER
  common set_number_info, number, time
  print, 'The last number set was',number, 'at', time
END
```

여기서 set_number 프러시저가 설정할 값을 호출하면, get_number는 그 값을 출력한다.

```
IDL> set_number
 Enter a number : 12345
IDL> get_number
 The last number set was 12345 at Fri Dec 21 12:00:00 2000
```

단일 프로그램이나 관련 프로그램에서 변수를 전달하기 위해 공통블럭을 활용하게 되면 프로그램 운영이 매우 어려워지기 때문에 바람직하지 않다. 예를 들어, 공통블럭에 10개의 변수를 정의한 후에, 새로이 한 개의 변수를 추가하고자 할 경우에는 IDL을 나와서 새로운 세션을 시작해야 한다.

블록문과 제어문

Chapter | 10

제어문은 일정한 조건에 속하는 특정 작업을 실행하거나 반복적인 작업을 실행하도록 정해주며, IDL에서 지원하는 제어문은 표 10.1과 같다. 블록문은 보통 제어문과 함께 사용하여 여러 개의 실행문을 하나의 덩어리로 묶어준다. 이 장에서는 블록문과 제어문에 대해 설명한다.

표 10.1 IDL 제어문

문	기능
if	조건이 참이면 명령문을 실행한다.
case	여러 가지 사례 목록에서 조건을 만족한 한 가지 사례를 실행한다.
for	일정한 회수만큼 명령문을 반복 실행한다.
while	조건이 참인 동안 일정한 명령문을 반복 실행한다.
repeat	조건이 참일 때까지 명령문을 반복 실행한다.
return	호출 프러시저나 함수에 대한 반환을 제어한다.
goto	지정한 라벨 위치로 이동한다.
switch	사례 목록 중 하나의 사례로 분기하여 실행한다.
break	case문, switch문, 반복문에서 탈출한다.
continue	for문, while문, repeat문에서 continue 다음으로 오는 명령문을 건너뛰고 for문, while문, repeat문의 처음으로 돌아가 반복 실행한다.

10.1 블록문

일정한 조건에 속하는 특정 작업이나 반복적인 작업이 여러 개로 구성되는 경우에 이들 명령문을 하나의 블록으로 묶어 지정한다. 이러한 블록은 begin문으로 시작하고 end문으로 끝난다. 그러나 if, else, for, while, repeat, case 다음에 begin문으로 시작한 경우에는 endif, endelse, endfor, endwhile, endrep 혹은 endcase로 끝난다. 블록 안에 있는 명령문은 가독성이 높아지도록 들여쓰기를 하는 것이 좋다.

```
begin
  명령문1
  명령문2
  …
  명령문n
end[endif, endelse / endfor / endwhile / endrep, endcase]
```

10.2 if문

if문은 지정된 조건이 참이면 하나의 명령문이나 여러 개의 명령문으로 이루어진 블록문을 실행한다. if문은 다음과 같이 4가지 형식으로 작성한다. 조건식은 가독성을 높일 수 있게 괄호로 표시해주는 것이 좋다.

```
if ( 조건식 ) then 명령문
```

```
if ( 조건식 ) then begin
   명령문1
   명령문2
   …
   명령문n
endif
```

```
if ( 조건식 ) then 명령문1 else 명령문2
```

```
if ( 조건식 ) then begin
   명령문1
   …
   명령문n
endif else begin
   명령문1
   …
   명령문n
endelse
```

이 형식에서 조건식은 참이나 거짓을 결정할 수 있는 실수로 표현된 식이다. “if ·· then ··”이나 “if ·· then begin ·· endif” 형식의 경우에 조건식이 참이면 명령문/블록문이 실행된다. “if ·· then ·· else ··”이나 “if ·· then begin ·· endif else begin ·· endelse” 형식의 경우에 조건식이 참이면 then 다음에 오른 명령문/블록문이 실행되고, 조건식이 거짓이면 else나 else begin 다음에 오는 명령문/블록문이 실행된다. 다음 예문은 if문에 대한 예이다.

```
PRO IF_EXAMPLE, Y
  if(y lt 0) then begin
    txt = 'negative'
  endif else begin
    txt = 'non-negative'
  endelse
print, txt
END
```

여기서 괄호는 가독성을 높이기 위해 사용한 것이다. 조건이 맞으면 then 뒤의 문장을 실행하고, 조건이 맞지 않으면 else 뒤의 문장을 실행한다. else가 없을 경우 조건이 맞지 않으면 다음으로 넘어가게 된다.

10.3 case문

case문은 여러 사례 목록 중에서 식에 부합되는 사례가 있으면 그 사례만 실행하고 case문을 빠져 나온다. 부합되는 사례가 없으면 else문으로 이동하여 명령문을 실행하고 case문을 빠져 나온다. case문은 다음과 같은 형식으로 실행된다.

```
case 식 of
   식1 : 명령문1
   식2 : begin
          명령문2
            ...
         end
   else :명령문n
endcase
```

식에 부합된 사례가 없을 경우를 대비하여 마지막의 else문은 항상 포함하는 것이 좋다. 마지막 else문이 없으면 식에 부합된 사례가 없는 경우에 case문이 실행 중지된다. 다음 예문을 보면 case문을 쉽게 이해할 수 있을 것이다.

```
PRO CASE_EXAMPLE, ANIMAL, T
  case animal Of
    'cat' : print,'meow'
    'dog' : print,'arf arf'
    'bird' : print,'tweet tweet'
    else : print,'??'
  endcase
  case t ge 0 and t le 2 of
    0 : begin
          txt = 'red'
          err = 0
        end
    1 : begin
          txt = 'green'
```

```
        err = 0
       end
   2 : begin
        txt = 'blue'
        err = 1
      end
   else : print, "there is no color."
  endcase
END
```

10.4 for문

for문은 지정한 변수를 시작값에서 끝값까지 증가 또는 감소시키면서 일정한 회수만큼 명령문을 반복 수행한다. 증가값이나 감소값을 따로 정해 주지 않으면 기본설정값으로 1씩 증가한다. for문은 다음과 같은 형식으로 실행된다.

```
for i = 시작값, 끝값 do 명령문
```

```
for i = 시작값, 끝값 do begin
  명령문1
  …
  명령문n
endfor
```

```
for i = 시작값, 끝값, 증가/감소값 do 명령문
```

```
for i = 시작값, 끝값, 증가/감소값 do begin
  명령문1
  …
  명령문n
endfor
```

첫째와 셋째 형식에서는 반복마다 하나의 명령문이 실행되고, 둘째와 넷째 형식에서는 반복마다 begin에서 endfor로 묶인 블록문을 반복한다. 셋째와 넷째 형식에 있는 증가/감소값은 양의 값(증가)이나 음의 값(감소)일 수도 있다. 증가/감소값이 양이면 끝값보다 작거나 같을 때까지 반복되며, 증가/감소값이 음수이면 끝값보다 크거나 같을 때까지 반복된다.

```
PRO FOR_EXAMPLE
  for i=0, 9 do print,i
  for j=0, 20, 2 do begin
    print, j
  endfor
END
```

for문에서 반복 지수의 변수형을 잘못 설정하면 반복 회수가 매우 클 때 오류를 발생시킬 수 있다. 다음 예문과 같이 반복 지수 i가 int형 정수로 설정되고 끝값이 40,000으로 int형 정수의 한계인 32,767보다 클 경우에 오류가 발생한다.

```
IDL> for i = 0, 40000, 1000 do print, i
 % Loop limit expression to large for loop variable type.
   <LONG    (     40000) >.
 % Execution halted at : $MAIN$
```

이런 경우를 대비하여 for문을 작성할 때는 다음과 같이 반복지수를 항상 long형 정수로 설정하는 것이 좋다.

```
IDL> for i = 0L, 40000, 1000 do print, i
```

for문에서 반복 지수는 가능하면 부동 실수를 쓰지 않는 것이 좋다. 그 이유는 예문으로부터 이해할 수 있을 것이다. 다음 예문에서 z는 0.5로 끝날 것으로 생각할 것이다.

```
IDL> for z = 0.1, 0.5, 0.1 do print, z
 0.100000
 0.200000
 0.300000
 0.400000
```

그러나 결과는 예상과 달리 0.5까지 반복되지 않고 0.4에서 종료된다. 이것은 부동소수점의 정밀도 때문이다. 이런 경우와 같이 반복문에 부동소수점을 포함시켜야 한다면 다음과 같이 응용하면 위에서 겪은 문제점을 쉽게 해결할 수 있다.

```
IDL> for z = 1L, 5, 1 do print,0.1 * float(z)
 0.100000
 0.200000
 0.·300000
 0.400000
 0.500000
```

10.5 while문

while문은 일정한 조건이 참일 동안에 명령문 또는 블록을 반복하여 실행한다. while 문은 다음과 같은 형식으로 실행된다.

```
while ( 조건 ) do 명령문
```

```
while ( 조건 ) do begin
   명령문1
   …
   명령문n
endwhile
```

첫째 형식에서는 조건이 참인 경우에만 하나의 명령문이 실행되고, 둘째 형식에서는 조건이 참인 경우에만 begin에서 endwhile로 묶인 블록문을 반복한다. while문에 대한 다음 두 가지의 예문을 보면 쉽게 이해할 수 있으며, 특히 두 번째 예문은 끝을 알 수 없는 파일을 읽을 때 널리 사용되는 루틴이다.

```
PRO WHILE_EXAMPLE1, PREV, CURR
  while (curr lt 100) do begin
    next = curr + prev
```

```
    prev = curr
    curr = next
  endwhile
  print, curr
END

PRO WHILE_EXAMPLE2, FILENAME
  openr, lun, filename,/get_lun
  record = ''
  while (eof(lun) ne 1) do begin
    readf, lun, record
    print, record
  endwhile
  free_lun, lun
END
```

10.6 repeat문

repeat문은 일정한 조건이 참일 때까지 명령문 또는 블록을 반복하여 실행한다. while문은 조건을 먼저 판단하고 조건이 참인 경우에 명령문을 실행하는 반면에, repeat문은 명령문을 먼저 실행한 후에 조건을 판단한다. repeat문은 다음과 같은 형식으로 실행된다.

```
repeat 명령문 until ( 조건 )
```

```
repeat begin
  명령문1
  …
  명령문n
endrep until ( 조건 )
```

첫째 형식에서는 조건이 참일 때까지 하나의 명령문이 실행되고, 둘째 형식에서는 조건이 참일 때까지 begin에서 endrep로 묶인 블록문을 반복한다. repeat문은 다음과 같은 형식으로 실행된다.

```
PRO REPEAT_EXAMPLE, N
  repeat begin
    n = n + 2
  endrep until (n gt 20)
  print, n
END
```

10.7 return문

return문은 진행 중인 프로그램에서 즉시 벗어나서 호출자에게로 되돌아가는 역할을 한다. return문은 다음과 같은 형식으로 실행된다.

```
return, 반환값
```

```
return
```

첫째 형식은 함수에서 반드시 포함되어야 하는 문으로서, 반환값은 호출자에게 되돌려주는 값이다. 두 번째 형식은 프러시저에서 return 다음에 나오는 명령문을 실행하지 않고 스쳐 지나갈 때 사용한다.

```
FUNCTION RETURN_EXAMPLE, FILENAME, ERRMSG = ERRMSG
  result = -1

  if(n_elements(filename) eq 0) then begin
    errmsg = 'Filename is undefined'
    return, result
  endif

  if((findfile(filename))[0] eq '') then begin
    errmsg = 'Filename was not found'
```

```
    return, result
  endif
openr, lun, filename, /get_lun
errmsg=''
return, lun

PRO HIST_PLOT, DATA, MIN=MIN_VALUE, MAX=MAX_VALUE, $
  BINSIZE=BINSIZE, NORMALIZE=NORMALIZE, FILL=FILL, $
  _EXTRA=EXTRA_KEYWORDS

;- Check arguments
if (n_params() ne 1) then message, 'Usage: HIST_PLOT, DATA'
if (n_elements(data) eq 0) then message, 'DATA is undefined'
END
```

10.8 goto문

goto문은 프로그램 내에 있는 label 위치로 건너뛰게 한다. goto문은 다음과 같은 형식으로 실행된다.

```
goto, label

label : 명령문
```

goto문에서 label로의 이동은 프로그램 진행 방향으로 하는 것이 좋고, 하나의 프로그램에서 하나의 goto문만 사용하는 것이 바람직하다.

10.9 switch문

switch문은 여러 가지 사례 목록 중에서 식에 처음으로 부합되는 사례로 이동하여 명령문이나 블록문을 실행한다. 이 실행이 끝나면 그 아래에 있는 사례로 순차적으로 이동하면서 실행한 후에 switch문을 빠져나온다. 그러나 처음부터 부합되는 사례가 없으면 else로 이동하여 명령문이나 블록문을 실행하고 switch문을 빠져나온다. 이것은 여러 사례 중에서 한번만 부합되는 사례를 찾고 종료하는 case문과 차이가 난다. switch문은 다음과 같은 형식으로 실행된다.

```
switch 식 of
   식1 : 명령문1
   식2 : begin
           명령문2
             …
         end
   else :명령문n
endswitch
```

다음 예문은 switch문에 대한 예이다. 이 프러시저에서 만약에 month 값으로 3이 입력되면 사례 3, 5, 7을 수행한 후에 switch문을 벗어난다.

```
PRO SWITCH_EXAMPLE, MONTH, YEAR
  switch long(month) of
    1: print, month,'is small month'
    3: print, month,'is small month'
    5: print, month,'is small month'
    7: begin
         print, month,'is small month'
         break
       end
    2: print, month,'is large month'
    4: print, month, 'is large month'
    6: print, month, 'is large month'
```

```
    7: begin
         print, month, 'is large month'
         break
       end
  endswitch
END
```

10.10 break문

break문은 for문, while문, repeat문, case문, switch문에서 즉각 벗어나게 한다. for문이나 while문에서 break를 만나면 즉시 for나 while문을 빠져 나와서 다음 명령문을 실행하고, case나 switch문에서 break를 만나면 다음 case나 switch 사례로 옮겨간다. break문은 다음과 같은 형식으로 실행된다.

```
break
```

```
PRO BREAK_EXAMPLE, ARR, X
  n = n_elements(arr)
  i = 0L
  while (i lt n) do begin
    if(arr[i]) eq long(x) then break
    i = i+ 1L
  endwhile
END
```

10.11. continue문

continue문은 for문, while문, repeat문에서 continue 다음에 나오는 명령문을 건너뛰고 for문, while문, repeat문의 처음부터 다시 반복하게 한다. continue문은 다음과 같은 형식으로 실행된다.

```
continue
```

continue문은 반복문의 현재 반복을 멈추고 다음 반복을 계속하고자 할 때 사용한다. 다음 예문은 continue에 대한 예이다.

```
PRO CONTINUE_EXAMPLE, FILENAME
  openr, lun, filename,/get_lun
  record = ''
  while (eof(lun) ne 1) do begin
    readf, lun, record
    if(record eq ';')then continue
    print, record
  endwhile
  free_lun, lun
END
```

제 2 부

데이터 입출력

Interactive Data Language

데이터 포맷의 유형

Chapter | 11

컴퓨터로 과학적인 분석을 한다는 것은 실험이나 측정에서 얻어진 데이터를 처리하여 시각화·해석하는 작업을 말할 것이다. 이러한 작업에 사용되는 데이터에는 키보드로 입력되는 데이터, ASCII나 이진 데이터(binary data), TIFF나 JPG와 같은 산업 표준 포맷 데이터, 그리고 NetCDF나 HDF와 같은 자기기술 플랫폼-독립 포맷 데이터로 다양하다. IDL은 통용되는 모든 포맷의 데이터를 읽고 쓸 수 있다고 해도 과언이 아니다. IDL은 ASCII와 이진 데이터뿐만 아니라 일반적인 이미지나 과학 데이터 포맷도 읽을 수 있는 루틴을 지원한다. 여기서는 IDL이 지원하는 데이터 포맷의 유형에 대해 설명한다.

11.1 ASCII 데이터와 이진 데이터

컴퓨터 파일은 저장되는 형태에 따라 ASCII 파일과 이진 파일(binary file)로 구분하며, 파일에 따라 읽는 방법과 저장 용량이 크게 다르다.

ASCII 파일은 일정한 형태를 가진 문숫자 데이터이다. 이 파일을 문서편집기로 열어보면 그 내용을 바로 읽을 수 있으며, 그 내용이 소프트웨어나 하드웨어 플랫폼에 크게 좌우되지 않는다. 그러나 이진 파일보다는 읽고 쓰는 속도가 느리고 저장 용량도 크게 차지한다.

```
-----------------------------------------------
PRES     HGHT  TEMP   DWPT  RH  MIXR  DRCT  SKNT
-----------------------------------------------
1019.4    50   -0.5   -6.5  64  2.32   32    2
1013.2   100   -0.8   -6.8  64  2.29   21    3
1007.0   150   -1.0   -7.0  64  2.25   11    4
1000.7   200   -1.3   -7.3  64  2.22    1    5
 994.4   250   -1.6   -7.3  65  2.24  280    6
   :       :      :      :   :    :     :    :
```

그림 11.1 ASCII 파일의 전형적인 형태

이진 파일은 16비트나 32비트 정수로서 원시 이진 포맷 데이터이다. 문서편집기로 열어봐도 그 내용을 알 수 없어서 해독을 해야 한다. 이 파일의 내용을 해독하기 위해서는 파일 저장 형식을 알아야 하며, 저장 용량이 작고 처리속도가 빠른 것이 장점이다. 이진 파일의 예로 256열과 256행으로 된 위성구름 영상자료가 대표적이다. 이 파일에서 각 영상 요소(픽셀)는 16비트 정수로서 256단계의 정보를 표현할 수 있다.

```
0011100100110111001100011100100110111001100011100100110111
0011011100100110111001100011100100110111001100011100100110
1110011000111001001101110011000111001001101110011000111001
00110111001101
```

그림 11.2 이진 파일의 전형적인 형태

11.2 과학 데이터 포맷

IDL은 지리학, 의료, 천문학, 그리고 우주과학에서 사용하는 다양한 과학 데이터 포맷을 지원한다. 이것은 데이터의 포맷을 미리 알고 있어야 읽고 해독할 수 있는 이진 데이터 파일의 약점을 극복하기 위하여 개발되었다. 과학 데이터 포맷에는 데이터 크기, 유형, 이름, 그리고 구조가 파일 자체에 포함되어 있어서 데이터의 내용에 대해 모든 사항을 알 수 있다.

과학 데이터 포맷을 사용하면 다음과 같은 편리한 점이 많다. 첫째, 이들 포맷은 시스템 내부적으로 데이터를 표현하는 방식(host byte order)에 관계없이 모든 플랫폼에서 읽고 쓸 수 있는 이식성이 좋다. 둘째, 데이터 크기, 유형, 구조와 같이 알고자 하는 정보가 데이터 파일 내에 함께 저장되어 있다. 셋째, 여러 유형과 크기로 된 혼합형 데이터가 하나의 파일로 저장된다는 것이다. 넷째, 과학 데이터 포맷은 C, C++, FORTRAN, Java, Matlab과 같은 다양한 환경을 지원한다.

IDL에서 지원하는 과학 데이터 포맷으로는 UCAR가 개발한 NetCDF, NCSA가 개발한 HDF, NASA GSFC의 EOS 프로젝트에서 개발한 HDF-EOS, 그리고 NSSDC와 NASA GSFC가 개발한 CDF이 있다. 각 데이터 포맷은 호출자에게 상세 사항을 드러내지 않고도 데이터를 제공하는 재귀호출 인터페이스를 지원한다. 또한, IDL은 DICOM(의료영상처리), GeoTIFF(지리영상), SYLK(스프레트시트), WAV(오디오) 등과 같은 특별한 포맷도 지원한다. 이러한 포맷을 지원하는 IDL 루틴은 표 11.1과 같다.

표 11.1 특별 포맷을 지원하는 IDL 루틴

포맷	관련 루틴
DICOM	query_dicom( ), read_dicom( )
GeoTIFF	read_tiff( ), query_tiff( ), write_tiff
SYLK	read_sylk( ), write_sylk( )
WAV	query_wav, read_wav( ), write_wave

화면 출력과 키보드 입력

Chapter | 12

IDL 프로그래밍에서 데이터를 키보드로부터 읽어 들이고 화면으로 출력하는 일은 아주 일상적이다. IDL은 키보드와 화면과 같은 표준 입출력에 사용되는 프러시저와 함수로서 print, read, reads, string( ) 등을 제공한다. 여기서는 표준 출력인 화면으로 데이터를 출력하고 표준 입력인 키보드로 데이터를 읽는 방법에 대해 설명한다.

12.1 화면 출력(표준 출력)

print 프러시저는 ASCII 데이터를 표준 출력인 화면으로 출력한다. 이 출력 결과는 IDLDE 모드의 경우에 출력로그창으로, IDL 명령행 모드의 경우에 IDL 명령행으로 표시된다. print 프러시저는 다음과 같은 형식으로 실행한다.

```
print, 인수1, 인수2, …, 인수n, format='(   )'
```

여기서 인수로는 문자열부터 모든 수가 가능하다. 키워드 format은 출력되는 데이터에 표 12.1의 포맷 코드를 지정하는 것이며, 생략할 수도 있다. 이 포맷 코드는 FORTRAN과 동일하다.

표 12.1 format 키워드에서 사용하는 포맷 코드

코드	출력 형식
iN.M	정수를 N개 문자로 표시. ".M"은 선택사항. ".M"을 설정하면 오른쪽 M개 문자에 있는 모든 공백을 0으로 채운다.
fN.M	단정도 실수를 N개 문자로 표시. ".M"은 소수점 아래에 있는 숫자 개수
dN.M	배정도 실수를 N개 문자로 표시. ".M"은 소수점 아래에 있는 숫자 개수
eN.M	부동 실수를 N개 문자로 표시. ".M"은 소수점 아래에 있는 숫자 개수
aN	문자열을 N개 문자로 표시. N이 빠지면 입력된 모든 문자열이 출력된다.
Nx	N개 위치를 건너뛴다.
/	새로운 행으로 시작한다.
$	새로운 행을 삭제(출력에서만 사용)
:	인수가 없으면 출력을 종료한다.

print 프러시저는 다음 예문과 같이 문자열, int, float 등의 수를 표시한다.

```
IDL> print, 'IDL Programming Guide' ; 문자열 출력
 IDL Programming Guide
IDL> print, 1.0, 2.0, 3.0 ; float 출력
 1.00000   2.00000   3.00000
IDL> print, findgen(3) ; float형 지수배열 출력
 0.00000   1.00000   2.00000
```

표 12.1의 포맷 코드를 사용하면 숫자를 원하는 형식으로 출력할 수 있다. 다음 예문은 포맷 코드에 따른 출력에 대한 예이다.

```
IDL> print, 1234, format='(i7.7)' ; int 출력
 0001234
IDL> print, !pi, format='(f8.3)' ; float 출력
 3.142
IDL> print, 2, !pi, 2*!pi, format='(i4, 2x, 2f7.3)' ; 혼합 출력
 2  3.142  6.283
IDL> print, 12345.6, format='(f6.1)' ; 포맷이 맞지 않는 경우
 ******
IDL> print, !pi, format='("The pi equal to", f7.5)' ; 문자열이
포함된 출력
```

```
 The pi equal to 3.14159
IDL> print,'IDL Programming Guide', format='(a)' ; 문자열 출력
 IDL Programming Guide
IDL> print,'IDL Programming Guide', format='(a15)' ; 15글자
만 출력
 IDL Programming
IDL> print,'IDL Programming Guide', format='(e7.3)' ; 포맷이
맞지 않는 경우
 % Type conversion error: Unable to convert given
   STRING to double
 % Detected at:  $MAIN$
  *******
```

12.2 키보드 입력(표준 입력)

read 프러시저는 ASCII 데이터를 표준 입력인 키보드로 읽어 들인다. 입력 데이터는 IDLDE 모드나 IDL 명령행 모드의 경우에 모두 IDL 명령행창으로 읽어 들인다. read 프러시저는 다음과 같은 형식으로 실행한다.

```
read, 인수1, 인수2, …, 인수n, prompt='  ' , format='( )'
```

여기서 인수는 입력 변수명이며, 키워드 prompt는 데이터를 입력받기 위한 프롬프트로서 입력자에게 메시지를 알려주고 생략할 수 있다. 키워드 format은 출력되는 데이터를 포맷 코드로 지정하는 것이다. read 프러시저가 실행되면 프롬프트는 IDL>에서 ":" 형태로 바뀐다.

다음 예문은 read 프러시저로 데이터를 읽어 들이는 전형적인 예를 보여준다. 이 때, read 프러시저에서 입력 변수에 대해 특별한 변수형을 지정하지 않고 format 키워드도 설정하지 않으면 자동으로 float형으로 읽는다. 따라서 특정한 변수형으로 값을 읽고자 할 경우에는 read 프러시저를 호출하기 전에 먼저 변수를 생성시키는 것이 좋다.

```
IDL> read, no1, prompt='Input your number' ; 문자열 입력
 Input your number: 23 Enter
IDL> print, no1
 23.00000
IDL> read, no2, format='(i7)' ; int 입력
: 1234567 Enter
IDL> print, no2
 1234567
IDL> no3 = 0L  ; long 선언
IDL> read, no3, prompt='Input your number' ; long 입력
 Input your number: 23 Enter
IDL> print, no3
 23
IDL> name = ' '  ; 문자열 선언
IDL> read, name, prompt='Enter your name:' ; 문자열 입력
 Enter your name: Happy man
IDL> print, name
 Happy man
```

read 프러시저에 format 키워드를 설정하게 되면 입력값에 대한 유연성이 크게 떨어진다. 따라서 입력값이 숫자일 경우에는 format 키워드를 사용하지 않는 것이 좋다. format 키워드의 설정없이 여러 개의 숫자를 동시에 입력할 경우에는 콤마, 탭, 행으로 입력값이 구분되어야 한다.

```
IDL> a = fltarr(2, 3) ; 2열 3행 배열 선언
IDL> read, a ; 숫자 입력
 :1 Enter
 :3 2.5 Enter
 :2, 4, 6 Enter
IDL> print, a
 1.00000    3.00000
 2.50000    2.00000
 4.00000    6.00000
```

read 프러시저에서 format 키워드를 설정하지 않고 문자열 변수를 입력할 경우에 행 단위로 모든 문자를 읽어 들인다. 다음 예문에서 변수 var1은 첫 행에 있는 문자열 "All character on the current line"을, 변수 var2는 둘째 행에 있는 문자열 "All character on the next line"을 읽어 들인다.

```
IDL> var1 = ' '
IDL> var2 = ' '
IDL> read, var1, var2
 : All character on the current line
 : All character on the next line
```

read 프러시저에서 입력 인수의 변수형, 변수 크기, 그리고 값을 수정할 수 있어야 하기 때문에 입력 인수는 반드시 참조로 전달되어야 한다. 다음 예문과 같이 값으로 전달될 경우에 오류가 발생한다.

```
IDL> grade = intarr(3) ; 정수형 배열
IDL> read, grade[0] ; 입력 인수가 값으로 전달
% READ: Expression must be named variable in this context:
  <INT ( 0)>.
% Execution halted at: $MAIN$

IDL> content = {area:0L, phone:0L, zip:0L}  ; 구조체 배열
IDL> read, content.area ; 입력 인수가 값으로 전달
% READ: Expression must be named variable in this context:
  <LONG ( 0)>.
% Execution halted at: $MAIN$
```

출력 장치를 요구할 때 read 프러시저가 자주 사용된다. 다음 예문은 read 프러시저를 사용하여 그래픽스 디바이스를 X-Window에서 포스트스크립트로 변경하고 그림을 출력하는 루틴이다. 이 루틴은 포스트스크립트 파일의 출력에서 유용하게 사용된다.

```
setplot = 'x'
read, setplot, prompt='Setplot : X or PS ?'
if setplot eq 'ps' then begin
   set_plot, 'ps'
   device,/landscape,/color,/inches,xoffset=1.0,$
   bit=8, filename=pout
endif
```

12.3 문자열 변수로부터 수치 데이터의 입출력

reads 프러시저는 기존 문자열 변수로부터 수치 데이터만을 추출하여 읽어 들인다. reads 프러시저는 다음과 같은 형식으로 실행한다.

```
reads, 인수1, 인수2, …, 인수n, format='( )'
```

여기서 인수는 문자열 변수이고, 키워드 format은 출력되는 데이터의 포맷 코드로서 print 프러시저의 포맷 코드와 동일하다.

다음은 reads 함수로 연월일을 나타내는 문자열 변수에서 연, 월, 일에 해당하는 수치 데이터를 뽑아내는 예이다.

```
IDL> year = 0L
IDL> month = 0L
IDL> day = 0L
IDL> date = '2007/12/10'
IDL> reads, date, year, month, day, format='(i4, 1x, i2, 1x, i2)'
IDL> print, year, month, day
 2007    12    10
```

string 함수는 수치 데이터를 문자열 변수로 변환하여 쓴다. string 함수의 형식은 다음과 같다.

```
text = string(인수, format='(  )')
```

여기서 인수는 수치 또는 문자열 변수이다. 키워드 format은 문자열 변수의 형식을 지정하는 포맷 코드이다.

```
IDL> year = 2007
IDL> month = 12
IDL> day = 10
IDL> date = string(year, month, day, $
           format='(i4, "/", i2.2, "/", i2.2)')
IDL> print, date
 2007/12/10
```

파일 입출력

Chapter | 13

파일을 통한 데이터 입출력은 파일을 열고, 파일을 읽거나 쓰며, 그리고 파일을 닫는 3단계로 수행한다. IDL에서 읽고 쓰는 파일의 주요 유형은 ASCII 파일과 이진 파일이다. 여기서는 ASCII 파일과 이진 파일을 열고, 읽고, 쓰고, 그리고 닫는 과정을 차례로 설명한다. 그리고 이진 데이터를 읽고 쓰는데 가장 흔하게 겪는 바이트 스와핑(byte swapping)에 대해 설명한다.

13.1 파일 열기

ASCII 파일이나 이진 파일을 읽거나 쓰기 위해서는 먼저 파일을 열고 논리장치번호(logical unit number)를 할당해야 한다. 이 논리장치번호는 파일의 입력과 출력에서 파일을 참조하기 위한 것이다.

ASCII 파일과 이진 파일의 열기에 사용하는 프러시저와 함수는 표 13.1과 같다.

표 13.1 파일 열기에 사용하는 프러시저

프러시저	기능
openr	읽기용으로 기존 파일을 연다.
openw	읽기용이나 쓰기용으로 새로운 파일을 연다.
openu	갱신용(읽기용이나 쓰기용)으로 기존 파일을 연다.

openr 프러시저는 읽기용으로 기존 파일을 연다. 따라서 파일이 열려 있는 동안에는 쓰기가 허락되지 않는다. openw 프러시저는 읽기용이나 쓰기용으로 새로운 파일을 연다. 이미 존재한 파일이면 새로 덮어쓴다. openu 프러시저는 갱신용으로 기존 파일을 연다. 이 파일에서는 읽기와 쓰기가 모두 가능하다.

openr, openw, openu 프러시저는 다음과 같은 형식으로 실행한다.

```
openr, 논리장치번호(lun), '파일명',/get_lun
openw, 논리장치번호(lun), '파일명',/get_lun
openu, 논리장치번호(lun), '파일명',/get_lun
```

여기서 논리장치번호로는 -2, -1, 0, 1~128이 사용된다. 파일명은 문자열로 입력되며, 운영체제에 따라 파일명과 디렉터리를 표현하는 방법이 다르다. WINDOWS 운영체제에서는 'C:\rsi\idl60\examples\data\plot.txt' 형태로 표시하며, UNIX와 LINUX 운영체제에서는 '/usr/local/rsi/idl_60/examples/data/plot.txt' 형태로 표시한다. 키워드 /get_lun은 IDL이 현재 사용하고 있지 않는 논리장치번호를 찾아서 할당할 때 설정한다.

논리장치번호 중에서 -2, -1, 0 등은 다음과 같은 시스템 사용 번호로서 사용자가 할당할 수 없다.

- −2 : 표준 오류 스트림 → 화면 출력
- −1 : 표준 출력 스트림 → 화면 출력
- 0 : 표준 입력 스트림(stream) → 키보드 입력

그 외의 논리장치번호는 두 가지 방법으로 할당한다. 1~99는 사용자가 직접 할당하는 논리장치번호이고, 100~128은 /get_lun 키워드가 현재 사용하지 않는 논리장치번호를 찾아서 할당하는 번호이다.

- 1~99 : 사용자가 직접 할당
- 100~128 : 키워드 /get_lun과 프러시저 free_lun으로 할당

사용자가 논리장치번호를 직접 할당하는 방법은 다음 예문과 같이 논리장치번호 1~99 중에서 하나를 할당하여 파일을 열거나 읽는다. 그리고 동일한 논리장치번호를 할당하여 파일을 닫는다.

```
IDL> openr, 20, 'temp.dat' ; 논리장치번호 20으로 파일 열기
    :
IDL> readf, 20, data ; 논리장치번호 20으로 파일 읽기
    :
IDL> close, 20 ; 논리장치번호 20으로 파일 닫기
```

논리장치번호를 직접 할당하지 않고 /get_lun 키워드를 사용하면 다음 예문과 같이 100~128 중에서 하나가 자동으로 할당된다. 그리고 마지막에 free_lun 프러시저로 해제한다.

```
IDL> openr, lun, 'temp.dat',/get_lun ; 논리장치번호를 lun에 자동 할당
    :
IDL> readf, lun, s
    :
IDL> free_lun, lun
```

공동으로 사용하는 IDL 플랫폼에서 사용자가 특정한 논리장치번호를 직접 할당할 경우에 그 번호가 해제되기 전에 다른 사람이 사용하게 되면 오류가 발생한다. 이런 혼란을 방지하기 위해서 /get_lun 키워드로 설정하는 방법을 사용하기를 적극 권장한다.

13.2 파일 선택

기존의 파일을 열고 읽거나 쓰는 경우에는 새로운 파일명이나 디렉터리를 입력할 필요가 없다. 이 때는 file_search 함수로 파일명 목록에서 원하는 파일을 선택하는 것이 편리하다.

file_search 함수는 현재 또는 지정한 디렉터리에 있는 파일명 목록을 되돌려 준다.

```
filist = file_search(['디렉터리 경로나 파일명의 일부'])
```

이 함수를 인수 없이 실행하면 현재 디렉터리에 있는 파일명의 모든 목록을 출력한다. 인수로 디렉터리 경로나 파일의 일부를 표시하는 문자열을 입력하면 그 문자열과 일치하는 파일명이 출력된다. 이 때, 입력 문자열과 일치하는 파일명이 없으면 공백 문자가 출력되며, 별표(*)는 와일드카드로, "/"는 디렉터리를 표시한다.

```
IDL> flist1 = file_search( ) ; 인수없이 실행
IDL> print, flist1
  sample.dat   test.dat   hello.pro
IDL> flist2 = file_search('data/*.dat') ; 인수로 문자열을 입력
IDL> print, flist2
  data/sample.dat  data/test.dat
IDL> flist3 = file_search('*.nc') ; 인수로 문자열을 입력
```

IDL은 그래픽 인터페이스로 파일을 선택할 수 있는 dialog_pickfile 함수를 제공한다. dialog_pickfile 함수는 현재 또는 지정된 디렉터리에 있는 파일을 선택할 수 있는 대화상자를 제공한다.

```
fpick = dialog_pickfile([filter = '파일명의 일부'])
```

이 함수를 인수없이 실행하면 현재 디렉터리에 있는 파일명의 모든 목록을 보여주는 대화상자가 나타난다. 인수로 키워드 filter를 적용하면 filter 키워드의 문자열과 일치하는 파일명만을 보여주는 대화상자가 나타난다.

```
IDL> fpick1 = dialog_pickfile( )
IDL> fpick2 = dialog_pickfile(filter='*.dat')
```

파일을 고르는 과정 없이 파일명을 곧바로 지정하고자 할 경우에는 다음 예와 같이 filepath 함수를 사용하면 편리하다.

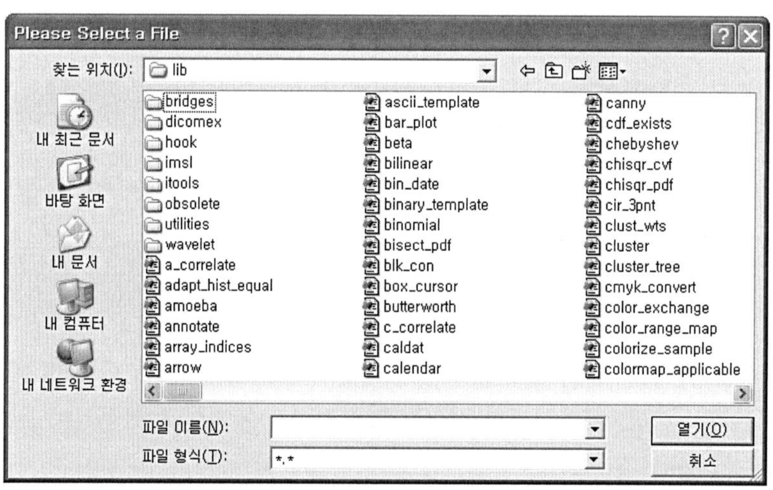

그림 13.1 dialog_pickfile 함수를 실행시켰을 때 열리는 대화상자

```
fname = filepath('파일명;, subdir='디렉터리')
```

```
IDL> fname = filepath('plot.txt',subdir='examples₩data')
IDL> print, fname
 C:\Program Files\ITT\IDL70\examples\data\plot.txt
                                              (WINDOWS 운영체제)
 /usr/local/itt/idl/examples/data/plot.txt  (UNIX 운영체제)
```

13.3 파일 정보 얻기

파일을 열고 데이터를 읽거나 쓸 때 파일 크기, 읽기 상태, 경로명, 파일 끝 등과 같은 정보를 알게 되면 보다 효과적으로 파일을 처리할 수 있다.

fstat 함수는 열린 파일에 대한 정보(파일 크기, 읽기 상태, 경로명)를 구조체로 되돌려 준다.

```
finfo = fstat(논리장치번호)
```

이 함수의 결과는 "함수결과 변수명.size", "함수결과 변수명.read" "함수결과 변수명.name" 등으로 구성된 구조체로 되돌려 준다.

파일을 열고 데이터를 읽을 때 파일 끝에 이르렀는지를 점검하고 끝에 이르렀으면 파일 읽기를 끝낼 경우가 있다. eof 함수는 EOF(End of File)에 이르면 참(1)을 되돌려 준다. 이 함수를 이용하면 파일 크기를 정확히 알 수 없는 파일을 끝까지 읽고 종료하도록 프로그래밍할 수 있다.

```
IDL> fname = filepath('plot.txt',subdir='examples₩data')
IDL> openr, lun, fname, /get_lun
IDL> finfo = fstat(lun) ; fstat 함수로 파일 정보를 얻기
IDL> print, finfo.size, finfo.read, finfo.name ; 구조체
 149600   1    C:\RSI\IDL60\examples\data\plot.txt
IDL> while (eof(lun) ne 1) do read, lun, data ; eof 함수
IDL> free_lun, lun
```

13.4 ASCII 파일의 읽기와 쓰기

ASCII 파일을 읽고 쓰기 위한 프러시저로는 readf 프러시저와 printf 프러시저가 있다.

• ASCII 파일 읽기

readf 프러시저는 ASCII 파일에서 데이터를 읽으며, 다음과 같은 형식으로 실행한다.

```
readf, 논리장치번호(lun), 인수1, 인수2,…, 인수n, format='( )'
```

여기서 논리장치번호는 파일 열기의 논리장치번호와 동일하며, 인수로는 읽고자 하는 변수명이 입력된다. 키워드 format은 읽고자 하는 데이터의 포맷 코드로 표 12.1과 동일하게 사용한다.

파일의 크기 즉, 열 수와 레코드 수를 미리 알고 있는 경우에 readf 프러시저로 파일 전체를 읽는 것은 매우 쉽다. 예를 들어, 그림 13.1과 같이 열 수가 9개이고 레코드 수를 100개로 가정하면 파일은 다음과 같이 읽을 수 있다.

```
-------------------------------------------------------------
NO   PRES     HGHT TEMP   DWPT  RH  MIXR  DRCT SKNT
-------------------------------------------------------------
001  1019.4    50  -0.5   -6.5  64  2.32   32    2
002  1013.2   100  -0.8   -6.8  64  2.29   21    3
003  1007.0   150  -1.0   -7.0  64  2.25   11    4
004  1000.7   200  -1.3   -7.3  64  2.22    1    5
005   994.4   250  -1.6   -7.3  65  2.24  280    6
006   988.3   300  -2.0   -7.3  67  2.25  348    7
007   982.2   350  -2.4   -7.3  69  2.27  346    9
 :      :      :     :      :    :    :      :    :
100    500.1 5300 -30.1  -20.5 30  0.001 300   50
```

그림 13.1 열이 9개, 레코드가 100개인 ASCII 파일

```
PRO EX_READ_1
  openr, lun, 'radiosonde.dat', /get_lun ; 파일 열기
  header =string(3)
  data = fltarr(9,100)
  readf, lun, header, data ; 파일 읽기
  free_lun, lun
END
```

열 개수만 알고 파일의 길이인 레코드 수를 모를 경우에는 while문과 eof 함수를 사용하면 간단하게 파일을 끝까지 읽을 수 있다. 그림 13.2와 같이 열 수가 8개이지만 레코드 수를 모르는 파일은 다음과 같이 읽을 수 있다.

```
-----------------------------------------------
 PRES     HGHT  TEMP  DWPT  RH  MIXR  DRCT  SKNT
-----------------------------------------------
 1019.4    50   -0.5  -6.5  64  2.32   32    2
 1013.2   100   -0.8  -6.8  64  2.29   21    3
 1007.0   150   -1.0  -7.0  64  2.25   11    4
 1000.7   200   -1.3  -7.3  64  2.22    1    5
  994.4   250   -1.6  -7.3  65  2.24  280    6
  988.3   300   -2.0  -7.3  67  2.25  348    7
  982.2   350   -2.4  -7.3  69  2.27  346    9
    :       :     :     :    :    :     :     :
```

그림 13.2 열이 8개이나 레코드 수를 모르는 ASCII 파일

```
PRO EX_READ2
  openr, lun, 'radiosonde.dat', /get_lun
  header =string(3)
  maxrec = 10000L
  data = fltarr(8, maxrec)
  readf, lun, header
  nrec=0L
  while(eof(lun) ne 1) do begin
    readf, lun, var0,var1,var2,var3,var4,var5,var6,var7
```

```
    data[0,i]=var0
    data[1,i]=var1
    data[2,i]=var2
    data[3,i]=var3
    data[4,i]=var4
    data[5,i]=var5
    data[6,i]=var6
    data[7,i]=var7
    nrec = nrec + 1
  endwhile
  free_lun, lun
END
```

파일의 레코드 수를 모르지만 while문과 eof 함수를 사용하지 않고 파일을 끝까지 읽을 수 있는 방법이 있다. IDL은 파일의 레코드 수를 알려주는 file_lines 함수가 있다. 이 함수는 파일명을 인수로 받아서 그 파일의 레코드 수를 되돌려 준다. 큰 파일을 읽을 경우에는 file_lines 함수로 파일의 레코드 수를 확인한 후에 데이터를 읽는 것이 바람직하다.

```
IDL> file = filepath('plot.txt', subdir='examples₩data')
IDL> print, file_lines(file)
 11
```

• ASCII 파일 쓰기

printf 프러시저는 쓰기용이나 갱신용으로 열어 놓은 ASCII 파일에 데이터를 쓴다. printf 프러시저는 다음과 같은 형식으로 실행한다.

```
printf, 논리장치번호(lun), 인수1, 인수2,…, 인수n, format='( )'
```

여기서 논리장치번호는 openr, openw, opernu 프러시저의 논리장치번호와 동일하며, 인수로는 읽고자 하는 변수명이 입력된다. 키워드 format은 쓰고자 하는 데이터의 포맷 코드로서, print의 포맷 코드와 동일하다.

다음은 printf 프러시저를 사용하여 파일을 쓰는 예문이다.

```
IDL> data = indgen(10, 100)
IDL> openw, lun, 'output.dat',/get_lun ; 파일 열기
IDL> printf, lun, data, format='(10i6)' ; 파일 쓰기
IDL> free_lun, lun
```

printf 프러시저로 ASCII 파일을 쓸 때에는 부동소수점 변수의 정밀도에 유의해야 한다. 7자리수의 정밀도를 갖는 float 값과 14 자리수의 정밀도를 갖는 double 값을 지수로 표현할 때는 각각 e14.6 포맷 코드와 e21.13 포맷 코드로 지정해야한다. 그래야 정밀도의 손실 없이 나타낼 수 있다. 다음은 float 값과 double 값을 지수 포맷으로 바꾸어서 출력한 예이다.

```
IDL> print, -1.0* !pi, format='(e14.6)'
 -3.141593e+000
IDL> print, -1.0* !dpi, format='(e21.13)'
 -3.1415926535898e+000
```

다음 예문은 printf 프러시저를 사용하여 일정한 형식으로 파일에 저장하는 예이다. 이 예를 잘 활용하면 다양한 형식으로 파일을 만들 수 있다.

```
Radiosonde data, 5, 20, 00Z June 1999
Press Tmp  Dew  Wd   Ws   Ptt
1000  23.0 20.0 320  10.0 296.2
 925  21.0 17.0 300  12.0 300.8
 850  12.0 11.0 270  15.0 298.7
  :     :    :    :    :    :
```

```
PRO EX_PRINTF
  header = string(2)
  data = fltarr(5,20)
  press = fltarr(20)
  tmp=press & dew=press & wd=press & Ws=press
  openr, lun, 'radiosonde.dat',/get_Lun
  openw, lun, 'ptt.dat',/get_Lun
```

```
    readf, lun, Header, Data
    press = Data(0,*)
    tmp = data(1,*)+273.15
    dew = data(2,*)
    Wd = data(3,*)
    Ws = data(4,*)
    ptt = tmp * (1000./press)^0.286
    printf, lun, header(0)
    printF, lun, 'Press   Tmp   Dew   Wd   Ws   Ptt'
    for i = 0, 50 do printf, lun, $
        press(i),tmp(i),dew(i),Wd(i),Ws(i),ptt(i) $
        format ='(I4,3x,F4.1,3x,F4.1,3x,F3.1,3x,F5.1)'
    free_lun, lun
  END
```

13.5 이진 파일의 읽기와 쓰기

이진 파일을 읽고 쓰기 위한 프러시저로는 readu 프러시저와 writeu 프러시저가 있다.

- **이진 파일 읽기**

readu 프러시저는 이진 파일에서 데이터를 읽으며, 다음과 같은 형식으로 실행한다.

```
readu, 논리장치번호(lun), 인수1, 인수2,…, 인수n,
```

여기서 논리장치번호는 파일 열기의 논리장치번호와 동일하며, 인수로는 읽고자 하는 변수명이 입력된다.

이진 파일에 이진 데이터만 포함되어 있고 미리 파일 크기를 알고 있다면 파일 내용을 곧바로 읽을 수 있다. 다음은 256열과 256행으로 된 이미지 데이터를 읽은 후에 tvscl로 이미지를 표출하는 예문이다. 이 경우에는 bytarr(256, 256) 배열을 선언하고 readu 프러시저로 이진파일의 데이터를 읽는 것이다.

```
PRO EX1_READU1
  file = filepath('ctscan.dat', $)
    subdir = ['examples', 'data'])
  openr, lun, file, /get_lun
  image = bytarr(256, 256) ; 256열 256행 byte 배열 선언
  readu, lun, image ; 이전 파일에서 데이터 읽기
  window, xsize = 256, ysize = 256
  tvscl, image
END
```

이진 파일의 크기를 모르지만 각 레코드의 크기를 알고 있는 경우에는 fstat 함수로 파일 정보를 얻은 후에 파일을 읽을 수 있다. 다음은 열이 256 픽셀이지만 행의 수를 알지 못하는 이미지 데이터를 읽는 예문이다. fstat 함수를 호출하여 파일 정보를 얻은 후에 파일 내용을 읽어서 tvscl로 이미지를 표출하는 예문이다.

```
PRO EX_READU2
  file = filepath('ctscan.dat', $)
    subdirectory = ['examples', data])
  info = fstat(lun) ; 파일 정보를 얻기
  ncols = 256L
  nrows = info.size / ncols ; 파일 정보에서 행 수를 얻기
  image = bytarr(ncols, nrows) ; 열×행 배열 선언
  readu, lun, image ; 이진 파일에서 데이터 읽기
  free_lun, lun
  tvscl, image
END
```

이진 파일은 데이터 선두에서 데이터의 내용이나 특성을 알려주는 머리부(header)와 데이터로 구성되어 있다. 이런 경우에는 다음 예문과 같이 머리부의 문자열을 읽어 들인 후 256열 256행의 이미지 데이터를 읽어 들인다.

```
PRO EX_READU3
  openr, lun, 'process.dat', /get_lun
  header = bytarr(26)
  image = bytarr(256,256)
```

```
IDL> readu, lun, header ; header 읽기
IDL> print, string(header) ; 26자로 된 문자열 출력
IDL> readu, lun, image ; 이미지 데이터 읽기
IDL> free_lun, lun
IDL> window, Xsize =256, Ysize =256
IDL> tv, image
```

이진 파일에서 각 레코드에 여러 유형의 데이터가 혼합되어 있는 경우에는 익명 구조체를 활용하여 읽는 것이 편리하다. 다음은 1분 간격의 관측자료를 익명 구조체로 읽는 예문이다. 관측자료는 지점번호(long), 연(int), 월(int), 일(int), 시간(int), 분(int), 기압(float), 기온(float), 상대습도(float), 풍속(float), 그리고 풍향(float)으로 구성된다. 여기서 레코드에 대한 구조체를 정의하고 데이터 배열을 만든 후에, while문과 eof 함수로 파일 끝까지 읽는다.

```
PRO EX_READU4
  openr, lun, 'weather_data.dat',/get_lun

; 레코드 구조체를 정의하고 데이터 배열을 만든다.
  record={id:0L, year:0, month:0, day:0, hour:0, min:0, $
    pres:0.0, temp:0.0, hum:0.0, speed:0.0, dir :0.0}
  data = replicate(record, 24L*60L)

; while문과 EOF 함수로 파일 끝까지 읽는다.
  nrecords = 0
  while (eof(lun) ne 1) do begin
    readu, lun, record
    data[nrecords] = record
    nrecords = nrecords+1
  endwhile
  free_lun, lun
END
```

동일한 크기의 이미지가 여러 장으로 구성된 파일의 경우에 assoc 함수로 생성하는 기록변수(associated variable)를 참조하여 읽으면 편리하다. 다음은 여러 장의 연속 이미지를 읽어서 구름 동영상을 만드는 예이다.

```
IDL> file = filepath('abnorm.dat', $
  subdir = ['examples', 'data'])
```

```
IDL> openr, lun, file, /get_lun
IDL> image_series = byte(64, 64)
IDL> image = assoc(lun, image_series)
IDL> for i = 0, 14 do tvscl, rebin(image[i], 256, 256)
```

- **이진 파일 쓰기**

writeu 프러시저는 이진 데이터를 파일에 쓰며, 다음과 같은 형식으로 실행한다.

```
writeu, 논리장치번호(lun), 인수1, 인수2,…, 인수n,
```

여기서 논리장치번호는 파일 열기의 논리장치번호와 동일하며, 인수로는 쓰고자 하는 변수명이 입력된다.

이진 파일에는 이진 데이터와 함께 파일 정보를 담은 머리부 문자열을 쓰는 것이 좋다. 머리부는 다음 예문과 같이 size 함수로 쉽게 작성할 수 있다. 이 예문에서, size 함수로 data 배열의 차원 수, 차원 크기, 데이터 유형, 그리고 배열 요소 수의 정보를 얻고 이것을 header 변수에 저장한다. 그리고 writeu 프러시저로 header와 data를 함께 파일에 저장한다.

```
IDL> data = dist(256)
IDL> openw, lun, 'image.dat',/get_lun
IDL> info = size(data) ; 데이터 정보를 얻기
IDL> header = [n_elements(info),info]
IDL> writeu, lun, header ; header 쓰기
IDL> writeu, lun, data ; data 쓰기
IDL> free_lun, lun
```

13.6 이진 데이터의 바이트 스와핑

UNIX 플랫폼에서 PC 플랫폼으로, 또는 PC 플랫폼에서 UNIX 플랫폼으로 이진 데이터를 옮겨와서 저장하거나 시각화할 때 바이트 스와핑(byte swapping)이라는 문제를 겪게 된다. 컴퓨터는 데이터를 내부 메모리에 바이트 단위로 주소를 지정하여 저장한다. 이때 데이터는 2진 또는 4진 바이트의 다중 바이트(multibyte)로 구성되며, 2진 바이트 단위

에서 저장하는 바이트의 순서에 따라 빅 엔디안(big-endian)과 리틀 엔디안(little-endian)으로 분류된다.

• 빅 엔디안

빅 엔디안은 그림 13.3(a)과 같이 최상위비트(MSB)부터 부호화되어 메모리에 저장된다. 이 체계는 RISC 계열의 프로세서를 채용한 Sun Solaris(Ultra), SGI IRIX, IBM, AIX, HP-UX, MacOS 등에서 사용된다. 예를 들면, 실제 "0x 12 34 56 78"은 빅 엔디안에서는 "0x 12 34 56 78"로 저장된다.

• 리틀 엔디안

리틀 엔디안은 그림 13.3(b)와 같이 최하위비트(LSB)부터 부호화되어 메모리에 저장된다. 이 체계는 인텔 계열 프로세서를 채용한 WINDOWS, LINUX(x86), Sun Solaris(x86), Compaq Tru 64 UNIX, Compaq VMS 등에서 사용된다. 예를 들면, 실제 "0x 12 34 56 78"은 리틀 엔디안에서는 "0x 78 56 34 12"로 저장된다.

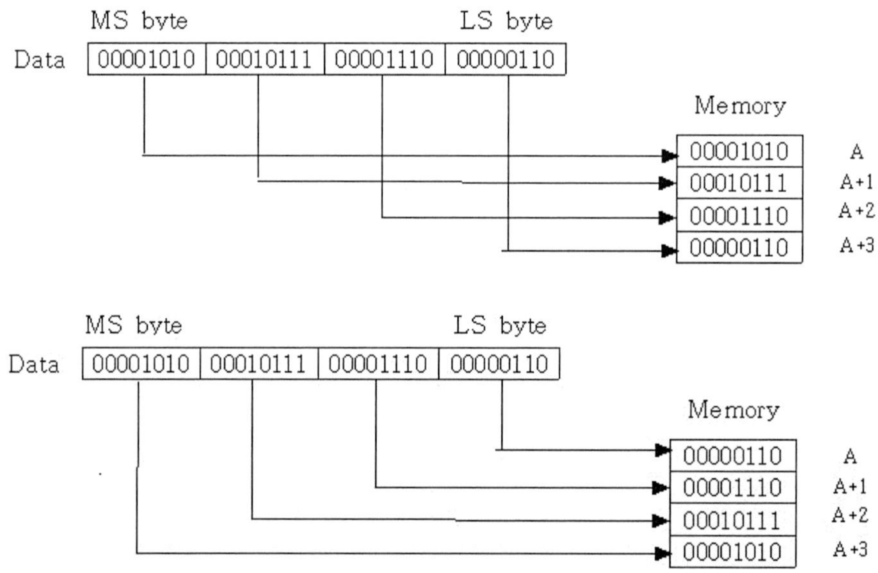

그림 13.3 (a) 빅 엔디안과 (b) 리틀 엔디안에서 저장하는 바이트 순서

ASCII, byte, string 데이터를 제외한 모든 수치는 빅 엔디안과 리틀 엔디안 사이를 옮길 경우에 바이트 스와핑의 영향을 받는다. 따라서 다중 바이트로 구성된 이진 파일을 옮길 때는 바이트 순서의 차이를 반드시 고려해야 한다. 이러한 문제는 다음과 같이 키워드를

설정하여 처리하면 된다. 빅 엔디안 플랫폼에서 리틀 엔디안 플랫폼의 이진 데이터를 읽고자 할 경우에는 다음과 같이 openr, oepnw, openu 프러시저에 키워드 swap_if_little_endian을 설정하면 된다.

```
IDL> openr, lun, 'process.dat',/get_lun,/swap_if_little_edian
```

반대로, 리틀 엔디안 플랫폼에서 빅 엔디안 플랫폼의 이진 데이터를 읽고자 할 경우에는 다음과 같이 openr, oepnw, openu 프러시저에 키워드 swap_if_big_endian을 설정하면 된다.

```
IDL> openr, lun, 'process.dat',/get_lun,/swap_if_big_edian
```

13.7 파일 닫기

openr, openw, openu 프러시저로 파일을 열고 작업을 수행한 후에는 반드시 파일을 닫아주어야 한다. 파일을 닫는 프러시저에는 close 프러시저와 free_lun 프러시저가 있다.

close 프러시저는 사용자가 직접 논리장치번호를 할당하여 열었던 파일을 닫을 때 사용한다.

```
IDL> openr, 20, 'plot.dat'
IDL> readf, 20, data
IDL> close, 30
```

free_lun 프러시저는 get_lun 키워드를 설정하여 논리장치번호를 할당하고 열었던 파일을 닫을 때 사용한다.

```
IDL> openr, lun, 'temp.dat',/get_lun
IDL> readf, lun, s
IDL> free_lun, lun
```

템플릿을 이용한 파일 읽기

Chapter | 14

과학 데이터는 열 방향으로 동일한 요소가 나열된 표의 형태가 전형적이다. 이와 같이 정형의 데이터는 프로그래밍 스타일이 아닌 방법으로도 읽을 수 있다. IDL에서 제공하는 템플릿(template)으로 마이크로소프트 엑셀과 같이 사용자가 데이터를 확인해 가며 읽어오는 방식이다.

14.1 ASCII 파일 읽기

템플릿을 이용한 ASCII 파일 읽기는 IDL 명령행에서 asciil_template 함수를 입력하면 그림 14.1과 같이 "Please Select a File"이란 제목의 창이 뜬다. 이 창에서 열고자 하는 파일을 선택하고 더블클릭하거나 "열기"를 선택하면 ASCII 템플릿 읽기 3단계로 넘어간다.

```
IDL> temp = ascii_template( )
```

• ASCII Template Step 1 of 3 : Define Data Type/Range

이 단계는 그림 14.2와 같이 표출된다. 먼저, 하단에 보이는 데이터 파일을 보면서 데이터 형태를 결정한다. 데이터가 일정 간격으로 씌어져 있으면 "Fixed Width"를 선택하고, 공백, 탭, 콤마, 슬래시(/)와 같은 구분자로 나누어져 있으면 "Delimited"를 선택한다. 다음으로, 무시하고 넘어갈 행이 어떤 문자로 시작하는가(Comment string to Ignore)

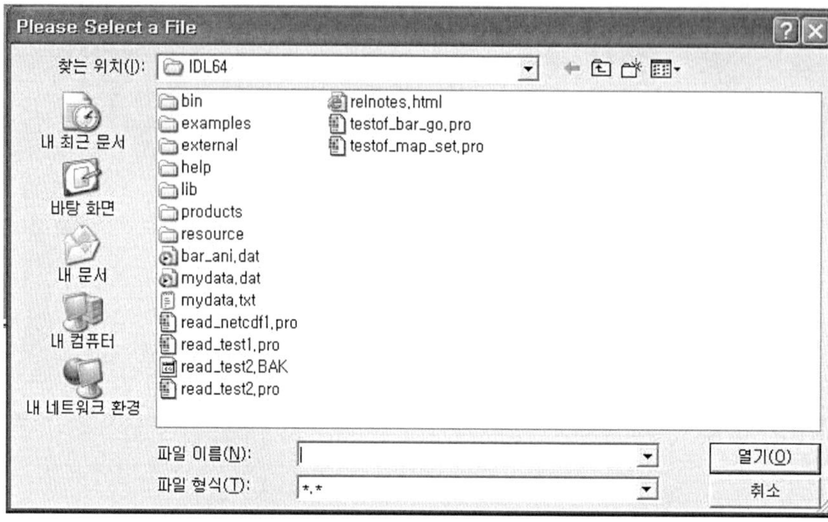

그림 14.1 ASCII_template 함수의 실행 결과

라는 항목에 해당 문자를 입력한다. 이에 대한 값은 비워 놓아도 된다. 마지막으로, 실제 데이터는 몇 번째 행에서 시작하는가(Data Starts at Line)라는 항목에 시작하고자 하는 행의 번호를 직접 입력하거나 시작 행을 마우스로 선택하여도 된다. 이 예에서는 각 데이터가 탭으로 구분되어 있고 3째 행부터 실제데이터가 시작한다. 이 단계의 입력이 모두 끝나면 "Next" 버튼을 클릭한다.

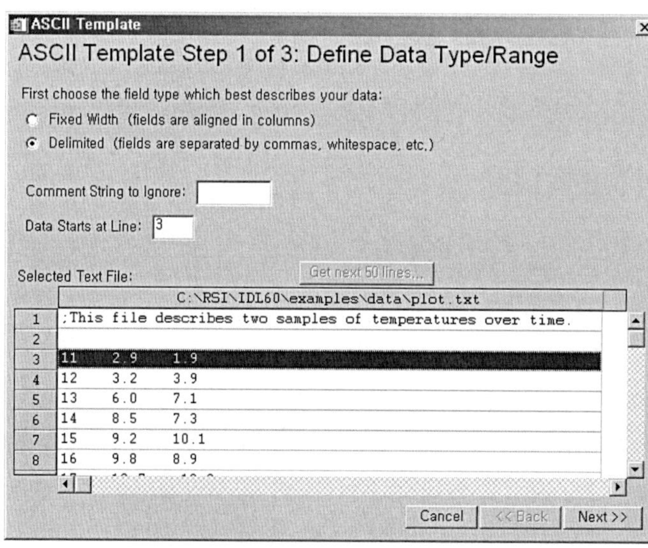

그림 14.2 ASCIIi_template step 1 of 3

• **ASCII Template Step 2 of 3 : Define Delimiter/Fields**

이 단계는 그림 14.3과 같이 표출된다. 먼저, 각 행에 있는 데이터 필드의 개수(Number of Fields per Line)를 입력한다. 다음으로, 데이터 요소의 구분자(Delimiter Between Data Elements)를 선택한다. 마지막으로, 데이터가 없는 필드를 대치할 값을 선택한다. 이 예에서 데이터는 3개의 필드로 구성되어 있고, 구분자는 탭이며, 데이터가 없는 경우에 "IEEE NaN"으로 대치한다. 이 단계의 입력이 모두 끝나면 "Next" 버튼을 클릭한다.

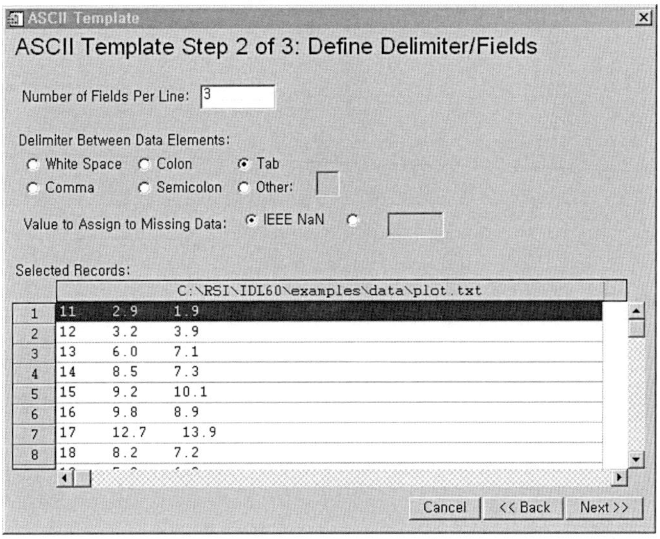

그림 14.3 ASCII_template step 2 of 3

• **ASCII Template Step 3 of 3 : Field Specification**

이 단계는 각 데이터 필드의 속성을 지정해 주는 단계로서 그림 14.4와 같이 표출된다. 각 필드의 이름과 변수형을 지정한다. 필드명은 기본적으로 FIELD1, FIELD2, FIELD3 등으로 설정된다. 선택이 모두 끝나면 "Finish" 버튼을 클릭한다.

앞의 3단계에서 데이터를 읽을 틀을 만든 후에, IDL 명령행에 다음과 같이 READ_ASCII 함수를 입력하여 데이터를 읽어 들인다.

```
IDL> data = read_ascii(template=temp)
```

다시 이전 파일을 선택하면 데이터 읽기가 끝난다. 여기서 읽어들인 데이터 내용을 보면 다음과 같이 구조체로 입력된 것을 알 수 있다.

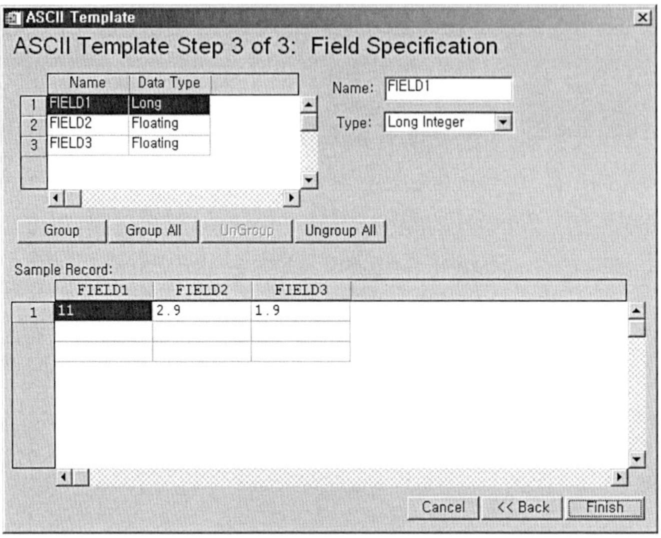

그림 14.4 ASCII_template Step 3 of 3

```
IDL> print, data
{         11          12          13          14          15
    2.90000     3.20000     6.00000     8.50000     9.20000
    1.90000     3.90000     7.10000     7.30000     10.1000
}
```

지금까지의 과정으로 입력된 데이터 파일은 다음의 예와 같이 구조체 문법에 따라 다양하게 활용할 수 있다.

```
IDL> print, data.field1
IDL> plot, data.field1, data.field2
IDL> oplot, data.field1, data.field3, linestyle=2
```

14.2 이진 파일 읽기

템플릿을 이용한 이진 파일 읽기는 IDL 명령행에서 다음과 같이 binary_template 함수를 입력하면 "Please Select a File"이란 제목의 창이 그림 14.5와 같이 나타난다. 이 창에서 열고자 하는 파일을 선택하고 더블클릭하거나 "열기"를 클릭하면 그림 14.6의 "Binary Template"로 넘어간다.

```
IDL> temp = binary_template()
```

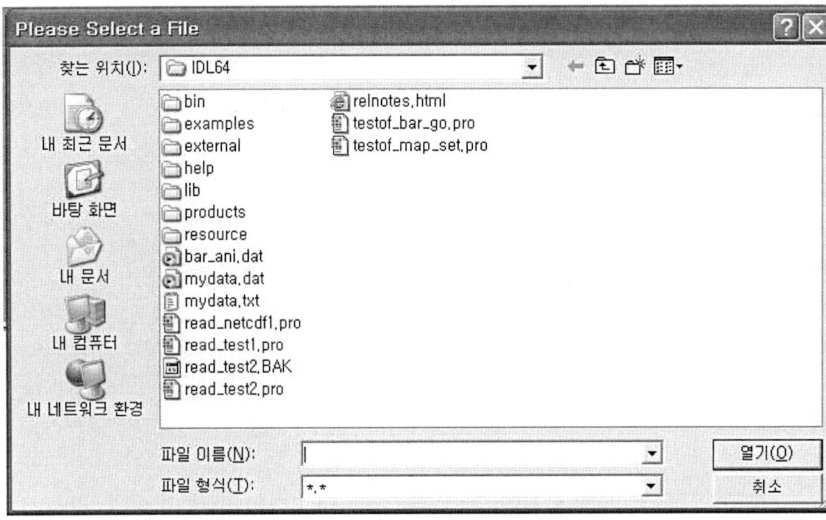

그림 14.5 Binary_template 함수의 실행 결과

그림 14.6의 "Binary Template"에서는 데이터 저장 형식을 모르기 때문에 새로운 필드를 설정해야 한다. "New Field" 버튼을 클릭하면 그림 14.7의 "New Field" 창이 뜬다.

New Field 창에서 Field name에 필드명을 입력한다. 이 때 지정하지 않으면 자동으로 '_'가 된다. Type을 선택하고 데이터 시작점을 설정한다. 데이터 시작점이 파일의 처음부터 시작할 경우에는 "From initial position in file"을 선택하며, 시작점이 파일의 처음이 아닐 경우에는 "From beginning of file"을 선택하고 Offset값을 입력한다. "Number of dimensions"에서 배열의 차원을 선택하고, 이 배열의 크기를 입력한 후에 "OK" 버튼을 클릭하면 된다. 위의 경우에는 읽으려는 데이터가 16비트 integer형 350×450의 2차원 배열이며, 파일의 처음부터 데이터가 시작된다.

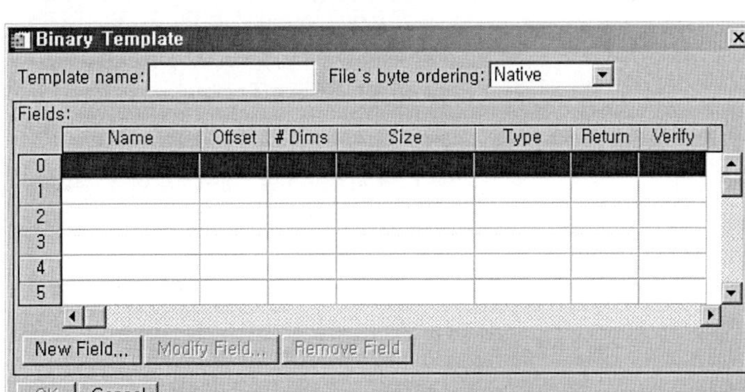

그림 14.6 필드가 설정되지 않은 상태

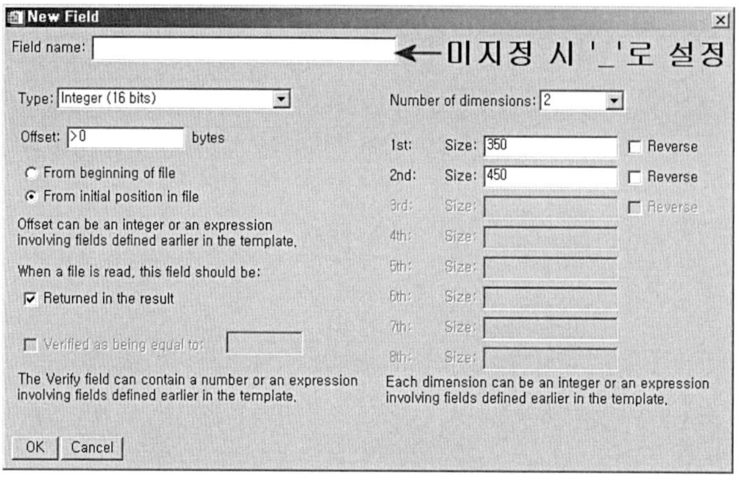

그림 14.7 New Field

데이터를 읽을 틀이 완성되면, 다음과 같이 read_binary 함수를 입력하여 데이터를 읽는다. 이 때, 데이터를 구조체 형태로 읽기 때문에 데이터에 접근하려면, "data.필드명"과 같이 필드 이름을 지정해 주어야 한다.

```
IDL> data = read_binary(template=temp)
```

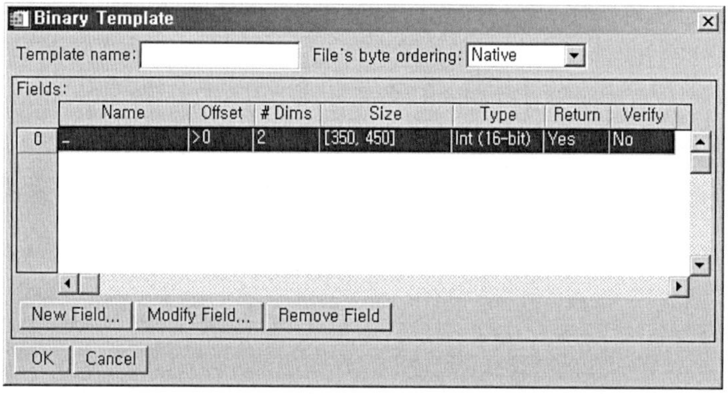

그림 14.8 Binary Template

지금까지 과정으로 입력된 데이터 파일은 다음 예와 같이 구조체 문법에 따라 다양하게 활용할 수 있다. 위의 예에서는 필드명이 "_"로 설정되었기 때문에 변수명이 "data._"이다

```
IDL> print, data._
IDL> shade_surf, data.
```

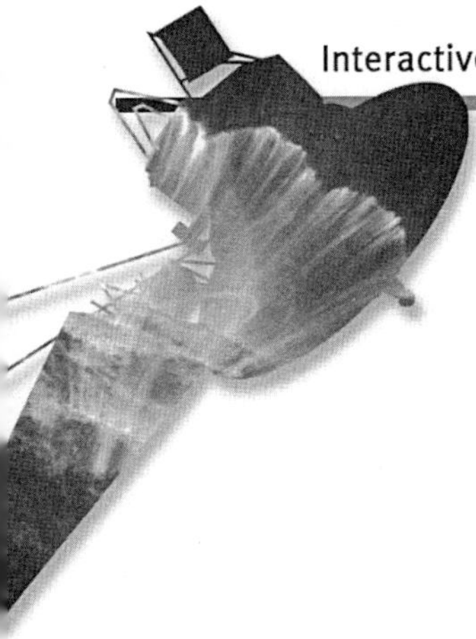

NetCDF 파일의 입출력

Chapter | 15

이진 파일은 데이터 포맷을 미리 알고 있어야 데이터를 해독할 수 있다. 이러한 이진 파일의 관계를 극복하기 위하여 여러 가지 과학적인 데이터 포맷이 개발되었다. NetCDF (Networked Common Data Form)도 그 중의 하나이다. NetCDF 포맷과 입출력에 관한 소프트웨어는 미국 UCAR(University Corporation for Atmospheric Research)의 University Data Program (Unidata)에서 개발되었다. 여기서는 NetCDF의 개요를 설명하고, NetCDF 파일의 읽기와 쓰기에 대해 설명한다.

15.1 NetCDF 개요

NetCDF는 배열을 많이 다루는 과학 데이터에서 입출력을 효율적으로 처리하기 위해 만든 포맷이다. NetCDF 파일은 자체 설명을 포함하고 있다. 다시 말해, 각 NetCDF 파일은 파일을 읽는데 필요한 정보를 함께 수록하고 있다. NetCDF 파일은 파일을 생성할 때 파일의 기본적인 정보에서부터 전반적인 설명까지 수록할 수 있는 파일 포맷이다.

NetCDF 파일은 IDL 배열과 같이 정방형 배열을 저장하기 위하여 만들어졌으며, 다양한 변수형의 데이터를 저장한다. 따라서 NetCDF 파일은 그 크기가 서로 다르거나 양이 불규칙한 데이터에는 적당하지 않다. NetCDF 포맷의 중요한 장점은 데이터와 함께, 데이터에 대한 설명 즉, 메타자료도 포함하고 있다는 것이다. 메타자료를 포함하고 있다는 것은 별도의 설명서나 파일 생성 프로그램없이 파일 자체에 포함된 정보만으로도 파일 내용을 파악할 수 있다는 것을 의미한다. NetCDF 파일을 생성할 때는 오래 기간이 지난 후에도 메타자료를 보고 데이터의 특성을 파악할 수 있도록 충분한 메타자료를 만들어야 한다.

NetCDF 파일의 기본 구성 집합체는 변수(variable), 속성(attribute), 차원(dimension) 등이다. 변수는 스칼라 또는 다차원 배열이다. NetCDF가 지원하는 IDL 변수형은 string, byte, int, float, 그리고 double이다. 속성은 변수나 파일 전체에 대한 보충 정보(단위, 유효범위, 변환인수 등)를 가진다. 변수 정보에 대한 속성이 변수 속성(variable attribute)이고, 파일 정보에 대한 속성이 전역 속성(global attribute)이다. 속성은 스칼라나 1차원 배열일 수 있고, IDL이 지원하는 변수형은 string, byte, int, long, float, 그리고 double이다. 차원은 1개 이상의 변수에 대한 크기를 기록하는 long형 스칼라이다. NetCDF 파일의 일반적인 구조는 다음 예와 같다.

표 15.1 NetCDF 파일의 일반적인 구조에 대한 예

```
Name:
      random.ncd
Dimensions:
      xsize = 1200
      ysize = 600
variables:
      byte image[xsize, ysize]
           long_name = 'Imager visible channel'
           units = 'Counts'
           valid_range = 0, 255
      double time[ysize]
           long_name = 'Seconds since 0000Z, Jan 1 2008
           units = 'seconds'
           valid_range = 0.0D+0, 10.0D+308
Global Attributes:
      title = 'GEO Image'
      history = 'Created Wed Jul 14 14:15:00  2008'
```

표 15.1의 random.nc 파일을 보면, xsize는 1200으로, ysize는 600으로 지정한다. 여기에는 변수로 image와 time이 있고, image는 크기가 1200×600인 byte형의 배열, time은 크기가 600인 double형 배열이다. 변수 image의 단위와 유효 범위는 각각 빈도수(count)

와 0~255이고, 변수 time의 단위와 유효 범위는 각각 초(second)와 0.0D+0 ~ 10.0D+308 이다. 전역 속성을 보면, 이 파일이 GEO 영상이고 2008년 7월에 만들어졌다는 것을 알 수 있다. NetCDF 파일을 읽고 쓰기 위한 일반적인 루틴은 표 15.2와 같다.

표 15.2 NetCDF 파일에 사용되는 루틴

이름	기능
ncdf_open( )	NetCDF 파일을 연다.
ncdf_close	NetCDF 파일을 닫는다.
ncdf_varid( )	변수 식별자를 되돌려 준다.
ncdf_varget	변수를 읽는다.
ncdf_attget	속성을 읽는다.
ncdf_inquire( )	파일 정보를 되돌려 준다.
ncdf_varinq( )	변수 정보를 되돌려 준다.
ncdf_attname( )	속성명을 되돌려 준다.
ncdf_create( )	NetCDF 파일을 생성한다.
ncdf_dimdef( )	차원을 생성한다.
ncdf_vardef( )	변수를 생성한다.
ncdf_attput	속성 데이터를 쓴다.
ncdf_control	정의 모드를 시작하거나 종료한다.
ncdf_varput	변수 데이터를 쓴다.

15.2 NetCDF 파일에서 변수 읽기

NetCDF 파일에서 변수는 변수명을 참조로 읽는다. 예를 들어, 다음 예와 같이 표 15.1의 random.ncd 파일에서 변수 image를 읽고 그린다.

```
PRO ReadNetCDF_example1
  filid = ncdf_open('random.ncd')
  varid = ncdf_varid(filid,'image')
  ncdf_varget, filid, varid, image_data, $
    offset=[600,0], count=[256,256], stride=[2,2]
  ncd_close, filid
  tvscl, data
END
```

위에서, 먼저 ncdf_open 함수로 파일을 열고 파일 식별자를 얻고, ncdf_varid 함수로 변수 image에 대한 변수 식별자를 얻는다. 다음으로, ncdf_varget 프러시저로 변수 전체를 읽어 들인 후에, ncdf_close 프러시저로 파일을 닫는다. 이렇게 읽어 들인 data는 tvscl로 그려진다. ncdf_varid 함수에 offset, count, stride 등의 키워드를 설정하여 NetCDF 파일의 일부를 읽는다. 이런 키워드가 없으면 파일 전체의 데이터를 읽는다.

- offset : 입력 변수에서 읽기 시작하는 배열 요소이며, 기본설정값은 처음에 해당하는 [0, 0, …, 0]이다.
- count : 입력 변수에서 읽어 들이는 요소 개수이며, 기본설정값은 offset 설정 위치에서 배열의 마지막 요소까지이다.
- stride : 입력 변수의 표본 수집 간격이며, 기본설정값은 모든 요소를 표본 수집하는 [1, 1, …, 1]이다.

위의 프로그램에서 "varid = ncdf_varid(filid, 'image')"와 "ncdf_varget, filid, varid, image_data, offset = [600,0], count = [256,256], stride = [2,2]"를 합쳐서 다음과 같이 하나로 쓸 수도 있다.

```
PRO ReadNetCDF_example2
  filid = ncdf_open('random.ncd')
  ncdf_varget, filid, 'image', image_data, $
    offset=[600,0], count=[256,256], stride=[2,2]
  ncd_close, filid
  tvscl, data
END
```

15.3 NetCDF 파일에서 속성 읽기

NetCDF에서 속성은 변수명을 참조로 읽는다. 다음 예와 같이 weather.ncd 파일에서 변수 precip와 관련된 변수 속성 "longname"을 읽는다. 또한, 키워드 global을 설정하여 전역 속성 "filetime"을 읽는다.

```
PRO ReadNetCDF_example3
  filid = ncdf_open('weather.ncd')
  varid = ncdf_varid(filid,'precip')
  ncdf_attget, filid, varid, 'longname', attvalue1
  ncdf_attget, filid,'filetime', attvalue2,/global
  ncdf_clode, filid
END
```

위 프로그램에서 먼저 ncdf_open 함수로 파일을 열고 파일 식별자를 얻고, ncdf_varid 함수로 변수 precip에 대한 변수 식별자를 얻는다. 다음으로, ncdf_attget 프러시저로 변수 precip와 관련된 변수 속성 "longname"을 읽는다. 그리고 마지막으로 ncdf_attget 프러시저에 키워드 global을 설정하여 전역 속성 "filetime"을 읽는다.

위의 프로그램에서 "varid = ncdf_varid(filid, 'precip')"와 "ncdf_attget, filid, varid, 'longname', attvalue1을 합쳐서 다음과 같이 하나로 쓸 수도 있다.

```
PRO ReadNetCDF_example4
  filid = ncdf_open('weather.ncd')
  ncdf_attget, filid, 'precip', 'longname', attvalue1
  ncdf_attget, filid,'filetime', attvalue2,/global
  ncdf_clode, filid
  xaxis = string(attvalue1)
  fname = string(attvalue2)
END
```

15.4 NetCDF 파일 쓰기

변수를 netCDF 파일로 쓰기 위해서는, 먼저 변수 이름과 향을 정의하고 나서 해당 변수의 값을 쓴다. 다음 예는, 예제 파일 ctscan.dat 파일을 netCDF 파일로 다시 쓰는 과정을 보여 준다.

일단 ctscan.dat 파일을 읽어 오는 과정은 다음과 같다.

```
IDL> file=filepath('ctscan.dat', subdir='examples₩data')
IDL> openr, lun, file, /get_lun
IDL> data=bytarr(256, 256)
IDL> readu, lun, data
IDL> free_lun, lun
```

새로운 netCDF 파일을 생성하고 다음과 같이 변수를 정의한다.

```
IDL> cdfid=ncdf_create('ctscan.nc', /clobber)
IDL> xdimid=ncdf_dimdef(cdfid, 'xdim', 256)
IDL> ydimid=ncdf_dimdef(cdfid, 'ydim', 256)
IDL> varid=ncdf_vardef(cdfid, 'image', $
IDL>  [xdimid, ydimid], /byte)
```

마지막으로, 속성과 데이터를 써 넣는다.

```
IDL> ncdf_attput, cdfid, varid, 'long_name', $
IDL>  'CT scan from IDL examples'
IDL> ncdf_attput, cdfid, 'creation_date', systime(), /global
IDL> ncdf_control, cdfid, /endef
IDL> ncdf_varput, cdfid, varid, data
IDL> ncdf_close, cdfid
```

이 예제에서, 파일은 ncdf_create 함수로 생성되었다. clobber 키워드는 만일 파일이 이미 존재할 경우 덮어 쓰도록 설정한다. ncdf_create로 새로운 netCDF 파일을 생성할 때에는 자동적으로 파일이 "정의" 모드로 설정되는데, 이 때에는 새로운 변수, 속성, 차원을 파일에 추가할 수 있다. 변수들의 차원은 ncdf_dimdef 함수를 이용하여 정의되며 이 정의는 여러 변수에 의해 공유될 수 있다. 위 예에서 image 변수는 xdimid와 ydimid

로 제공되는, 이미 정의된 차원으로 생성되었다. ncdf_vardef를 호출할 때, 데이터 형(예를 들면, /byte)을 지정하지 않는다면, 기본형은 실수형(float)이 된다. 변수 속성 long_name을 이용하여 image 변수의 내용에 대해 설명하고, 전역 속성 creation_date를 추가하였다. 모든 정의 절차가 완료되면, ncdf_control 프로시저를 이용하여 정의 모드를 종료하고 데이터 모드로 넘어간다(파일의 변수에 값을 쓰는 것은 데이터 모드에서 진행된다). 마지막으로 파일의 변수에 ncdf_varput으로 값을 쓰고 나면, 파일을 닫는다.

표 15.3 NetCDF에서 널리 사용하는 표준 속성

속성 이름	정의
long_name	변수를 상세하게 서술하는 문자열(예, 'Vertical Velocity')
units	변수의 단위를 설명하는 문자열(예, 'meter/second')
valid_range	변수의 최소값과 최대값을 나타내는 2개 요소의 배열. 이 속성의 형은 변수형과 동일해야 한다(예, [0.0, 100.0])
scale_factor	변수를 읽은 후에 그 변수에 적용되는 곱셈수. 이 속성의 형은 척도가 없는 변수형과 동일해야 한다. (예, float 값을 short 또는 byte로 저장)
add_offset	변수를 읽고 scale_factor가 적용된 후에 그 변수에 더하거나 빼는 특정값. 이 속성의 형은 없는 척도가 없는 변수형과 동일해야 한다.

제 3 부

그래픽 출력

그래픽 출력의 기초

Chapter | 16

IDL은 데이터 분석과 그래픽 표출이 밀접하게 연결되어 있어 데이터를 분석하고 곧바로 그 결과를 시각화할 수 있다. 이러한 장점을 충분히 활용하기 위해서는 IDL 그래픽 출력에 대한 기초를 충분히 이해할 필요가 있다. IDL에서 그래픽은 그래픽스 디바이스(graphics device) 선택, 표시 모드(display mode) 선택, 그리고 색 모델(color model) 선택의 과정을 거친 후에 데이터 분석 결과를 표출하는 과정으로 이루어진다. 여기서는 그래픽을 생성하기 전에 설정해야 하는 그래픽스 디바이스, 표시 모드, 그리고 색 모델에 대해 설명한다.

16.1 그래픽스 디바이스의 선택과 환경 설정

IDL은 직접 그래픽스 시스템(Direct Graphics System)으로 그래픽스 디바이스에 접근하여 그래픽을 출력한다. 직접 그래픽스 시스템은 운영체제의 클라이언트 프로그램이 화면 픽셀의 농도나 색에 해당하는 값을 프레임 버퍼*에게 전달하여 화면에 그래픽을 그린다.

직접 그래픽스 시스템은 화면, 파일, 프린터, 메모리 중에서 선택한 디바이스로 그래픽을 출력하고 그래픽 내용을 따로 기억해두지 않는다. 예를 들어, 어떤 그래픽을 WINDOWS 디바이스로 표출하고 다시 포스트스크립트(PostScript) 파일로 저장할 경우

* 화면에 나타날 영상 정보를 일시적으로 저장하는 기억장치. 그래픽 프로세서가 중앙처리장치로부터 그래픽을 표현하는 표시 목록(display list)을 받아 변환하여 프레임 버퍼에 기록한다. 프레임 버퍼의 각 기억 단위는 화면 픽셀에 하나씩 대응하여 화면에 그대로 반영된다.

에는 WINDOWS 디바이스로 그래픽을 출력한 후에 포스트스크립트 디바이스로 전환하고 그래픽을 다시 생성·출력해야 한다. 이 그래픽스 시스템은 IDL 명령행과 IDL 프로그램에서 빠르고 쉽게 사용할 수 있다. 또한, 포스트스크립트와 같은 프린터 디바이스를 지원하기 때문에 고품질의 그래픽을 출력할 수 있다. IDL의 직접 그래픽스 시스템에서 지원하는 그래픽스 디바이스는 표 16.1과 같다.

표 16.1 IDL의 직접 그래픽스 시스템에서 지원하는 그래픽스 디바이스

디바이스 유형	디바이스 이름	디바이스 설명
화면 표시	WIN	WINDOWS
	MAC	Mac
	X	UNIX/Linux X-Windows
파일	PS	PostScript
	METAFILE	WINDOWS Enhanced Metafile IDL 5.4 이상과 WINDOWS에서 사용 할 수 있다.
	CGM	Computer Graphics Metafile 문숫자, 이진, NCAR 이진 방식으로 암호화 한다.
	PCL	HP Page Control Language 형식 HP 레이저/잉크젯 프린터에 적합하다.
	HP	HP Graphics Language 형식 HP-GL 펜 플러터에 적합하다.
프린터	PRINTER	파일을 생성하지 않고, 로컬 프린터로 직접 송신·출력한다.
메모리	Z	Z-Graphics Buffer
	NULL	공백 디바이스(출력 없음)

IDL에서 그래픽을 화면, 파일, 프린터, 또는 메모리로 출력하기 위해서는 먼저, 그래픽스 디바이스를 선택하고, 다음으로 그래픽스 디바이스 환경을 설정해야 한다. 그래픽 출력을 위한 그래픽스 디바이스는 다음과 같이 설정한다.

```
set_plot, '그래픽스 디바이스 이름'
```

여기서 그래픽스 디바이스 이름에는 표 16.1에 제시된 WIN, MAC, X, PS 등을 대입한다. 다음 예와 같이, 그래픽스 디바이스를 WIN으로 지정하면 그 결과가 화면의 윈도에 표시된다.

```
IDL> set_plot, 'WIN'
IDL> plot, indgen(10)
```

IDL에서 화면 표시가 디폴트 그래픽스 디바이스로 설정되어 있기 때문에, 특별한 그래픽스 디바이스를 설정하지 않아도 화면의 윈도로 그래픽이 나타난다.

```
IDL> plot, indgen(10)
```

선택된 그래픽스 디바이스에서 device 프러시저를 사용하여 그래픽스 디바이스 환경을 섬세하게 조정할 수 있다. device 프러시저는 다음과 같이 설정한다.

```
device, 키워드1, 키워드2,...키워드n
```

여기서 프러시저에 사용하는 키워드는 표 16.2와 같으며, 이에 대한 자세한 내용은 뒤에서 설명한다. 그래픽 디바이스 환경은 다음 예와 같이 설정한다.

```
IDL> set_plot='WIN'
IDL> device, decomposed=0
```

표 16.2 그래픽스 디바이스 환경의 설정에 사용되는 디바이스 키워드

키워드	기능	지원 디바이스 이름
retain	여러 개 창이 서로 앞뒤로 겹칠 때 가려졌던 그래픽 창의 내용을 재생하는 방법을 결정한다.	WIN, MAC, X
decomposed	그래픽스 디바이스에서 분해 색(decomposed color)이나 색상표(color table)의 적용 여부를 설정한다.	WIN, MAC, X
set_character_size	그래픽 글자의 크기를 설정한다.	모든 디바이스
pseudo_color	8비트 모드 설정	MAC, X
index_color	8비트 모드 설정	PRINTER, METAFILE
true_color	24비트 모드 설정	MAC, X, PRINTER, METAFILE

이미 그려진 그래픽을 현재 그래픽스 디바이스에서 다른 그래픽스 디바이스로 출력하기 위해서는 다음 예와 같이 device 프러시저로 그래픽스 디바이스를 전환하고 그래픽 생성을 다시 실행해야 한다.

```
IDL> set_plot, 'WIN' ; 그래픽 디바이스 WIN 설정
IDL> plot, indgen(10)
IDL> device, /close_file ; 그래픽스 디바이스 WIN 종료
IDL> set_plot, 'PS' ; 새로 그래픽스 디바이스 PS 설정
IDL> plot, indgen(10)
```

16.2 색 모델 선택

IDL은 두 가지 색 모델, 즉 ICM(Indexed Color Model)과 DCM(Decomposed Color Model)으로 그래픽의 색을 표시한다.

ICM은 IDL에서 가장 널리 사용되는 색 모델로서, 최대 256(2^8)가지의 색을 가진 색상표를 사용하여 픽셀의 색을 지정한다. 이 색상표의 등재번호는 0~255이며, 각 등재번호에는 표 16.3과 같이 빨강/초록/파랑(RGB) 색에 대한 지수가 포함되어 있다. ICM이 적용되면 픽셀의 농도는 색상표의 등재번호로 대치되고, 이 번호가 픽셀에 표시되는 색을 결정한다. 따라서 어떤 색을 가진 그래픽을 생성하기 위해서는 먼저, 원하는 색상표를

표 16.3 ICM의 색 체계의 예

등재번호	RED	GREEN	BLUE
0	0	255	200
1	10	254	200
2	20	253	200
.	.	.	.
.	.	.	.
253	253	2	200
254	254	1	200
255	255	0	200

그래픽 출력 장치

Chapter | 17

IDL에서 그래픽스 디바이스를 선택하고 그래픽을 출력하면 그 결과가 화면의 윈도, 포스트스크립트(PostScript) 파일, 혹은 프린터로 출력된다. 여기서는 그래픽 출력 장치를 섬세하게 조정하여 원하는 형태의 출력을 얻는 방법에 대해 설명한다.

17.1 윈도 출력

그래픽스 디바이스로 WIN, MAC, X 등이 선택되면, 그래픽은 컴퓨터 화면의 윈도로 출력된다. 그래픽 윈도에 사용되는 프러시저는 표 17.1과 같다.

표 17.1 그래픽 윈도에 사용되는 프러시저

이름	기능
window	새로운 그래픽 윈도를 생성한다.
wset	기존 그래픽 윈도를 현재 윈도로 설정한다.
wshow	기존 그래픽 윈도를 앞으로 내세우거나 뒤로 숨기고 아이콘으로 만든다.
wdelete	기존 그래픽 윈도를 닫는다.
erase	기존 그래픽 윈도의 내용을 지운다.

window 프러시저는 다음 형식으로 호출하여 새로운 그래픽 윈도를 생성하고 연다.

```
window, [지수번호],[xsize=xs, ysize=ys, xpos=xp, ypos=yp],
        [retain=0,1,2]
```

여기서 지수번호는 윈도의 번호로서 0~31이다. 키워드 xsize, ysize, xpos, ypos 등은 그림 17.1에 따른 윈도의 크기와 좌측상단 위치에 대한 값(픽셀)이다. xsize는 윈도의 x축 크기, ysize는 윈도의 y축 크기이고, xpos와 ypos는 전체 화면에서 각각 윈도의 x축에 대한 위치와 y축에 대한 위치이다. 키워드 retain은 0, 1, 2 중에 하나로 지정하며, 0은 그래픽 윈도의 내용을 보존하지 않음을, retain=1은 운영체제가 내용을 보존함을, retain=2는 IDL이 내용을 보존함을 의미한다.

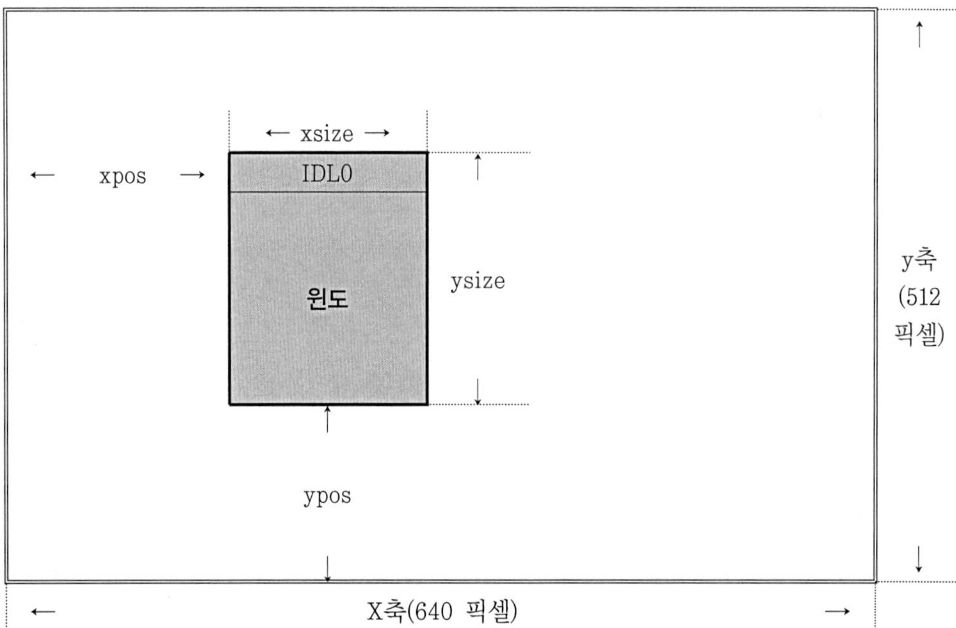

그림 17.1 그래픽 윈도의 크기와 위치에 대한 좌표 체계

window를 지수번호없이 입력하면 새로운 윈도가 생성된다. 지수번호를 지정하지 않으면 지수번호는 0으로 설정된다.

```
IDL> Window
IDL> plot, indgen(10)
```

window에 지수번호를 지정하면 그 지수번호로 새로운 윈도가 생성된다. 이 때 이미 같은 지수번호의 그래픽 윈도가 존재하면, 기존 윈도를 지우고 새로운 윈도를 연다.

```
IDL> Window, 1
IDL> plot, indgen(10)
```

새로운 윈도의 지수번호가 이미 열려 있는 기존 윈도의 지수번호와 중복될 것이 걱정되면 다음과 같이 /free 키워드를 사용한다. 이런 경우에는 현재 사용하고 있는 않는 지수번호로 그래픽 윈도를 연다.

```
IDL> window, /free
IDL> plot, indgen(10)
```

현재 윈도의 지수번호는 시스템 변수 !d.window에 저장되어 있다. 이 변수를 이용하면 현재 윈도의 지수번호를 알 수 있다.

```
IDL> plot, findgen(100)
IDL> print, !d.window      ; 현재 윈도의 지수번호 출력
 0
```

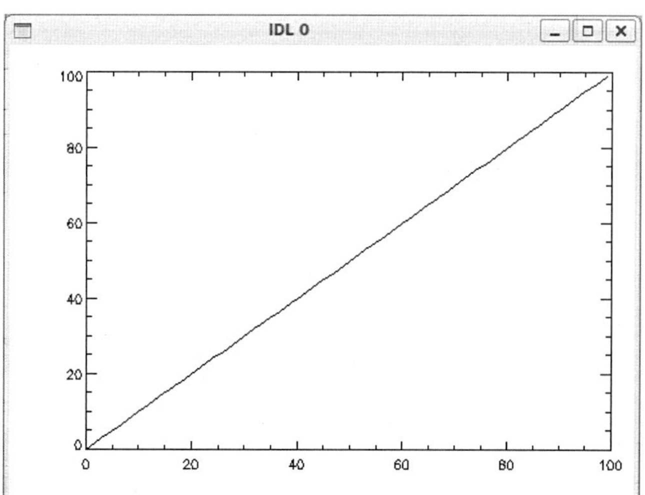

그림 17.2 호출한 그래픽 윈도의 모양

window 프러시저로 호출한 윈도는 그림 17.2와 같이 디폴트 설정에 따라 크기가 결정되고 제목이 "IDL+지수번호"로 붙여진다. 다음과 같이 xsize, ysize, xpos, ypos, title 등의 키워드를 사용하여 윈도의 크기, 위치, 제목 등으로 윈도를 생성할 수 있다. idlde의

File 메뉴 / Preference / Graphics에서도(IDL 7.0에서는 창 / 환경설정 / IDL / 그래픽) 윈도의 크기와 위치에 대한 디폴트를 설정할 수 있다.

```
IDL> window, 3, xsize = 300, ysize = 400 ;윈도 크기 지정
IDL> window, 3, xpos = 300, ypos = 400   ;윈도 위치 지정
IDL> window, 3, title = 'New Image'      ;윈도 제목 지정
```

그래픽 윈도를 여러 개 생성하면 가장 나중에 열린 윈도가 현재 윈도가 되고, 그래픽은 현재 윈도로 출력된다. 따라서 그래픽 윈도가 여러 개 열려 있을 때 특정한 그래픽 윈도를 지정하지 않고 출력하면 현재 윈도에 출력된다. 현재 윈도가 아닌 특정한 윈도로 그래픽을 출력하고 싶을 경우에 wset 프러시저로 특정 윈도를 현재 윈도로 지정해주어야 한다. wset 프러시저는 다음 형식으로 호출한다.

```
wset, 지수번호
```

여기서 지수번호는 현재 윈도로 지정하고자 하는 윈도의 지수번호이다. 다음 예는 window 1에 사인파 그래프를 출력한 후에, 현재 윈도를 window 0으로 변경하고 그 윈도에 코사인파 그래프를 출력한다.

```
IDL> window, 0
IDL> window, 1
IDL> plot, sin(findgen(100)*0.1)
IDL> wset, 0
IDL> plot, cos(findgen(100)*0.1)
```

윈도가 여러 개 열려 있거나 다른 응용프로그램 창이 열려 있는 경우, 그래픽 윈도가 뒤로 가려질 수 있다. 이럴 경우에 wshow 프러시저로 원하는 윈도를 앞으로 내세운다. wshow는 기존 그래픽 윈도를 앞으로 내세우거나 뒤로 숨기고 아이콘으로 만들며, 다음 형식으로 호출한다.

```
wshow, 지수번호, [0/1], [/iconic]
```

여기서 지수번호는 앞으로 내세우고자 하는 윈도의 지수번호이다. 인수 0 또는 1은 윈도를 화면상에서 감추거나 나타나게 한다. 0이면 윈도가 감춰지고 1(디폴트)이면 윈도가 나타난다. 감춰진 윈도로 그래픽을 출력할 수 있다. 키워드 /iconic을 설정하면 기존 윈

도가 아이콘으로 된다.

```
IDL> window, 0
IDL> window, 1
IDL> wshow, 0 ; 윈도 감추기
IDL> wshow, 0, 0 ; 윈도 지우기
IDL> wshow, 1, /iconic ; 윈도를 아이콘으로 만들기
```

wdelete 프러시저는 열려 있는 그래픽 윈도를 닫으며, 다음 형식으로 호출한다.

```
wdelete, 지수번호
```

여기서 지수번호는 지우고자(닫고자) 하는 윈도의 지수번호이다. 시스템 변수 !d.window를 사용하여 열려있는 모든 윈도를 닫을 수 있다.

```
IDL> wdelete, 1 ; 지수번호 1 윈도 창 닫기
IDL> while (!d.window ge 0) do wdelete,!d.window ; 모든 창 닫기
```

erase 프러시저는 기존 그래픽 윈도의 내용을 지우며, 다음 형식으로 호출한다.

```
erase, [색상표 지수]
```

여기서 색상표 지수는 윈도가 사용하는 색상표의 지수이다. 보통 윈도 색상표에서 흰색으로 최대 지수값이 지정된다. 이런 경우에 윈도에서 흰색 배경으로 지울 수 있다.

```
IDL> erase ; 윈도 내용의 지우기
IDL> erase, !d.table_size-1 ; 윈도를 흰색 배경으로 지우기
```

어떤 경우에는 그래픽 윈도가 다른 윈도로 가려졌다가 다시 보이거나 혹은 감추어졌다가 다시 보일 때 그래픽 내용이 지워지는 경우가 있다. 이것은 device의 retain 키워드와 관계가 있다. idlde 환경에서 retain=0은 그래픽 윈도의 내용을 보존하지 않음을, retain=1은 운영체제가 내용을 보존함을, retain=2는 IDL이 내용을 보존함을 의미한다. 디폴트는 1로 운영체제가 그래픽 윈도의 내용을 보존한다. MS-WINDOWS는 그래픽 윈도의 내용을 보존하는 것이 기본이기 때문에 retain=1로 설정해도 그래픽 윈도의 내용이 보존된다. X-window는 그래픽 윈도의 내용을 보존하지 않는 것이 기본 설정되어 있기 때문에, retain=1일 경우 내용이 지워진다. 따라서 다음과 같이 retain=2로 설정해야 한

다. idlde 환경의 File 메뉴에서 Preference/Graphics에서(7.0에서는 창/환경설정/IDL/그래픽) Backing Store를 설정할 수도 있다.

```
IDL> device, retain = 2
```

윈도를 열 때 그래픽 내용을 보존유지하기 위해서는 다음과 같이 지정한다.

```
IDL> window, 0, retain = 2
```

17.2 포스트스크립트 출력

포스트스크립트는 과학자들이 가장 일반적으로 사용하는 벡터 출력 형식이다. 이 형식은 많은 프린터와 호환성이 있고 일반적인 워드프로세서로 쉽게 삽입하여 사용할 수 있다. 포스트스크립트 파일을 출력하기 위해서는 포스트스크립트 출력 기능을 가진 프린터가 있거나 포스트스크립트 파일을 출력할 수 있는 응용 프로그램(예, GSview, Ghostscript)이 있어야 한다.

IDL에서 포스트스크립트 출력을 생성하기 위해서는 먼저, set_plot 프러시저로 PS 디바이스를 설정한다. 다음으로 포스트스크립트 옵션과 출력 파일명을 device 프러시저로 설정한다. 그래픽을 생성하고 포스트스크립트 파일이 생성 완료되면 device, /close 키워드로 출력 버퍼를 파일에 뿌려 준 후 출력 파일을 닫는다. 이 때, 출력 파일명을 따로 설정하지 않으면 디폴트 파일명 "idl.ps"가 설정된다.

```
IDL> set_plot, 'PS' ; PS 디바이스 설정
IDL> device, filename='test.ps' ; 출력 파일명 설정
IDL> plot, findgen(100) ; 그림 생성
IDL> oplot, 100-findgen(100)
IDL> device, /close_file ; PS 디바이스 닫기
```

포스트스크립트 디바이스를 설정한 다음에는 표 17.2의 device 키워드를 사용하여 용지 방향, 그림 영역의 크기, 오프셋, 폰트 크기, 그리고 컬러 출력을 설정해야 한다.

표 17.2 PS 디바이스를 위한 device 키워드

이름	기능
filename	출력 파일명을 설정한다(디폴트 idl.ps).
/portrait	용지 방향을 세로로 설정한다(디폴트).
/landscape	용지 방향을 가로로 설정한다.
/color	컬러 출력을 선택한다(디폴트 그레이스케일). 0 : 흑백/그레이스케일, 1 : 컬러
bits_per_pixel	픽셀 당 비트 수를 설정한다(디폴트 4).
xsize	그림 영역의 폭을 설정한다.
ysize	그림 영역의 높이를 설정한다.
xoffset	용지의 왼쪽으로부터 그림 영역까지의 오프셋을 설정한다.
yoffset	용지의 밑쪽으로부터 그림 영역까지의 오프셋을 설정한다.
/inches	용지 크기와 오프셋의 단위를 인치로 설정한다(디폴트 cm).
font_size	폰트 크기를 설정한다(디폴트 12 포인트).
/close_file	출력 파일을 완료하고 닫는다.

표 17.2로 설정한 포스트스크립트 디바이스는 IDL을 종료하거나 다른 설정으로 변경하기 전까지는 그 설정이 그대로 유지된다. 따라서 포스트스크립트 디바이스가 아닌 다른 환경으로 설정하기 위해서는 IDL을 종료하거나 새로운 설정으로 변경해야 한다.

포스트스크립트에서 용지 방향, 그림 영역, 오프셋의 설정에 사용되는 키워드에 대한 정의는 그림 17.3에서 알 수 있다. 세로 용지에서의 오프셋(xoffset, yoffset)과 그림 영역(xsize, ysize)의 기준점은 왼쪽 하단이고, 가로 용지에서도 오프셋(xoffset, yoffset)과 그림 영역(xsize, ysize)의 기준점은 왼쪽 하단이다.

포스트스크립트 디바이스에서 device 프러시저로 그림 영역을 설정하기 위해서는 먼저, device 프러시저로 출력 파일명과 용지 방향(Portrait 또는 Landscape)을 선정하고, 다시 device 프러시저로 xsize, ysize, xoffset, yoffset을 설정해야 한다.

```
IDL> set_plot, 'PS'
IDL> device, filename='test.ps', /portrait
IDL> device, xsize=6.5, ysize=5.5, $
IDL>        xoffset=0.75, yoffset=0.67, /inches
IDL> plot, findgen(100)
IDL> oplot, 100-findgen(100)
IDL> device, /close_file
```

이 때, 위와 같이 xoffset과 yoffset를 직접 입력하는 것보다 일정한 수식으로 입력하면 편리하다. 세로 용지의 경우에 xoffset = (page width - xsize) × 0.5, yoffset = (page height - ysize) × 0.5로, 가로 용지의 경우에 xoffset = (page height - ysize) × 0.5, yoffset = (page height - xsize) × 0.5 + xsize로 입력한다. A4 용지는 폭이 21.0 cm(8.5 inch), 높이가 29.7 cm(11.0 inch)이다.

포스트스크립트 디바이스에서 흑백, 그레이스케일, 컬러의 출력은 device에 키워드 color와 bit_per_pixel를 사용하여 설정한다. color=0이면 흑백이나 그레이스케일 출력이고, color=1이면 컬러 출력이다. 픽셀 당 비트 심도(bit_per_pixel)로는 1, 2, 4, 8비트를 설정할 수 있다. 그래픽 출력의 디폴트 모드는 그레이스케일과 픽셀 당 4비트 심도로서 다음과 같이 설정한다.

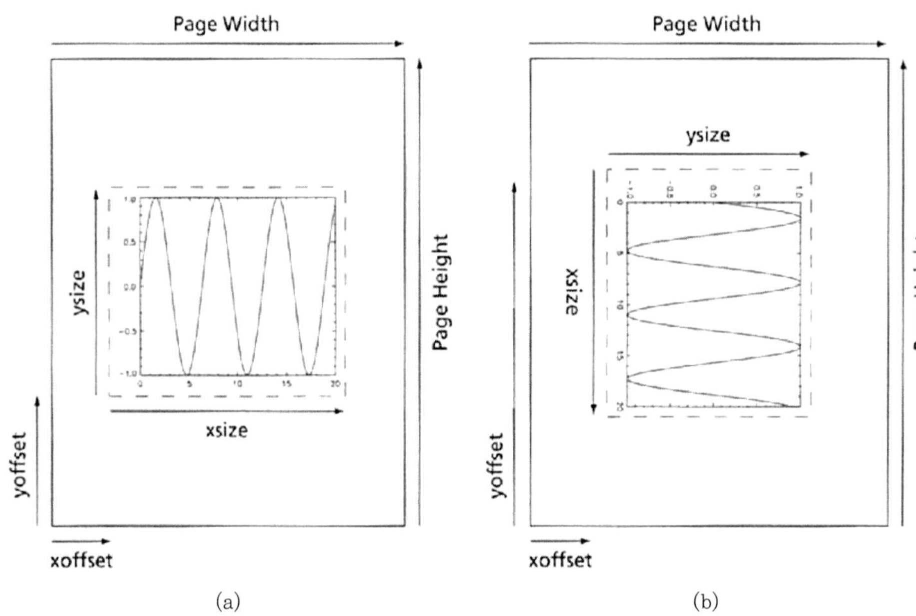

그림 17.3 포스트스크립트 디바이스의 (a) 세로 용지(portrait)와 (b) 가로 용지(landscape) 모드

```
IDL>  device color=0, bit_per_pixel=4
```

흑백 그래픽의 출력인 경우에 color=0, bit_per_pixel=1이다. 그러나 흑백, 그레이스케일, 컬러 등의 출력을 동시에 사용할 수 있도록 픽셀 당 8비트 컬러 모드로 설정하는 것이 편리하다. 이 때, 컬러 PS 출력은 의사 색상(pseudo color)을 사용하여 256가지 색으로 표현한다.

```
IDL> device, /color, bits_per_pixel=8
```

포스트스크립트 디바이스에서는 벡터(vetor) 폰트, 트루타입(True Type) 폰트, 디바이스(device) 폰트의 3종류 폰트를 지원한다. 폰트 설정은 device, xyouts, plot, contour, surface, axis 프러시저에서 키워드 font로 이루어지며, font = -1이면 벡터, font = 1이면 트루타입, font = 0이면 디바이스 폰트에 해당된다. 이러한 프러시저에서 font 키워드를 사용하면, 그 프러시저로 그려진 그림에 한해서만 폰트설정이 적용된다. 그러나 만약 device 프러시저에서 font 키워드를 사용한다면, 이 폰트 설정은 그림을 그리는데 사용된 모든 해당 프러시저에 적용된다.

디바이스 폰트를 사용하기 위해서는 먼저 device 프러시저에서 세부적인 설정 키워드들을 사용해야 한다. 예를 들면, 폰트의 종류는 helvetica, times, palatino 키워드로 설정되고, 그 외에 font_size, bold, italic과 같은 키워드로 세부설정을 하면 된다. 그 다음 실제로 plot, xyouts 등과 같은 프러시저에서는 font 키워드를 0으로 설정하면서 사용하면 된다. 그 예문은 다음과 같다.

```
IDL> ini_dev = !d.name
IDL> set_plot, 'ps'
IDL> device, filename='test.ps'
IDL> device, /times, font_size=20
IDL> xyouts, 0.5, 0.8, 'Times', /normal, font=0, CHARSIZE=3
IDL> device, /helvetica, /bold
IDL> xyouts, 0.5, 0.6, 'Helvetica Bold', /normal, font=0
IDL> device, /palatino, /italic
IDL> xyouts, 0.5, 0.4, 'Palatino Italic', /normal, font=0
IDL> device, /close_file
IDL> set_plot, ini_dev
```

그림 17.4 포스트 스크립트에서 구현 가능한 디바이스 폰트의 예

트루타입 폰트를 사용하기 위해서는 먼저 device 프러시저에서 세부적인 설정 키워드들을 사용해야한다. 예를 들면, 폰트의 종류는 set_font 키워드에 helvetica, times, palatino 폰트명을 부여하고 tt_font 키워드를 함께 설정해준다. 그 다음 실제로 plot, xyouts 프러시저에서 font 키워드를 1로 설정하면서 사용하면 된다. 그 예문은 다음과 같다.

```
IDL> ini_dev = !d.name
IDL> set_plot, 'ps'
IDL> device, filename='test.ps'
IDL> device, set_font='Times', /tt_font
IDL> xyouts, 0.5, 0.8, 'Times', /normal, font=1, CHARSIZE=3
IDL> device, set_font='Helvetica Bold', /tt_font
IDL> xyouts, 0.5, 0.6, 'Helvetica Bold', /normal, font=1,
CHARSIZE=2
IDL> device, set_font='Times Italic', /tt_font
IDL> xyouts, 0.5, 0.4, 'Times Italic', /normal, font=1,
CHARSIZE=2
IDL> device, /close_file
IDL> set_plot, ini_dev
```

그림 17.5 포스트 스크립트에서 구현 가능한 트루타입 폰트의 예

봉입된 포스트스크립트(Encapsulated PS)* 파일은 Latex, Microsoft Word, 흔글 등의 워드프로세서에 그대로 삽입하여 고품질의 출력을 수행한다. EPS 파일을 생성하기 위해서는 device 프러시저에 /encapsulated를 설정해야 한다.

* 포스트스크립트를 프린터로 출력하기 위한 문서나 이미지의 교환을 위한 파일 형식. 봉입된 포스트스크립트 파일은 파일 속에 단일 페이지의 출력에 필요한 요소가 모두 포함되어 있다.

```
IDL> set_plot, 'PS'
IDL> device, filename='eps_test.eps'
IDL> device, /encapsulated
IDL> x=findgen(200)*0.1
IDL> plot, x, sin(x)
```

X-Window를 사용하는 UNIX 시스템에서 포스트스크립트 출력을 선택할 수 있는 루틴을 사용하면 편리하게 포스트스크립트 파일을 생성하고 출력할 수 있다.

```
setplot='X'
Read, 'setplot : X or PS ?', setplot
If setplot eq 'PS' then begin
  set_plot, 'ps'
  device, /landscape, /color, /inches, xoffset=1.0, bit=8, $
          filename='psout.ps'
Endif
```

여기에 다음 루틴을 추가하면, 생성된 포스트스크립트 파일을 프린터로 자동 출력하게 할 수 있다.

```
IDL> If setplot eq 'ps' then spawn,'lpr psouts.ps'
IDL> device, /close_file
```

윈도의 Y:X 화면비는 보통 0.7~0.8이어서 윈도에서 보는 그래픽 크기와 실제 출력된 하드카피의 그래픽 크기가 서로 다르다. 이는 다음과 같이 화면비를 조정하는 루틴을 사용하면 화면에서 보는 크기 그대로 출력할 수 있다.

```
IDL> aspect_ratio = float(!d.y_vsize) / !d.x_vsize
IDL> this_device = !d.name
IDL> set_plot, 'PS'
IDL> device, xsize = 5, ysize = 5*aspect_ratio,/inches
IDL> plot, x, y
IDL> device, /close_file
IDL> set_plot, this_device
```

17.3 프린터 출력

그래픽스 디바이스로 PRINTER를 선택하면, IDL은 이미 정해진 형식에 따라 그래픽 출력을 프린터로 직접 보내게 한다. 이러한 프린터 출력은 포스트스크립트 파일의 출력 기능이 없는 프린터에서 고품질의 출력을 얻고자 할 때 사용된다.

프린터 디바이스로 그래픽 출력하기 위해서는 먼저, set_plot 프러시저로 PRINTER 디바이스를 설정하고, 다음으로 그래픽을 생성하고, 마지막으로 출력을 프린터 디바이스 보낸다.

```
IDL> set_plot, 'PRINTER'
IDL> plot, findgen(100)
IDL> oplot, 100-findgen(100)
IDL> device, /close_document
```

여기서 그래픽 출력은 WINDOWS와 MacOS의 경우에 디폴트 프린터로, UNIX 경우에 xprinter.eps라는 포스트스크립트 파일로 보내진다.

디폴트 프린터가 아닌 다른 프린터로 그래픽을 출력하기 위해서는 다음과 같이 dialog_printersetup( )함수를 호출해야 한다.

```
IDL> result = dialog_printersetup( )
```

이렇게 호출하면, 운영체제에 따라 그림 17.6과 같이 프린터 옵션을 설정하는 프린터 다이얼로그가 뜬다. 그리고 여기서 프린터 종류, 출력 분해능 등을 선택하면 된다. 위에서 result에는 프린터 설정이 제대로 수행 되었으면 1이, 그렇지 않으면 0이 반환된다.

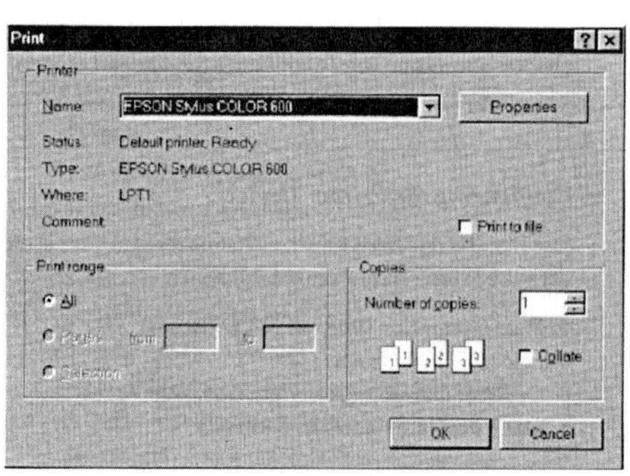

(a)

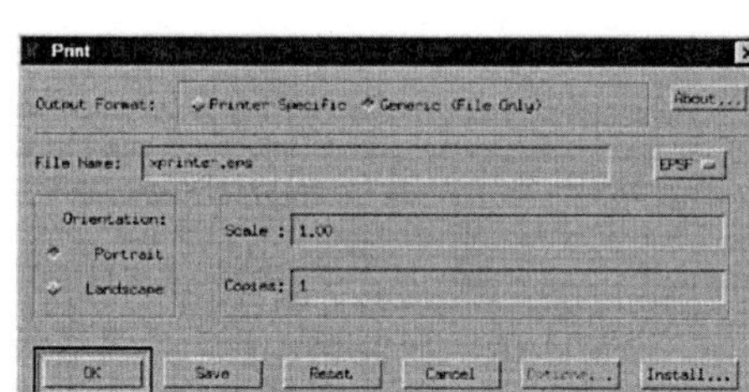

(b)

그림 17.6 프린터 옵션을 설정하기 위한 프린터 다이얼로그. (a) WINDOWS (b) UNIX

프린터 디바이스를 설정한 다음에는 표 17.3의 device 키워드를 사용하여 용지 방향, 그림 영역의 크기, 오프셋, 출력 배율(scale factor), 그리고 컬러 출력을 설정해야 한다.

표 17.3 프린터 디바이스를 위한 device 키워드

이름	기능
/portrait	세로 용지 방향을 선택한다(디폴트).
/landscape	가로 용지 방향을 선택한다.
/index_color	ICM 컬러 출력을 선택한다(디폴트).
/true_color	DCM 컬러 출력을 선택한다.
xsize	그림 영역의 폭을 설정한다.
ysize	그림 영역의 높이를 설정한다.
xoffset	용지의 왼쪽으로부터 그림 영역까지의 오프셋을 설정한다.
yoffset	용지의 밑쪽으로부터 그림 영역까지의 오프셋을 설정한다.
/inches	용지 크기와 오프셋의 단위를 설정한다(디폴트 cm).
scale_factor	출력 배율을 설정한다(디폴트 1.0).
/close_document	디폴트 프린터로 출력을 보낸다.

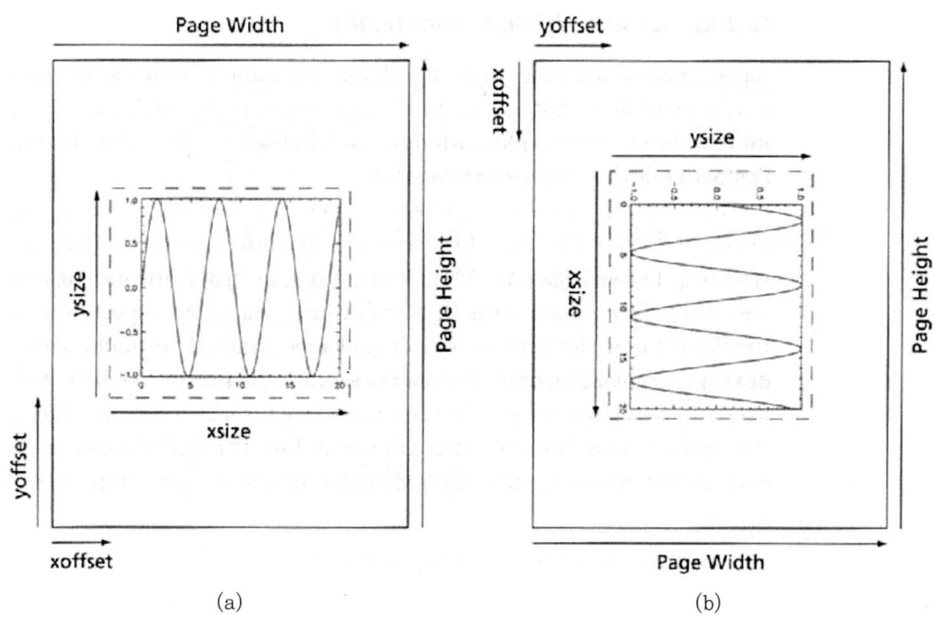

그림 17.7 프린터 디바이스의 (a) 세로 용지(portrait)와 (b) 가로 용지(landscape) 모드

프린터 디바이스에서 용지 방향, 그림 영역, 오프셋의 설정에 사용되는 키워드의 정의는 그림 17.7에서 알 수 있다. 프린터 디바이스의 용지 설정을 포스트스크립트의 용지 설정과 비교해보면, 세로 용지의 경우에 동일하지만 가로 용지의 경우에는 오프셋(xoffset, yoffset)과 그림 영역(xsize, ysize)의 기준점이 다르다. 가로 용지에서 오프셋과 그림 영역의 기준점은 왼쪽 상단이다.

프린터 디바이스에서 device 프러시저로 그림 영역을 설정하기 위해서는 먼저 device 프러시저로 용지 방향(Portrait 또는 Landscape)을 선정하고, 다시 device 프러시저로 xsize, ysize, xoffset, yoffset을 설정해야 한다.

```
IDL> set_plot, 'PRINTER'
IDL> device, /Portrait
IDL> device, xsize=6.5, ysize=5.5, $
IDL>         xoffset=0.75, yoffset=0.67, /inches
IDL> plot, findgen(100)
IDL> oplot, 100-findgen(100)
IDL> device, /close_document
```

이 때, 위와 같이 xoffset과 yoffset을 직접 입력하는 것보다 일정한 수식으로 입력하면 편리하다. 세로 용지의 경우에 xoffset = (page_width - xsize) × 0.5, yoffset = (page_height - ysize) × 0.5로, 가로 용지의 경우에 xoffset = (page_height - xsize) × 0.5, yoffset = (page_height - ysize) × 0.5로 입력한다. A4 용지는 폭이 21.0 cm(8.5 inch), 높이가 29.7 cm(11.0 inch)이다.

프린터는 컬러 출력이 디폴트로 설정되어 있으며, 8비트 ICM과 24비트 DCM의 출력은 각각 다음과 같이 device로 설정하면 된다.

```
IDL> device, /index_color ; 8비트 ICM 출력
IDL> device, /true_color ; 24비트 DCM 출력
```

프린터 디바이스는 포스트스크립트 디바이스와 동일한 벡터(vector) 폰트와 트루타입(true type) 폰트를 지원하며, 위지위그(WYSIWYG)* 폰트를 얻기 위해서 두 폰트를 사용하는 것이 좋다.

* WYSIWYG(What You See Is What You Get) : 탁상출판(DTP) 등에서 사용하는 말로, 화면상에 표시되는 문서의 글, 사진, 도표 등을 그대로 인쇄 출력으로 얻을 수 있는 것

17.4 원래 출력 장치로의 전환

set_plot, 'WIN', set_plot, 'X' 등을 이용하여 원래 출력장치로 출력을 전환할 수 있다. 그렇지만 이처럼 시스템마다 다른 옵션을 이용해야 한다면, IDL의 장점인 '어느 시스템에서도 실행되는 코드 작성'의 의미가 퇴색한다. 따라서 현재 그래픽스 디바이스명을 저장하는 시스템 변수 !d.name을 이용하면, 다른 그래픽스 디바이스로 작업을 완료하고 자동으로 원래 그래픽스 디바이스로 전환할 수 있게 된다.

```
IDL> orig_device=!d.name
IDL> set_plot, 'ps'
IDL> device, /landscape, filename='test.ps'
IDL> plot, findgen(100)
IDL> device, /close
IDL> set_plot, orig_device
```

선 그래프 그림

Chapter 18

IDL이 가장 많이 쓰이는 형태 중의 하나가 수평축과 수직축으로 이루어진 2차원 그래프이다. 이 그래프에서 데이터는 선(line), 산점(scatter), 막대(bar), 히스토그램(histogram), 등치선(contour) 등으로 표현된다. 여기서는 IDL이 지원하는 선 그래프(산점도와 극좌표 그래프 포함)를 그리는 방법과 다양한 키워드를 사용하여 원하는 형태의 선 그래프를 얻는 방법을 설명한다.

18.1 선 그래프 그림 그리기

IDL이 지원하는 선 그래프 그림으로는 선 그래프(line plot), 산점도(scatter plot), 극좌표 그래프(polar plot) 등이 있다.

선 그래프는 plot 프러시저로 생성하며, 다음 형식으로 실행된다.

```
plot, 인수 x, 인수 y [, 키워드]
 또는
plot, 인수 y [, 키워드]
```

여기서 인수 x는 가로좌표의 데이터이고 인수 y는 인수 x 값에 대응하는 세로좌표의 데이터이다. 키워드로는 min_value, max_value, nsum, /polar, /ynozero, /ylog 등과 선 모양, 선 굵기, 선 색, 기호, 제목, 그리고 글자 크기를 설정하는 키워드가 있다. 키워드 min_value는 그림에 표시하는 최소 한계값이고, 키워드 max_value는 그림에 표시하는 최대 한계값이다. 이 키워드는 다음 예문과 같이 오류 데이터를 제거하고 그래프를 그릴 때 사용한다.

```
IDL> plot, x, y, max_value = 9998 ;9999를 가진 데이터는 제외됨
```

키워드 nsum은 그림에 데이터를 표시할 때 평균하는 값의 개수이다. 그 외의 키워드는 다음 절부터 설명할 것이다.

plot 프러시저의 인수가 x와 y로 둘일 경우에, 인수 x는 가로좌표의 데이터이고 인수 y는 인수 x 값에 대응하는 세로좌표의 데이터이다. 인수가 하나일 경우에는 인수 y의 배열번호를 가로좌표의 데이터로 삼고 이에 대응하는 인수 y값의 그래프를 그린다.

다음 예문은 plot 프러시저에 인수 2개를 입력한 경우로서, 변수 x는 101개의 라디안 값을 가지는 배열이고 y는 x값을 사인함수에 대입하여 만들어진 값의 배열이다. 이 경우는 그림 18.1(a)와 같이 가로좌표의 데이터 x에 따라 세로좌표의 데이터 y가 그려진다.

```
IDL> x = findgen(101) * (0.01 * 2 * 3.14)
IDL> y = sin(x)
IDL> plot, x, y, color=0, background=255
```

반면에, plot 프러시저에 인수를 1개만 입력한 경우에는 그림 18.1(b)와 같이 인수 y의 데이터 요소 개수가 인수 x의 데이터로 입력되어 세로좌표의 데이터 y가 그려진다.

```
IDL> x = findgen(101) * (0.01 * 2 * 3.14)
IDL> y = sin(x)
IDL> plot, y, color=0, background=255
```

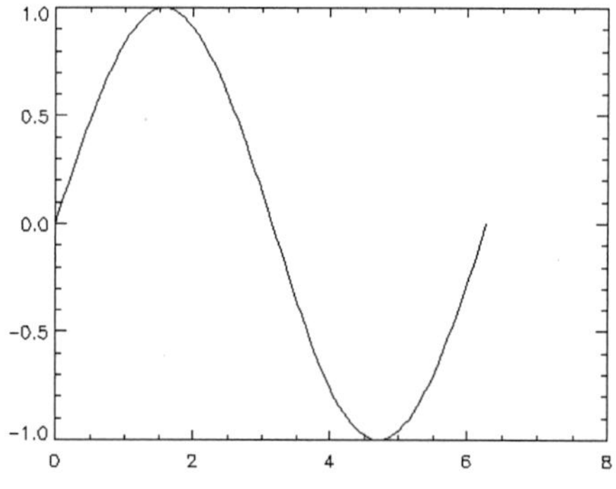

(a)

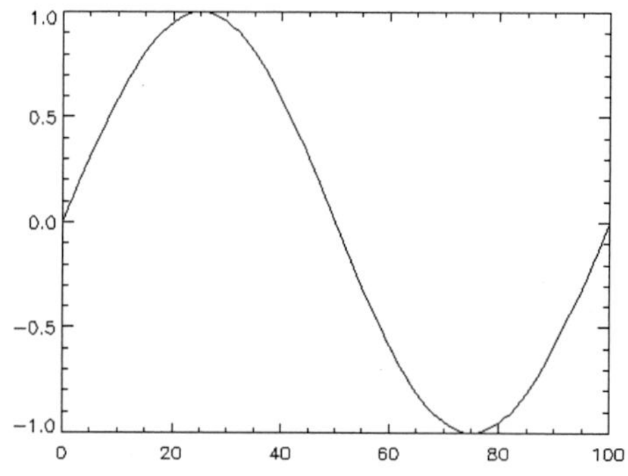

(b)

그림 18.1 (a) plot, x, y와 (b) plot, y로 그려진 그래프

oplot 프러시저는 plot 프러시저로 생성한 기존 축에 새로운 선 그래프를 겹쳐 그린다. oplot 프러시저는 다음 형식으로 실행한다.

```
oplot, 인수 x, 인수 y [, 키워드]
```

여기서 인수 x는 가로좌표의 데이터이고 인수 y는 인수 x값에 대응하는 세로좌표의 데이터이다. 키워드는 선 모양, 선 굵기, 선 색, 기호 설정하는 키워드이다.

다음 예문은 선 모양을 다르게 겹쳐 그리는 것으로, 그 결과는 그림 18.2(a)와 같다. 선 모양에 대한 키워드는 제18.3절에서 설명한다.

```
IDL> x = findgen(101) * (0.01 * 2.0 * 3.14)
IDL> plot, x, sin(x), linestyle=1
IDL> oplot, x, sin(x)/3, linestyle=2
```

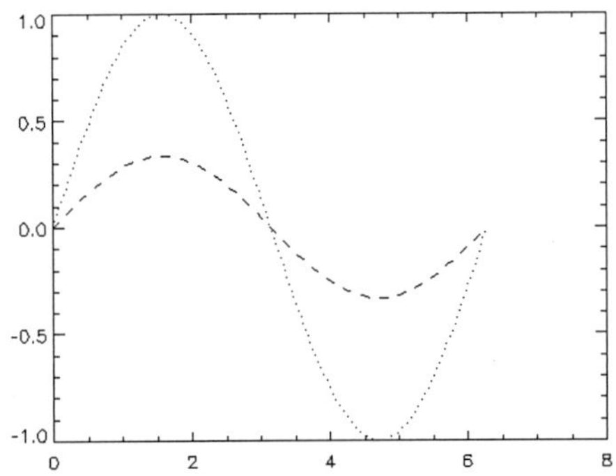

(a)

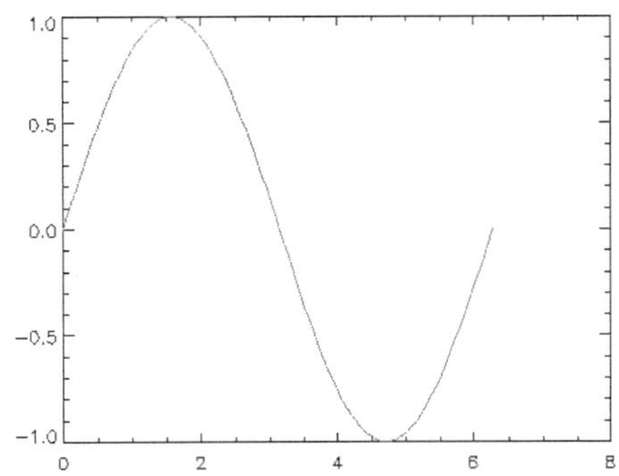

(b)

그림 18.2 oplot 프러시저로 (a) 선 모양과 (b) 선 색을 다르게 겹쳐 그린 그래프

다음 예문은 축의 색과 선 색을 다르게 그리는 것으로, 그 결과는 그림 18.2(b)와 같다. 선 색에 대한 키워드는 제18.3절에서 설명한다.

```
IDL> x = findgen(101) * (0.01 * 2.0 * 3.14)
IDL> Loadct, 5
IDL> Plot, x, sin(x), color = 45, background = 200, /nodata
IDL> oplot, x, sin(x), color = 120
```

산점도는 plot 프러시저로 그린 선 그래프에서 선 대신에 기호(symbol)로 표시하여 그린다. 기본으로 8가지 기호를 제공하며, 사용자가 손수 정의하여 사용할 수도 있다. 원하는 기호의 모양은 psym 키워드로 설정하고, 기호 크기는 symsize로 설정한다.

다음 예문은 별표(*) 기호 psym=2로 그린 산점도로서 그 결과는 그림 18.3(a)와 같다.

```
IDL> x = findgen(101) * (0.01 * 2 * 3.14)
IDL> plot, x, sin(x), psym=2
```

키워드 psym을 음수로 지정하면 기호가 표시되고 선으로도 연결된다. 플러스(+) 기호 psym=-1로 그린 산점도는 그림 18.3(b)와 같다.

```
IDL> x = findgen(101) * (0.01 * 2 * 3.14)
IDL> plot, x, sin(x), psym=-2
```

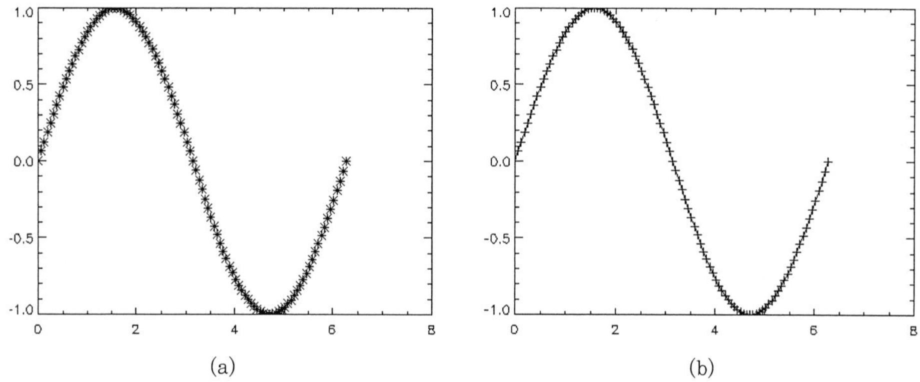

그림 18.3 (a) plot, x, y, psym=2와 (b) plot, x, y, psym=-1로 그려진 그래프

극좌표 그래프는 다음 형식과 같이 plot 프러시저에 키워드 polar를 설정하여 그린다.

```
plot, 인수 r, 인수 t, /polar
```

여기서 인수 r은 반경 데이터이고, 인수 t는 각도(rad) 데이터이다. 다음 예문은 나선을 극좌표 그래프로 그린 것으로 그 결과는 그림 18.4와 같다.

```
IDL> r = findgen(100) * 0.01
IDL> t = 4.0 * !pi * r
IDL> plot, r, t, /polar
```

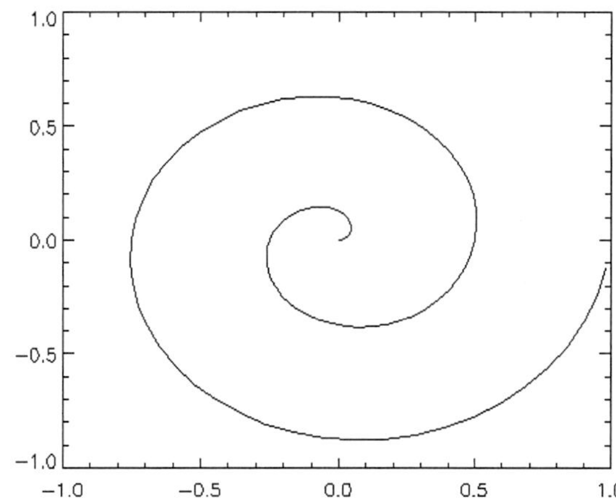

그림 18.4 plot, r, t, /polar로 그린 그래프

18.2 선 그래프 그림의 좌표와 좌표변환

선 그래프 그림(line plot), 등치선 그림(contour plot), 면 그림(surface plot)에서 원하는 형태로 맞춤 설정할 때 데이터(data), 정규(normal), 디바이스(device) 등의 3가지 좌표를 사용한다.

데이터 좌표는 데이터 값을 기준으로 윈도나 그래픽스 디바이스에서 위치를 설정한다. 이 때 설정값은 !x, !y, !z 등의 시스템 변수에 저장되고, 다음 명령어가 입력되어 새로운 설정을 할 때까지 유효하다. 이 좌표의 설정은 명령어가 실행될 당시의 윈도나 그래픽스 디바이스에 맞춰져 있다. 따라서, 다른 윈도나 그래픽스 디바이스로 전환되면 새로 다시 시작해야 한다.

정규 좌표는 윈도의 전체 크기를 0에서 1로 정규화한 좌표이다. 이 좌표에서 윈도나 그래픽스 디바이스의 왼쪽 하단 모서리가 x, y 좌표로 (0.0, 0.0)이고, 오른쪽 상단 모서리가 (1.0, 1.0)이다. 이 좌표는 윈도나 그래픽 디바이스의 크기와 모양에 관계없이 독립적으로 위치를 정할 수 있어서 매우 유용하다.

디바이스 좌표는 윈도 화면의 픽셀(pixel)을 기준으로 하는 좌표이다. 이 좌표에서 윈도나 그래픽스 디바이스의 왼쪽 하단 모서리가 (0, 0)이고, 오른쪽 상단 모서리가 (xsize-1, ysize-1)이다. 여기서 xsize와 ysize는 윈도나 그래픽스 디바이스의 폭(픽셀)과 높이(픽셀)이다. 폭과 높이는 선택한 그래픽스 디바이스에 따라 크게 변한다. 예를 들

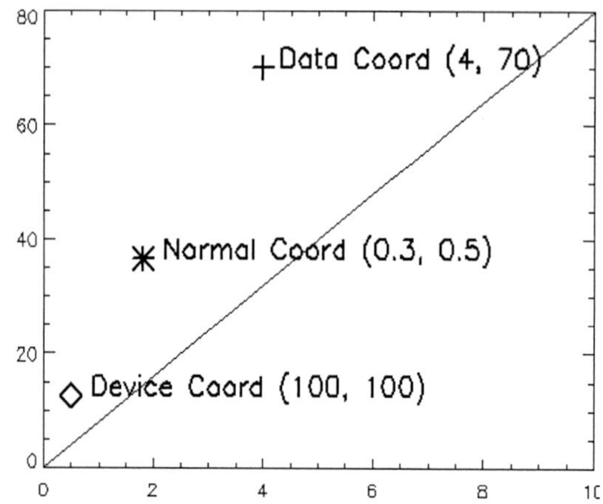

그림 18.5 데이터, 정규, 디바이스 좌표계

어, 그래픽 윈도의 폭과 높이가 640 픽셀 × 512 픽셀이고, 포스트스크립트 디바이스의 폭과 높이가 17,780 픽셀 × 12,700 픽셀이다.

데이터, 정규, 디바이스 좌표값은 convert_coord 함수로 상호변환할 수 있다. 이 함수는 다음과 같은 형식으로 실행한다.

```
result = convert_coord(인수 x, 인수 y,
         /to_data 또는 /to_normal 또는 /to_device)
```

여기서 인수 x와 y는 각각 입력 좌표값이고 result는 출력 좌표의 (x, y) 성분을 나타내는 2개 열이다. 인수가 x, y, z로 3개이면 출력 좌표의 성분도 (x, y, z)로 3개 열이 된다. 키워드 /to_data, /to_normal, /to_device 등은 출력 좌표이며, 이 중 하나를 설정한다.

다음 예문은 데이터 좌표로 그려진 선의 값을 정규 좌표로 변환한다.

```
IDL> x = findgen(5)+1.0
IDL> y = 1.0 / x
IDL> window, /free
IDL> plot, x, y
IDL> result = convert_coord(x, y,/to_normal) ; 데이터 → 정규 좌표
IDL> print, result
   0.156255     0.932297     0.000000
   0.355474     0.533859     0.000000
   0.554693     0.401047     0.000000
```

```
0.753911     0.334640     0.000000
0.953130     0.294797     0.000000
```

18.3 선 그래프 그림의 맞춤 설정

IDL은 그림을 원하는 형태로 설정할 수 있는 많은 키워드를 제공한다. 이 키워드로 맞춤 설정할 수 있는 속성에는 선, 축, 눈금, 주석, 문자 크기, 그림 위치 등이 있다. 그림의 외형을 맞춤 설정하기 위한 키워드는 표 18.1과 같다.

표 18.1 선 그래프 그림의 외형을 맞춤 설정하기 위한 키워드

이름	기능
position	위치 벡터(디폴트 : 자동)
title	제목 문자열(디폴트 : 제목 없음)
subtitle	부제목 문자열(디폴트 : 부제목 없음)
charsize	문자 크기(디폴트 : 1.0)
charthick	문자 두께(디폴트 : 1)
font	문자 폰트 지수(디폴트 : -1) 소프트웨어 폰트 -1, 하드웨어 폰트 : 0
color	색 지수(디폴트 : 색상표의 최대지수)
linestyle	선 모양(디폴트 : 0)
thick	선 두께(디폴트 : 1.0)
ticklen	눈금 길이(디폴트 : 0.02)
psym	기호 코드(디폴트 : 0)
symsize	기호 크기(디폴트 : 1.0).
/xlog	로그 x축을 생성한다(디폴트 : 선형 x축을 생성한다).
/ylog	로그 y축을 생성한다(디폴트 : 선형 y축을 생성한다).
/noerase	표시 내용을 지우지 않는다(디폴트 : 그림을 그리기 전에 표시 내용을 지운다).
/nodata	축만 생성한다(디폴트 : 축과 데이터를 그린다).
/noclip	데이터를 자르지 않는다(디폴트 : 축 범위에 따라 데이터를 자르다).

• 선과 기호 설정

IDL이 제공하는 선과 기호의 종류는 표 18.2와 같다. 선 그래프에서 선 모양과 굵기는 키워드 linestyle과 thick으로 설정한다. 다음 예문은 선 종류 2로 그린 그래프로, 그 결과는 그림 18.6(a)와 같다.

```
IDL> x = findgen(101) * (0.01 * 2 * 3.14)
IDL> y = sin(x)
IDL> plot, x, y, linestyle=2, thick=3
```

표 18.2 선과 기호의 종류

코드	선(linestyle)		기호(psym)	
0	solid	————————	없음	
1	dotted	···························	plus	+
2	dashed	------------------------	asterisk	*
3	dash/dot	–·–·–·–·–·–·–·–	dot	·
4	dash/dot/dot	–··–··–··–··–··–	diamond	◇
5	long dash	— — — — — — —	triangle	△
6	없음		square	□
7	없음		cross	×
8	없음		사용자 정의	
9	없음		없음	
10	없음		히스토그램	

기호 모양과 크기는 키워드 psym과 symsize로 설정한다. 다음 예문은 기호 2로 그린 그래프로, 그 결과는 그림 18.6(b)와 같다.

```
IDL> x = findgen(101) * (0.01 * 2 * 3.14)
IDL> y = sin(x)
IDL> plot, x, y, psym=2
```

키워드 psym을 음수로 지정하면 기호가 표시되고 선으로도 연결된다. 아래 프로그램의 결과는 그림 18.6(c)와 같다.

```
IDL> x = findgen(101) * (0.01 * 2 * 3.14)
IDL> y = sin(x)
IDL> plot, x, y, psym=-2
```

사용자 정의 기호는 사용자가 직접 만든 기호로 데이터를 표시하는 것이다. 이 기호를 사용하기 위해서는 먼저 usersym 프러시저로 기호 모양을 설정하고, 다음으로 plot 프러시저에 키워드 psym=8을 설정해야 한다. usersym 프러시저에서 키워드 /fill은 기호의 내부를 채우라는 의미이다. 다음 예문은 사용자 정의 기호로 그린 그림으로서 그 결과는 그림 18.6(d)와 같다.

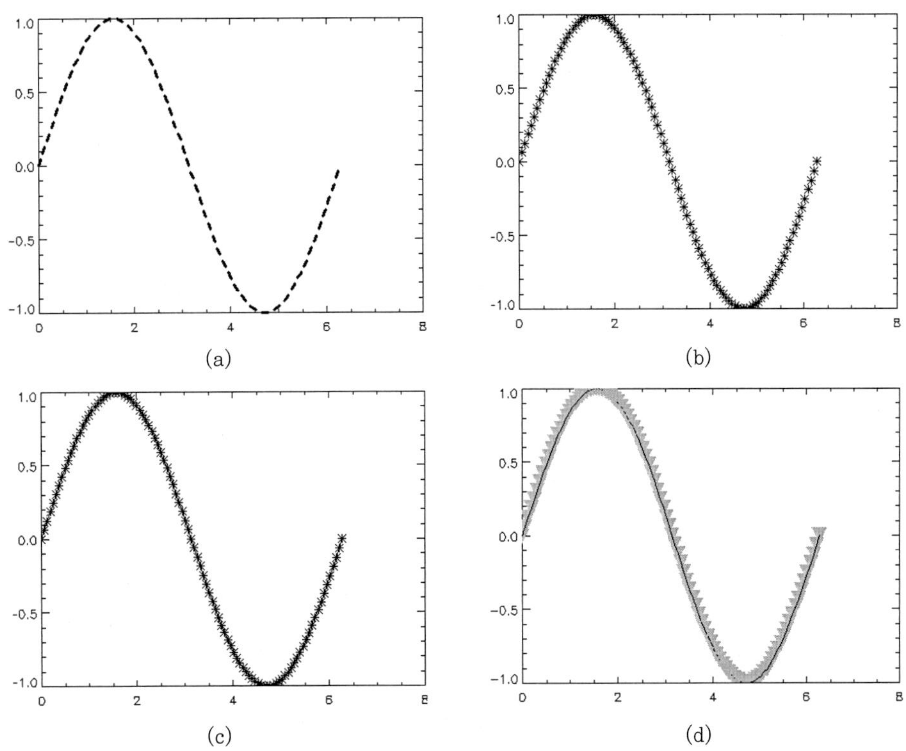

그림 18.6 (a) plot, x, y, linestyle=2, thick=3, (b) plot, x, y, psym=2, (c) plot, x, y, psym=–2, (d) Plot, x, y, psym=–8

```
IDL> x = findgen(101) * (0.01 * 2 * 3.14)
IDL> y = sin(x)
IDL> x_verts = [0, 2, -2, 0]
IDL> y_verts = [-2, 2, 2, -2]
```

```
IDL> usersym, x_verts, y_verts, /fill, color=180
IDL> Plot, x, y, psym=-8
```

• 그림과 축의 제목 쓰기

그림의 제목과 부제목, 축의 제목은 키워드 title, subtitle, [xyz]title로 설정한다. 키워드 title은 그림 상단에 제목을 쓰고, plot 프러시저에 title='제목 문자열'로 설정한다. 이 때, 그림 제목의 디폴트 글자 크기는 charsize의 1.25배이다. 키워드 subtitle은 그림의 x축 아래에 부제목을 쓰고, plot 프러시저에 subtitle='부제목 문자열'로 설정한다. 키워드 [xyz]title은 각 x, y, z 축의 중앙에 xtitle='x축 제목 문자열', ytitle='y축 제목 문자열' 등으로 설정한다. 그림의 제목과 부제목, 축의 제목에서 글자 크기, 글자 굵기, 폰트 등은 charsize, charthick, font 등으로 설정할 수 있다. 다음 예문은 그림 제목으로 'Damped Wave'를, 부제목으로 'A Sample plot'를 설정하여 그린 그림으로, 그 결과는 그림 18.7과 같다.

```
IDL> x = findgen(101) * (0.01 * 2 * 3.14)
IDL> y = sin(x)
IDL> plot, x, y, psym=-1, title='Damped Wave', $
     subtitle='A sample plot', charsize=1.25, font=2, $
     linestyle=3, thick=2.0, color=0, background=255
```

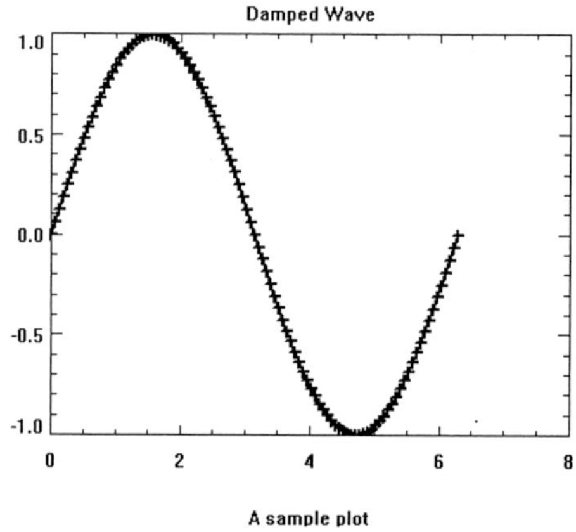

그림 18.7 plot, x, y, psym=-1, title='Damped Wave', subtitle='A sample plot', charsize=1.25, font=2, linestyle=3, thick=2.0, psym=-1

IDL은 그림 18.8과 같이 모두 16개 그래픽용 문자세트(3~20)가 제공된다. 문자열의 디폴트 폰트는 벡터 폰트로서, 모든 그래픽스 디바이스에서 우수한 품질의 문자와 수학 기호를 지원한다.

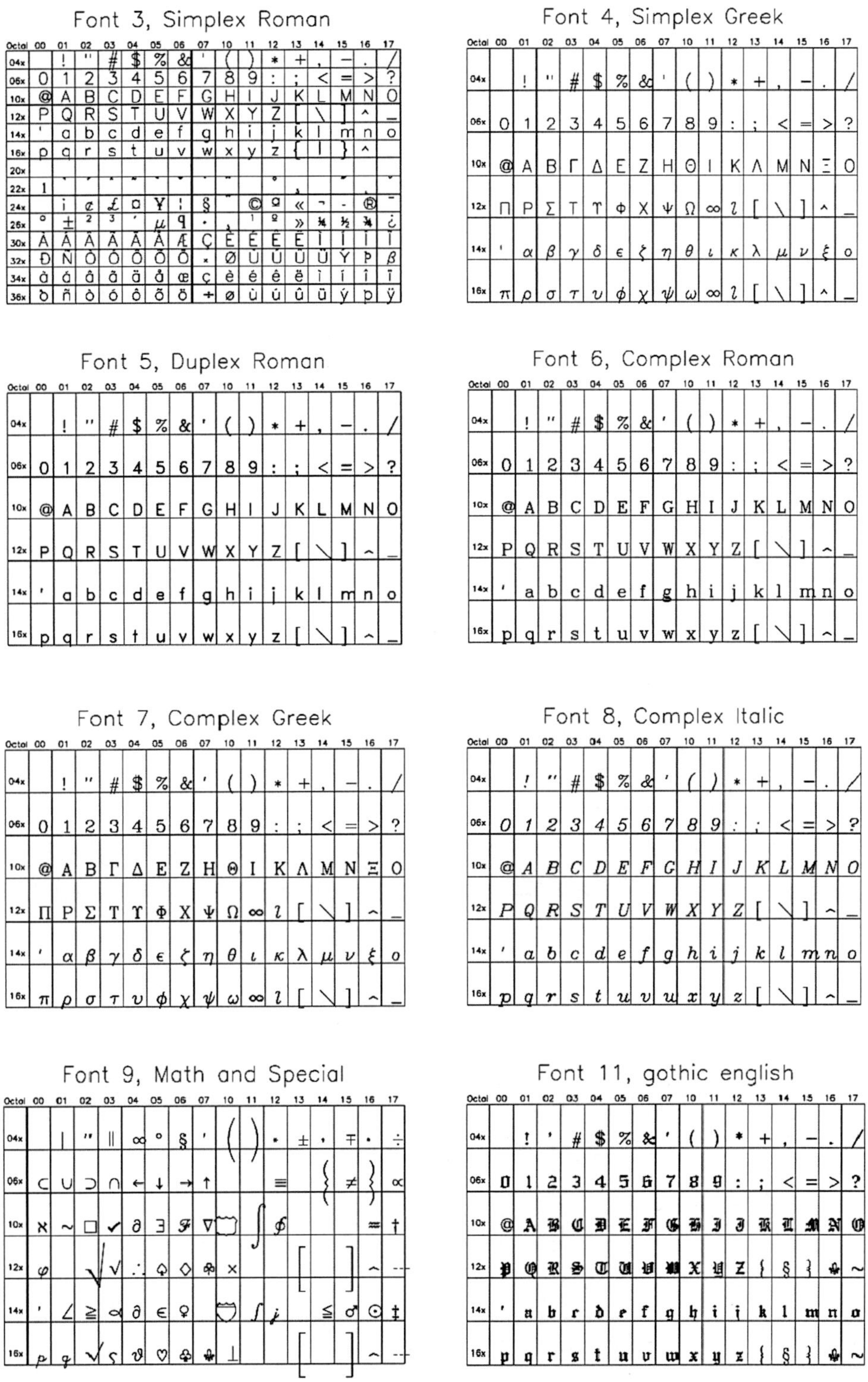

그림 18.8 IDL에서 지원하는 폰트 세트

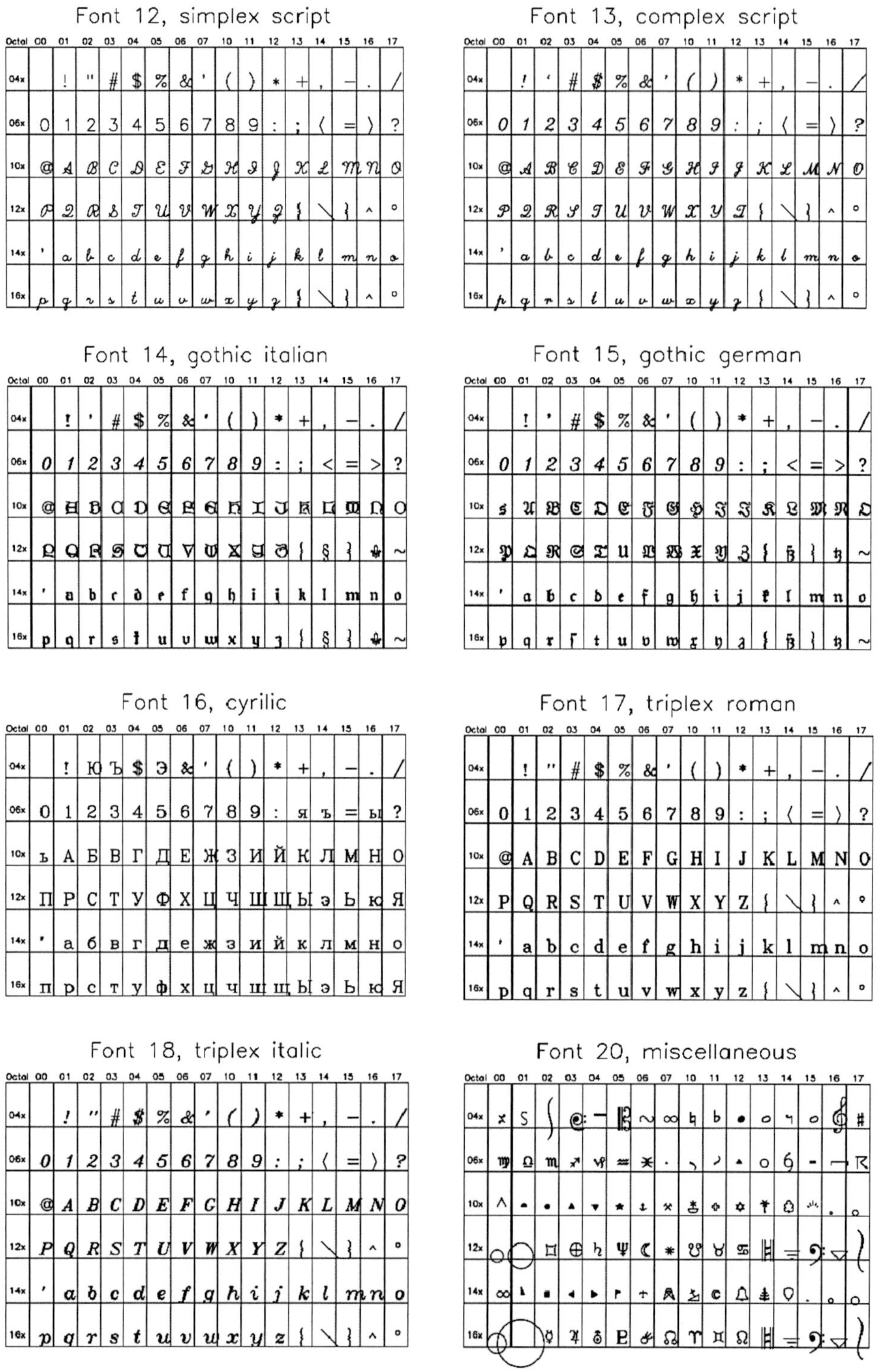

그림 18.8 IDL에서 지원하는 폰트 세트 (계속)

표 18.3 널리 쓰이는 폰트 포맷 명령어

이름	기능
!3	Simplex Roman 폰트(디폴트)
!4	Simple Greek 폰트
!6	Complex Roman 폰트
!X	원래 폰트로 복귀
!C	새로운 행으로 시작
!D	아래 첨자
!U	위 첨자
!N	정상 위치

그림의 제목과 부제목, 축의 제목으로 설정하는 문자열에 표 18.3의 폰트 포맷 명령어를 포함시켜 원하는 폰트를 선택하거나 위 첨자, 아래 첨자, 수학 기호 등을 표현할 수 있다.

문자열 작성의 예로서, 문자열에서 "!3"으로 Simplex Roman 폰트를 설정하고, "CO"를 쓴다. "!D"로 아래 첨자를 설정하고 "2"를 쓴다. 다시 "!N"으로 아래 첨자를 벗어나 정상 위치로 되돌아온다. 그리고 "Spectral Absorption"을 쓰고 "!X"를 설정하여 "!3"으로 설정되기 이전의 폰트로 되돌아온다.

```
'!3CO!D2!N Spectral Absorption!X'
```

이 문자열은 그림에서 "CO_2 Spectral Absorptions"로 쓰여진다. 이런 식으로 다음 예를 살펴보면 문자열의 작성 방법을 쉽게 이해할 수 있다.

```
'!5HEIGHT(km AGL)!X'                  →  HEIGHT(km AGL)
'!5d!7h!3!Dv!N!5/dz (!Uo!NC/m)'!X     →  dΘv/dz(°C/m)
'!8x!5(g!U-1!Nkg)'                    →  x(g^-1kg)
```

문자열에 어떤 변수의 수치를 포함하고자 할 경우에는 '문자열 일부' + string(format = '포맷 코드)', 변수명) + '문자열 일부'로 작성한다. 다음 예에서 range 변수로 12.50이 입력될 경우에

```
'RANGE :' +string(format='(F5.2)',range)+ 'km'
```

이 문자열은 그림에서 "RANGE : 12.50 km"로 쓰여진다.

• 그림 라벨 쓰기

선 그래프에 여러 가지 정보를 알려주는 라벨을 임의의 위치에 쓸 수 있다. xyouts 프러시저는 그림에 라벨을 쓰며, 다음과 같은 형식으로 실행된다.

```
xyouts, x, y, '라벨 문자열'[, 키워드 1, 키워드 2,..., 키워드 n]
```

여기서 x와 y는 문자열을 쓸 위치에 대한 좌표값이다. 이 때, 좌표값은 정규 좌표, 데이터 좌표, 디바이스 좌표 중의 하나로 설정할 수 있다. 이 프러시저에서는 표 18.4의 키워드를 사용하여 문자열의 정렬, 방향, 폭, 좌표 등을 설정할 수 있으며, 키워드 charsize, charthick, font, color도 사용할 수 있다.

표 18.4 xyouts 프러시저에서 사용하는 키워드

키워드	기능
alignment	문자열 정렬(0.0 : 왼쪽, 0.5 : 중앙, 1.0: 오른쪽)
orientation	문자열 방향(반시계 방향으로 각도, 디폴트 0.0)
/normal	입력 위치가 정규좌표
/data	입력 위치가 데이터 좌표(디폴트)
/device	입력 위치가 디바이스 좌표
width	정규 좌표로 문자열의 폭을 알아 냄

문자열 정렬은 alignment 키워드에 0.0~1.0의 값을 대입하여 설정한다. 문자열 방향은 수평 0도를 기준으로 하여 반시계 방향으로 180도까지의 각도를, 시계 방향으로 -180도까지 각도를 키워드 orientation에 대입한다. 문자열의 위치에 대한 좌표는 /normal, /data, /device로 설정한다.

```
IDL> x=findgen(101)*(0.01*2*3.14)
IDL> plot, x, sin(x), psym=2
IDL> xyouts, 0.2, 0.3,'!5X!U2!N + YU2!N', Alignment = 1.0, $
IDL> Orientation =45, /normal
IDL> xyouts, 0.5, 0.0, 'Page 1 of 5', alignment=0.5, /normal
```

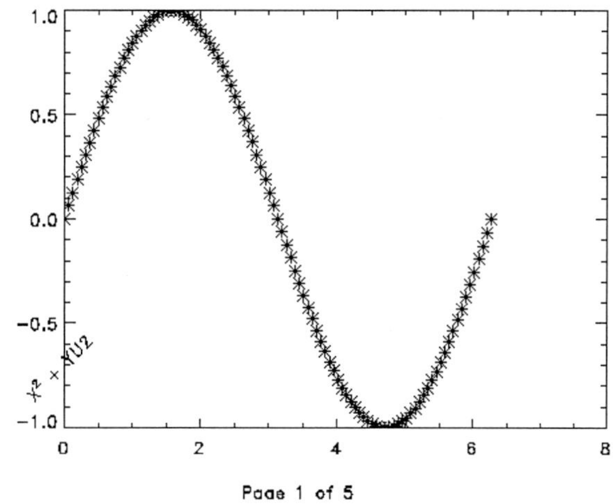

그림 18.9 xyouts 프러시저로 그림에 라벨을 쓴 경우

라벨 문자열은 그림의 제목과 부제목, 축의 제목에서 설명한 문자열 작성 방법과 동일하다. 문자열과 숫자로 된 데이터를 함께 표현하고자 할 경우 다음과 같이 하면 된다.

```
IDL> xyouts, 5, 32, 'Range :' +String(format='(F5.2)',Range)+ $
IDL> 'km',size=1.0
```

윈도나 그래픽스 디바이스에 날짜 라벨을 표기하고 싶을 경우에는 다음과 같이 설정한다.

```
IDL> date = systime()
IDL> xyouts, 0.0, 0.0, date, /normal
```

• 데이터 색 넣기

선이나 데이터의 색은 키워드 color로, 배경색은 키워드 background로 설정하며, 그 방법은 실행하는 색 모델에 따라 완전히 다르다.

ICM이 운영될 경우, 적절한 색상표를 등재한 후에, 그 색상표에서 원하는 지수를 선택하여 색을 설정한다. 다음 예문은 지수 5번의 색상표를 등재하고 선 색과 배경색을 설정한 것이다.

```
IDL> Loadct, 5
IDL> x = findgen(101) * (0.01 * 2 * 3.14)
IDL> Plot, x, sin(x), color = 45, background = 200, /nodata
IDL> oplot, x, sin(x), color = 120
```

다음 예문과 같이, device 프러시저는 ICM을 선택하고 tvlct 프러시저로 특정한 빨강/녹색/파랑 성분을 지수 1로 등재시킨다. 다음으로 plot 프러시저에서 color=1로 지정하여 선을 그린다.

```
IDL> device, decomposed = 0
IDL> tvlct, 0, 255, 0, 1
IDL> x = findgen(101) * (0.01 * 2 * 3.14)
IDL> plot, x, sin(x), color = 1
```

DCM이 운영될 경우, 색은 표 18.5에 제시된 16진법 정수로 지정된다. 16진법 값에서 앞자리 2자리는 파랑색 성분, 3~4자리는 녹색 성분, 5~6자리는 빨강색 성분을 의미한다. DCM에서 디폴트 그림 색은 흰색이고 디폴트 배경색은 검정이다. 다음 예문의 device 프러시저는 DCM을 선택하고, 16진법 정수로 청색으로 선 그래프를 그린 것이다.

```
IDL> device, decomposed = 1
IDL> x = findgen(101) * (0.01 * 2 * 3.14)
IDL> plot, x, sin(x), color = 'FF0000'XL
```

표 18.5 분해 색의 16진법 정수

색	16진법 값
검정(Black)	'000000'XL
적보라(Magenta)	'FF00FF'XL
청록(Cyan)	'FFFF00'XL
노랑(Yellow)	'00FFFF'XL
녹색(Green)	'00FF00'XL
빨강(Red)	'0000FF'XL
파랑(Blue)	'FF0000'XL
흰색(White)	'FFFFFF'XL
짙은 파랑(Navy)	'730000'XL
황금(Gold)	'00BBFF'XL
분홍(Pink)	'7F7FFF'XL
담청록(Aquamarine)	'93DB70'XL
연보라(Orchid)	'DB70DB'XL
회색(Gray)	'7F7F7F'XL
하늘색(Sky)	'FFA300'XL
베이지색(Beige)	'7FABFF'XL

표 18.6 선 그래프 그림의 축 속성을 설정하기 위한 키워드

이름	기능
[xyz]range	축 범위(디폴트 : 자동)
[xyz]title	축 제목 문자열(디폴트 : 제목 없음)
[xyz]charsize	문자 크기(디폴트 : 1.0)
[xyz]style	축 모양(0~31, 디폴트 : 0)
[xyz]thick	축과 눈금 두께(디폴트 : 1.0)
[xyz]margin	축 주변의 여백(디폴트 x [10, 3], y [4, 2])
[xyz]minor	작은 눈금 간격의 수(디폴트 : 자동)
[xyz]ticklen	눈금 길이(디폴트 : 0.02)
[xyz]gridstyle	격자 모양(선 모양의 코드 0~5, 디폴트 : 0)
[xyz]tickformat	눈금 라벨의 형식 코드(디폴트 : 자동)
[xyz]ticks	큰 눈금 간격의 수(디폴트 : 자동)
[xyz]tickv	눈금값의 배열(디폴트 : 자동)
[xyz]tickname	눈금 라벨의 배열(디폴트 : 자동), 최대 30개 가능
[xyz]tick_get	눈금값의 배열을 되돌려준다.

• 축 속성 설정

plot 프러시저는 입력 데이터를 기초로 그래프의 축, 축 범위, 큰 눈금, 작은 눈금 등을 적당하게 자동으로 그린다. 축 속성은 표 18.6의 키워드로 원하는 형태로 설정할 수 있다.

plot 프러시저는 디폴트로 입력 데이터를 모두 포함하는 상자 형태의 축을 그린다. 이 프러시저에 [xyz]style과 [xyz]range 키워드를 사용하면 축 모양과 축 범위를 섬세하게 조정할 수 있다. 축 모양은 [xyz]style에 표 18.7의 코드를 입력하여 설정한다. 축 범위는 [xyz]range에 각 축의 최소 한계값과 최대 한계값을 지정한다. 다음은 그림 18.10과 같이 x축과 y축의 범위를 각각 2~4와 -1.0~1.0으로 지정하고 x축과 y축만 그리고 상자는 그리지 않는다.

```
IDL> x = findgen(101) * (0.01 * 2 * 3.14)
IDL> y = sin(x)
IDL> plot, x, y, xrange=[2, 4], xstyle=8, $
IDL>             yrange=[-1.0, 1.0], ystyle=1+8
```

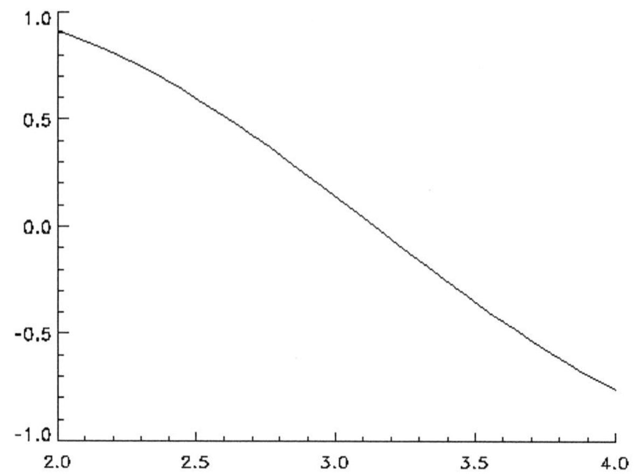

그림 18.10 plot, x, y, xrange=[2, 4], xstyle=8, yrange=[-1.0, 1.0], ystyle=1+8

표 18.7 [xyz]style 키워드에 대한 코드

이름	기능
1	지정한 축의 범위를 정확히 따른다.
2	축 범위 양 끝에 여분 공간을 남겨 둔다.
4	축을 그리지 않음(axis off)
8	왼쪽 또는 아래 축만 그린다.
16	y 절편이 0이 되도록 강제하지 않는다.

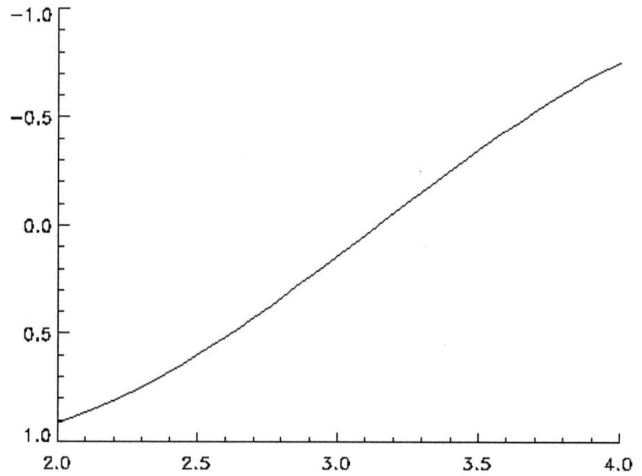

그림 18.11 plot, x, y, xrange=[2, 4], xstyle=8, yrange=[1.0, -1.0], ystyle=1+8

축의 최소 한계값과 최대 한계값이 역전된 축은 [xyz]range 키워드의 축 한계값을 바꾸면 된다. y축의 데이터가 모두 0보다 크고 yrange 키워드가 설정되지 않은 경우에 y축 하단의 한계는 디폴트로 0이 된다. 이것을 피하고 싶으면 /ynozero 키워드를 설정하면 된다. 이것은 [xyz]style=16과 같은 효과가 있다.

축의 눈금 표시와 눈금 라벨은 [xyz]ticks, [xyz]minor, [xyz]tickv, [xyz]ticklen, [xyz]gridstyle, [xyz]tickname, [xyz]tickformat, [xyz]tick_get 키워드로 조정한다. [xyz]ticks 키워드는 축의 큰 눈금 단계를, [xyz]minor 키워드는 축의 작은 눈금 단계를 결정한다. 축의 눈금 길이는 [xyz]ticklen 키워드로 x, y, z축별로 따로 지정할 수 있고, ticklen 키워드로 공동 지정할 수도 있다. 단, [xyz]ticklen이 설정되면 ticklen은 효과가 없다. 눈금 길이는 그래프 크기에 대한 눈금 크기의 비율을 의미한다. 따라서 눈금 길이가 0이면 눈금이 없고 1이면 격자가 되며, 음(-)이면 눈금이 바깥으로 만들어진다. 눈금이 길어지면 [xyz]gridstyle 키워드로 눈금선 모양을 지정할 수 있다.

```
IDL> x = findgen(101) * (0.01 * 2 * 3.14)
IDL> plot, x, sin(x), xticks=6, xminor=5, ticklen=0.02
IDL> plot, x, sin(x), yticklen=1, ygridstyle=2
IDL> plot, x, sin(x), ticklen=-0.03
IDL> plot, x, sin(x), xticks=6,xminor=5
```

눈금 라벨은 [xyz]tickv, [xyz]tickformat, [xyz]tickname 키워드로 원하는 값이나 문자열로 표시할 수 있다. [xyz]tickv 키워드는 자동으로 생성되는 눈금 수치 대신에 원하는 값의 눈금 라벨을 지정하여 표시한다. 이 때, 수치로 표시되는 눈금 라벨의 포맷 코드는 [xyz]tickformat 키워드에 표 12.1의 포맷 코드를 적용하여 표시한다. [xyz]tickname 키워드는 눈금 라벨로 문자열을 지정할 때 사용한다.

```
IDL> x = findgen(200) * 0.1+1.0
IDL> plot, x, x^3, /ylog, ytickformat='(e8.1)'
IDL> plot, x, x^3, /ylog, yticks=5, ytickv=[1,2,4,6,8, 10]
```

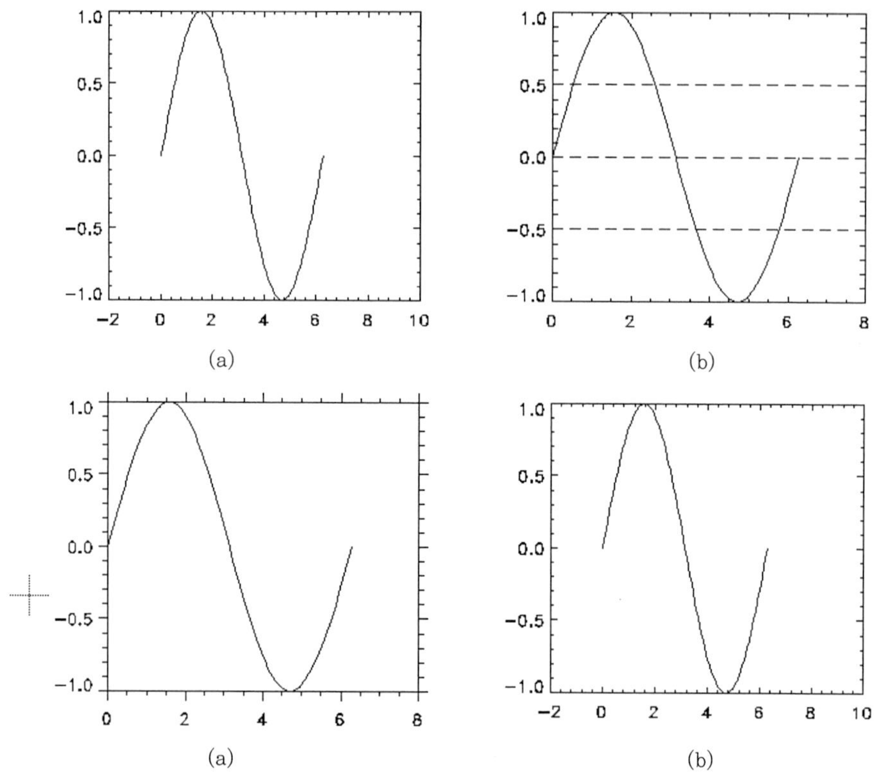

그림 18.12 (a) plot, x, y, xticks=6, xminor=5, ticklen=0.02 (b) plot, x, y, yticklen=1, ygridstyle=2 (c) plot, x, y, ticklen=−0.03 (d) plot, x, y, xticks=6,xminor=5

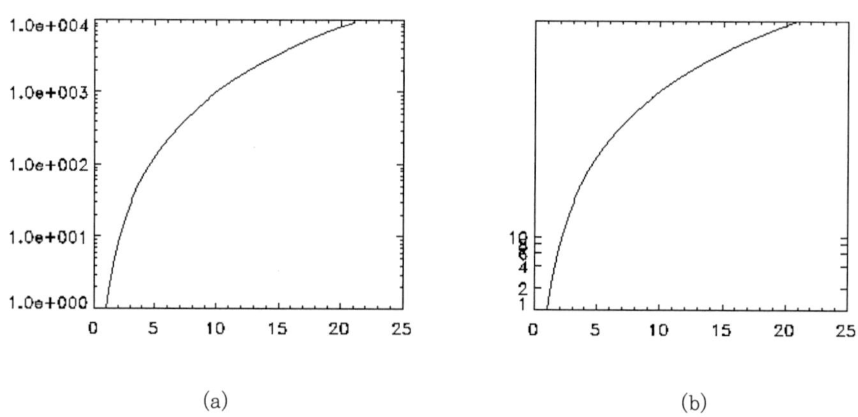

그림 18.13 (a) plot, x, x^3, /ylog, ytickformat='(e8.1)' (b) plot, x, x^3, /ylog, yticks=5, ytickv=[1,2,4,6,8,10]

• 이중축과 로그축 설정

plot 프러시저로 선 그래프를 그린 후에, 동일한 가로축 또는 세로축(x 또는 y축)의 반대편에 서로 다른 변수의 축을 생성할 경우가 있다. 이 때, axis 프러시저와 키워드 xaxis나 yaxis를 사용하여 새로운 x축 또는 y축을 생성할 수 있다. axis 프러시저는 다음과 같은 형식으로 실행된다.

```
axis, xaxis=0 또는 1(yaxis=0 또는 1) [, 키워드 1, ... 키워드 n]
```

여기서 인수 xaxis와 yaxis는 x 또는 y축을 새로 생성할지를 설정한다. xaxis=0이면 plot 프러시저로 그린 기존 x축의 형태로 x축을 그리며, xaxis=1로 설정하면 기존 x축의 반대편에 x축을 그린다. yaxis=0이면 기존 y축의 형태로 y축을 그리며, yaxis=1이면 기존 y축의 반대편에 y축을 그린다. axis 프러시저에서는 선 그래프 그림의 외형을 맞춤 설정하기 위한 키워드(표 18.1)와 선 그래프 그림의 축 설정을 위한 키워드(표 18.6)가 사용되며, axis 프러시저로 설정한 축 설정이 그대로 보존되어 다음 프러시저에 사용될 수 있도록 /save 키워드가 사용된다.

다음 예문은 plot 프러시저로 선 그래프를 생성한다. 첫 번째 axis 프러시저로 오른쪽 로그 y축(yaxis=1, /ylog)을 생성하고, /save 키워드는 설정하여 다음에 오는 oplot 프러시저에서는 axis 프러시저에 의한 축에 따라 데이터를 그린다고 지정한다. plot, axis 프러시저에 있는 /ylog 키워드는 y축을 선형이 아닌 log 단위로 표시한다. 이렇게 그려진 선 그래프는 그림 18.14와 같다.

```
IDL> x = findgen(200) * 0.1+1.0
IDL> plot, x, x^3, /ylog, ystyle=8, linestyle=1
IDL> axis, yaxis=1, /ylog, yrange=[1, 100000], /save
IDL> oplot, x, x^3, linestyle=2
```

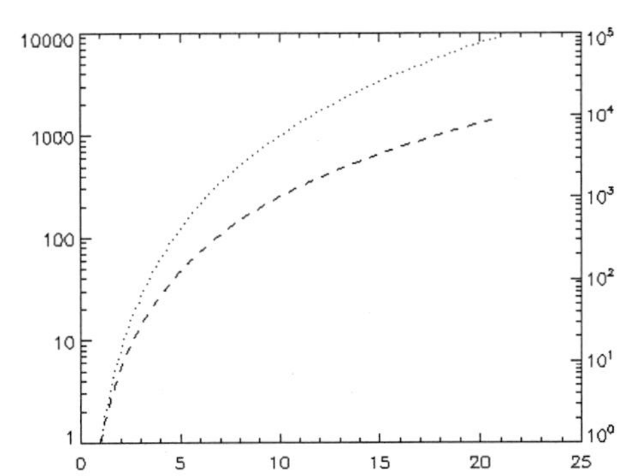

그림 18.14 2개의 로그 y축을 가진 선 그래프 그림

• 눈금 라벨 지우기

동일한 축 중에서 하나의 축에만 눈금 라벨을 붙이고 다른 축에는 눈금 라벨을 없애고자 할 경우가 있다. 이럴 경우에 [xyz]tickname 키워드를 사용하여 눈금 라벨을 지운다.

다음 예문은 plot 프러시저로 y축이 삭제된 선 그래프를 생성한다. 그리고 첫 번째 axis 프러시저로 왼쪽 y축(yaxis=0)을 생성한다. 이 축의 눈금은 6개이고 눈금 라벨을 ytickv 키워드로 지정한다. 두 번째 axis 프러시저로 오른쪽 y축(yaxis=1)을 만들고 ytickv 키워드로 지정된 6개 눈금 라벨을 키워드 ytickname으로 지운다. 이렇게 그려진 선 그래프는 그림 18.15와 같다.

```
IDL> x=findgen(200)*0.1+1.0
IDL> plot, x, x^3, /ylog, ystyle=4, linestyle=1
IDL> axis, yaxis=0, /ylog, yticks=6, ytickv=[1,2,4,6,8,10]
IDL> axis, yaxis=1, /ylog, ytickv=[1,2,4,6,8,10], $
     ytickname=replicate(' ', 6)
```

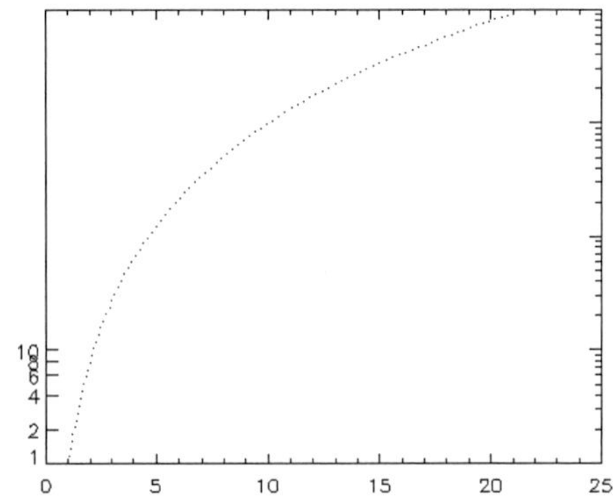

그림 18.15 2개의 y축을 가진 선 그래프에서 오른쪽 y축의 눈금 라벨을 지운 경우

• 날짜와 시간 라벨 달기

대기과학에서 널리 사용되는 시계열 데이터는 보통 날짜나 시간 축에 따라 표시된다. 이 때, 축의 눈금 라벨을 날짜와 시간으로 표시해야 하며, 이것은 label_date 함수로 표시할 수 있다. label_date 함수는 다음과 같은 형식으로 실행된다.

```
dummy = label_date(date_format='%D %W', days_of_week=[''])
```

여기서 date_format은 축 라벨의 포맷 코드로서, %D는 날짜를, %W는 요일을 표시하도록 지정한다. 키워드 days_of_week를 설정하면 사용자가 해당 요일 문자열도 정의할 수 있다.

다음 예문은 x축 눈금을 날짜와 영문 요일로 표시한 것이며, 그 결과는 그림 18.16(a)와 같다.

```
IDL> time = timegen(start=julday(8, 18, 2007), unit='DAYS', 7)
IDL> y = randomu(-1L, 7)
IDL> dummy = label_date(date_format='%D %W')
IDL> plot, time, y, xtickformat='LABEL_DATE', $
IDL>       title='Default week string'
```

다음 예문은 x축 눈금을 날짜와 사용자가 정의한 요일로 표시한 것으로서, 그 결과는 그림 18.16(b)와 같다.

```
IDL> time = timegen(start=julday(8, 18, 2007), unit='DAYS', 7)
IDL> y = randomu(-1L, 7)
IDL> dummy = label_date(date_format='%D %W', $
IDL>        days_of_week=['토','일','월','화','수','목','금'])
IDL> plot, time, y, xtickformat='LABEL_DATE', $
IDL>       title='DAYS_OF_ WEEK by User'
```

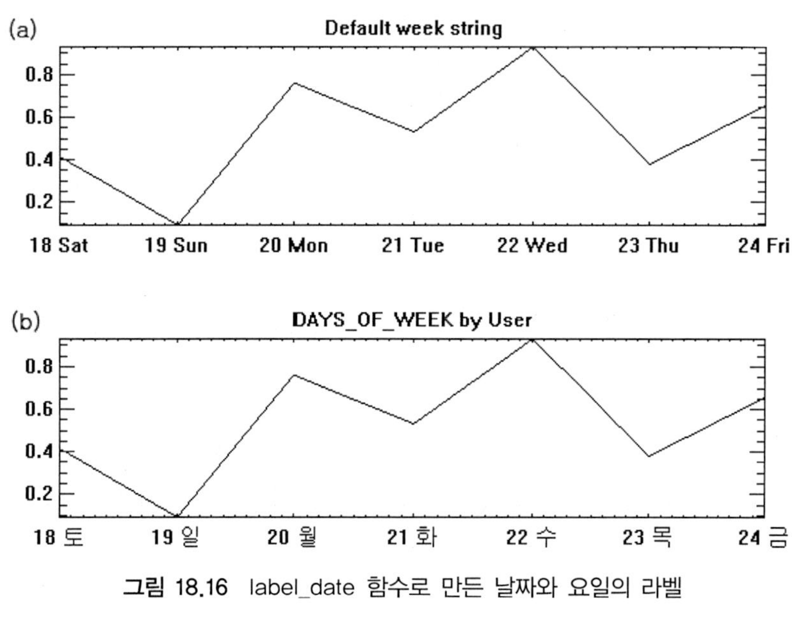

그림 18.16 label_date 함수로 만든 날짜와 요일의 라벨

18.4 plots 프러시저

plots 프러시저를 이용하여 선 그래프에 선이나 점을 그린다. plots 프러시저는 다음과 같은 형식으로 실행한다.

```
plots, x, y [, 키워드 1, ... 키워드 n]
```

여기서 인수 x와 y는 가로축과 세로축에서 좌표의 벡터이다. 단일 벡터 인수가 전달되면 입력 벡터의 요소 개수에 대해 데이터 점이 그려진다. 디폴트로는 데이터 좌표에서 데이터 점을 잇는 선을 그린다. 그러나 키워드 /normal을 설정하면 데이터 점은 정규좌표에 그린다. 키워드 /device를 설정하면 데이터 점은 디바이스 좌표에 그린다.

다음 예문은 현재 윈도의 정반대 모서리를 선으로 이은 것이다.

```
IDL> window,/free
IDL> plots, [0.0, 1.0], [0.0, 1.0], linestyle=2, /normal
```

18.5 그림 위치 설정

그림 위치는 현재 윈도나 그래픽스 디바이스를 채울 수 있게 자동으로 결정된다. 그러나 그림 크기를 조정하거나 한 면에 여러 개의 그림을 그릴 필요가 있으면, 이 때는 각 그림의 위치를 정해주어야 한다.

그림 위치는 키워드 position = [x1, y1, x2, y2]로 설정한다. 이 키워드는 정규좌표에서 [x1, y1, x2, y2] 형태의 벡터이다. 그림 18.17에서 보는 바와 같이 x1과 y1은 x축의 왼쪽 끝과 y축의 아래쪽 끝 위치이고, x2와 y2는 x축의 오른쪽 끝과 y축의 위쪽 끝의 위치이다. 이 때, 그림 제목과 축 라벨은 position으로 정의한 영역 밖에 쓰여지기 때문에, position을 정의할 때 축 주변에 충분한 여백을 주는 것이 좋다. 가장 최근에 그린 그림의 위치는 시스템 변수 !x.window와 !y.window에 저장된다.

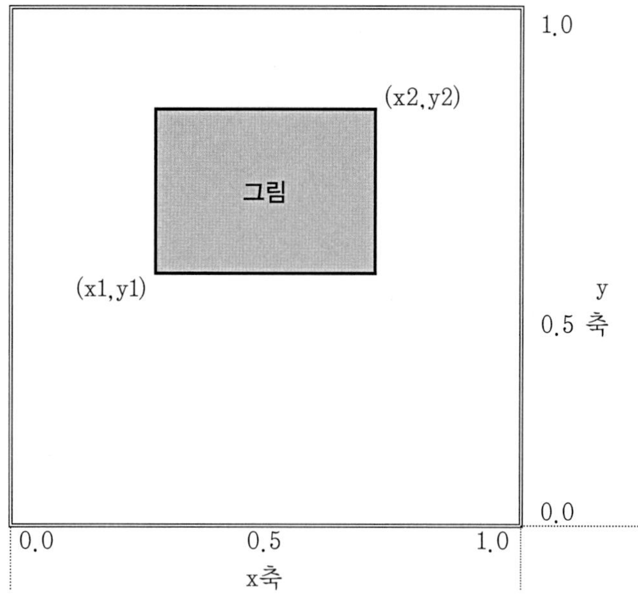

그림 18.17 윈도나 그래픽스 디바이스에서 그림 위치를 설정하기 위한 좌표체계

다음 예문은 한 면에 2개의 그림을 그리는 경우이다.

```
IDL> window, /free, xsize=640, ysize=512
IDL> x = findgen(200) * 0.1
IDL> plot, x, sin(x), position=[0.2, 0.1, 0.8, 0.4]
IDL> plot, x, sin(x)^2, position=[0.2, 0.5, 0.8, 0.8]
```

한 화면(용지)에 그림을 그릴 수 있는 영역은 시스템 변수 !P.region=[x1, y1, x2, y2]로 지정한다. 여기서 x1과 y1은 그림 위치의 좌표에 따라 x축의 왼쪽 끝과 y축의 아래쪽 끝에 위치하고, x2와 y2는 x축의 오른쪽 끝과 y축의 위쪽 끝에 위치한다. 그림 영역에는 축 제목, 주 제목 등도 포함된다.

```
IDL> !p.region = [0.2, 0.2, 0.8, 0.8]
```

한 화면(용지)에 그림을 그릴 수 있는 영역을 제외한 여백 부분은 시스템 변수 ![xyx].margin=[x1, x2]로 지정한다. 여기서 x1과 x2는 그림 위치의 좌표에 따라 각 축의 양쪽 여백을 글자 크기 단위로 지정한 것이다.

```
IDL> !x.margin = [10, 3] ; x축의 왼쪽과 오른쪽의 여백
IDL> !y.margin = [4, 2]  ; Y축의 아래쪽과 위쪽의 여백
```

한 화면(용지)에 여러 개의 그림을 그릴 경우에는 먼저 시스템 변수 !p.multi = [p0, p1, p2, p3, p4]로 다중 그림을 설정해야 한다. 여기서 p0은 남아 있는 그림의 수로서, 보통 0으로 설정하여 화면을 깨끗하게 한다. p1은 한 화면에 그릴 수 있는 열의 수, p2는 한 화면에 그릴 수 있는 행의 수, p3은 z축 방향으로 그릴 수 있는 그림의 수이다. p4는 그림 그리는 순서로서, 0은 왼쪽 → 오른쪽으로, 1은 위쪽 → 아래쪽으로 그린다. 다중 그림의 설정을 해제하기 위해서는 !P.multi = 0으로 설정해야 한다. 다음은 한 화면에 4개의 그림을 그리는 예문이며, 그 결과는 그림 18.18과 같다.

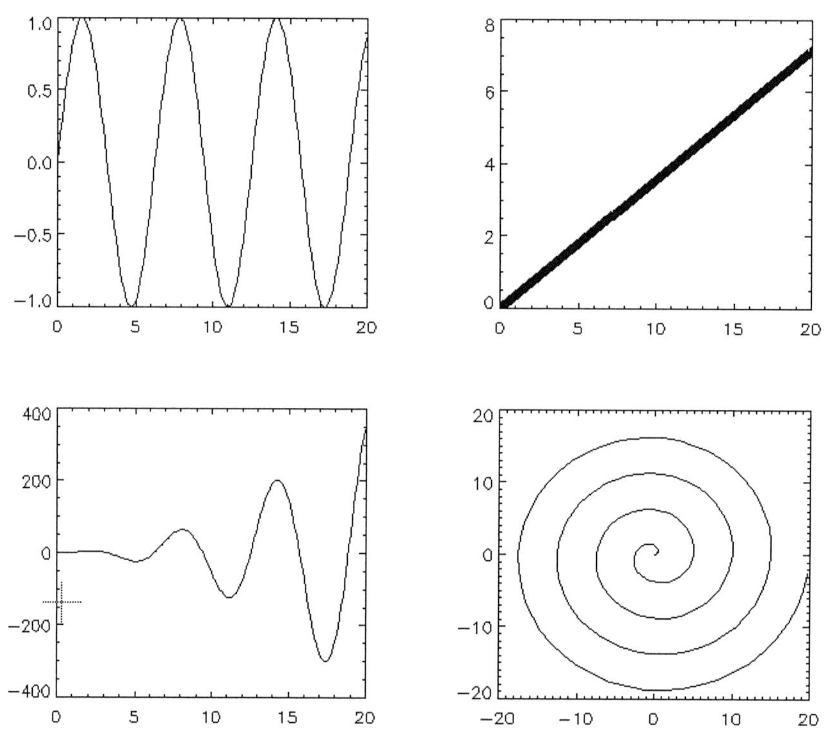

그림 18.18 한 화면에 여러 개의 그림을 그린 경우

```
IDL> !P.multi = [0, 2, 2, 0, 1] ; 2열 2행으로 위에서·아래쪽으로 그림
IDL> x = findgen(200)*0.1
IDL> plot, x, sin(x)
IDL> plot, x, sin(x)*x^2
IDL> plot, x, randomu(1200)*x, psym=1
IDL> plot, x, 4.0*!pi * x *0.1, /polar
```

18.6 그림 속성과 관련된 시스템 변수

일반적인 그림 속성은 plot, contour, surface 등과 같은 프러시저에서 키워드를 설정하여 조정할 수 있다. 이러한 그림 속성의 설정방법은 그 그림에만 영향이 있고 다른 그림에는 영향이 없다. 그림의 일반적인 속성을 설정하는 또 다른 방법으로 시스템 변수 !P를 이용하는 방법이 있다. 그림 속성을 설정하는 시스템 변수는 표 18.8과 같다.

표 18.8 그림 속성을 설정하는 시스템 변수

이름	기능
!p	일반적인 그림 속성(선 굵기, 선 모양 등)
!x	x축 속성
!y	y축 속성
!z	z축 속성
!d	그래픽스 윈도/디바이스 속성(읽기만 가능)

이들 시스템 변수에는 그림 속성을 설정하기 위한 키워드가 있고, 앞에서 설명한 그림 속성을 설정하기 위한 키워드를 붙여서 설정한다. 이것을 이용하면 그림 모두의 속성을 단숨에 바꿀 수 있다.

```
IDL> !p.linestyle = 1
IDL> !p.position = [0.2, 0.1, 0.8, 0.4]
IDL> !x.ticks = 6
```

18.7 선 그래프 그림의 응용 사례

대기과학에서 자주 등장하는 상관관계, 시계열, 연직 시계열, 연직 프로파일 등을 그리는 예문이다. 이 예문은 원하는 선 그래프 그림을 그리는데 응용하도록 제시한 것이다. 따라서 여기서는 예문에 사용된 데이터나 데이터 입출력 과정은 생략하였고, 제시된 그림을 그리는데 필요한 맞춤설정 코드만 제시하였다.

• **상관관계**

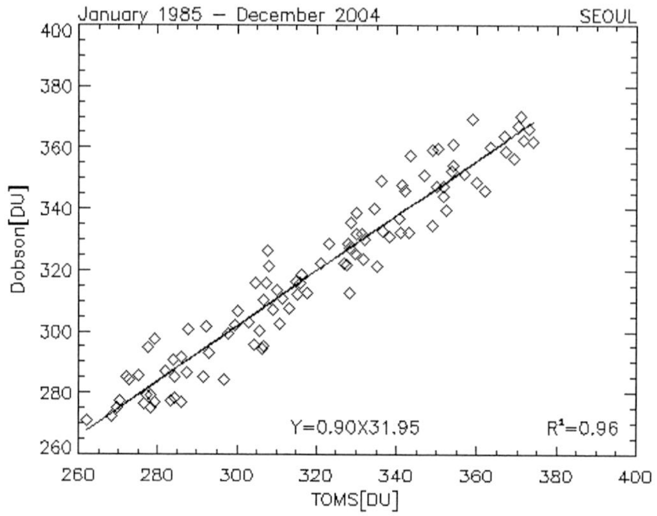

< 맞춤 설정 코드 >

※ 이 그림의 데이터는 임의로 생성해서 사용하였으므로 실제로 원하는 데이터로 대체해야 한다.

```
device, decomposed=0
window, xs=512, ys=384
loadct, 0
!p.background=255
!p.color=0

x = 20*randomu(seed, 100)-10+findgen(100)+270
y = 20*randomu(seed, 100)-10+findgen(100)+270
result = regress(x, y, const=const, mcorrelation=corr, yfit=ynew)
plot, x, y, psym=4, xst=1, xrange=[260, 400], yst=1, $
      yrange=[260, 400], xtitle='TOMS[DU]', ytitle='Dobson[DU]'
oplot, x, ynew
x1 = !x.crange[0]
x2 = !x.crange[1]
y1 = !y.crange[0]
y2 = !y.crange[1]
```

```
xyouts, x1, y2+0.01*(y2-y1), 'January 1985 - December 2004'
xyouts, x2, y2+0.01*(y2-y1), 'SEOUL', alignment=1
formula = 'Y='+strtrim(string(result[0], format='(f5.2)'), 2)+ $
        'X'+strtrim(string(const, format='(f6.2)'), 2)
xyouts, x1+0.5*(x2-x1), y1+0.05*(y2-y1), formula, alignment=0.5
correl = 'R!e2!n='+string(corr, format='(f4.2)')
xyouts, x2-0.03*(x2-x1), y1+0.05*(y2-y1), correl, alignment=1

!p.background=0
!p.color=255
```

- **시계열 1**

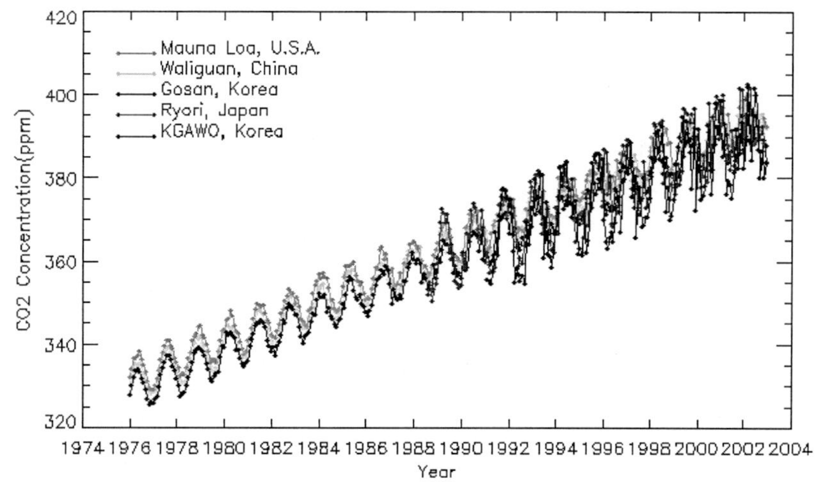

< 맞춤 설정 코드 >

※ 이 그림에서 yr, co1~co5는 임의로 생성해서 사용하였으므로 실제로는 원하는 데이터로 대체해야 한다. 또한, 이 코드에서 사용하는 외부 라이브러리는 http://www.idluser.org/ '유용한 루틴' 26번 게시물에서 구할 수 있다.

```
device, decomposed=0
window, xs=640, ys=384
loadct, 0
!p.background=255
!p.color=0
```

```
yr = timegen(start=julday(1, 1, 1976), $
    final=julday(12, 1, 2002), unit='months')
n = n_elements(yr)
yr1 = julday(1, 1, 1974)
yr2 = julday(1, 1, 2004)
co1 = (4+2*randomu(seed, n))*sin((0.4+0.01*randomu(seed, $
     n))*findgen(n))+330+0.2*findgen(n)
co2 = (4+2*randomu(seed, n))*sin((0.4+0.01*randomu(seed, $
     n))*findgen(n))+332+0.2*findgen(n)
co3 = (4+2*randomu(seed, n))*sin((0.4+0.01*randomu(seed,$
     n))*findgen(n))+328+0.2*findgen(n)
co4 = (9+2*randomu(seed, n))*sin((0.4+0.01*randomu(seed, $
     n))*findgen(n))+330+0.2*findgen(n)
co4[0:150] = !values.f_nan
co5 = (11+2*randomu(seed, n))*sin((0.4+0.01*randomu(seed, $
     n))*findgen(n))+327+0.2*findgen(n)
co5[0:180] = !values.f_nan
dummy = label_date(date_format='%Y')
psm1 = -plotsym(/circle, /fill, scale=0.5)
psm2 = -plotsym(/circle, /fill, scale=0.5)
psm3 = -plotsym(/triangle, /fill, scale=0.7)
psm4 = -plotsym(/circle, /fill, scale=0.5)
psm5 = -plotsym(/diamond, /fill, scale=0.5)
plot, yr, co1, xst=1, xrange=[yr1, yr2], xticks=15, yst=1, $
     yrange=[320, 420], xtickformat='label_date', $
     xtitle='Year', ytitle='CO2 Concentration(ppm)', /nodata
x1 = !x.crange[0]
x2 = !x.crange[1]
y1 = !y.crange[0]
y2 = !y.crange[1]
oplot, yr, co1, psym=psm1, color=200
plots, psym=psm1, [x1+0.05*(x2-x1), x1+0.1*(x2-x1)], $
       [y2-0.1*(y2-y1), y2-0.1*(y2-y1)], color=125
```

```
xyouts, x1+0.11*(x2-x1), y2-0.1*(y2-y1), $
       'Mauna Loa, U.S.A.'
oplot, yr, co2, psym=psm2, color=125
plots, psym=psm2, [x1+0.05*(x2-x1), x1+0.1*(x2-x1)], $
       [y2-0.15*(y2-y1), y2-0.15*(y2-y1)], color=200
xyouts, x1+0.11*(x2-x1), y2-0.15*(y2-y1), 'Waliguan, China'
oplot, yr, co3, psym=psm3, color=0
plots, psym=psm3, [x1+0.05*(x2-x1), x1+0.1*(x2-x1)], $
       [y2-0.2*(y2-y1), y2-0.2*(y2-y1)], color=0
xyouts, x1+0.11*(x2-x1), y2-0.2*(y2-y1), 'Gosan, Korea'
oplot, yr, co4, psym=psm4, color=50
plots, psym=psm4, [x1+0.05*(x2-x1), x1+0.1*(x2-x1)], $
       [y2-0.25*(y2-y1), y2-0.25*(y2-y1)], color=50
xyouts, x1+0.11*(x2-x1), y2-0.25*(y2-y1), 'Ryori, Japan'
oplot, yr, co5, psym=psm5, color=0
plots, psym=psm5, [x1+0.05*(x2-x1), x1+0.1*(x2-x1)], $
       [y2-0.3*(y2-y1), y2-0.3*(y2-y1)], color=0
xyouts, x1+0.11*(x2-x1), y2-0.3*(y2-y1), 'KGAWO, Korea'

!p.background=0
!p.color=255
```

- **시계열 2**

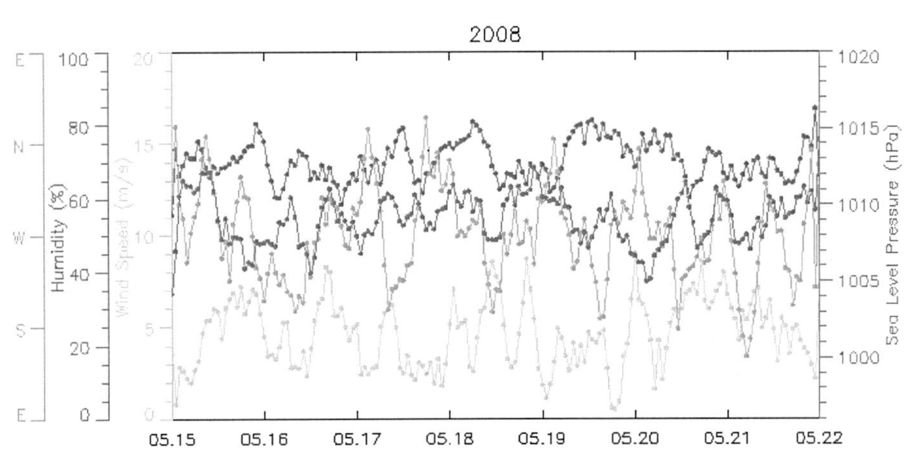

< 맞춤 설정 코드 >

※ 이 그림에서 tm, yy1~yy4는 임의로 생성해서 사용하였으므로 실제로는 원하는 데이터로 대체해야 한다. 또한 이 코드에서 사용하는 외부 라이브러리는 http://www.idluser.org/ '유용한 루틴' 26번 게시물에서 구할 수 있다.

```
device, decomposed=0
window, xs=640, ys=384
loadct, 0
!p.background=255
!p.color=0

tm = timegen(start=julday(5, 15, 2008, 0, 0), $
    final=julday(5, 22, 2008, 0, 0), unit='hours')
n = n_elements(tm)
tm1 = julday(5, 15, 2008, 0, 0)
tm2 = julday(5, 22, 2008, 0, 0)
yy1 = 15*smooth(randomu(seed, n), 5)-3
yy2 = 50+40*smooth(randomu(seed, n), 5)
yy3 = 360*smooth(randomu(seed, n), 5)
yy4 = 1003+12*smooth(randomu(seed, n), 5)
dummy = label_date(date_format='%N.%D')
psm = -plotsym(/circle, /fill, scale=0.5)
plot, tm, yy1, xst=1, xrange=[tm1, tm2], xticks=7, $
     xtickformat='label_date', xmargin=[15, 9], yst=5, $
     yrange=[0, 20], yticks=20, yticklen=1, title='2008', $
     color=0, /nodata
loadct, 39
x1 = !x.crange[0]
x2 = !x.crange[1]

axis, yaxis=0, color=145, yst=1, yrange=[0, 20], /save, $
     yticklen=-0.02
oplot, tm, yy1, psym=psm, color=145
```

```
xyouts, x1-0.07*(x2-x1), $
        !y.crange[0]+0.5*(!y.crange[1]-!y.crange[0]), $
        'Wind Speed (m/s)', color=145, alignment=0.5, $
        orientation=90
axis, !x.crange[0]-0.1*(x2-x1), yaxis=0, color=78, yst=1, $
      yrange=[0, 100], /save, yticklen=-0.02
oplot, tm, yy2, psym=psm, color=78
xyouts, x1-0.17*(x2-x1), $
        !y.crange[0]+0.5*(!y.crange[1]-!y.crange[0]), $
        'Humidity (%)', color=78, alignment=0.5, orientation=90
axis, !x.crange[0]-0.2*(x2-x1), yaxis=0, color=207, $
      yst=1, yrange=[0, 360], yticks=4, /save, $
      ytickname=['E', 'S', 'W', 'N', 'E'], yticklen=-0.02
oplot, tm, yy3, psym=psm, color=207
axis, !x.crange[1], yaxis=1, color=245, yst=1, $
      yrange=[996, 1020], /save, $
      ytitle='Sea Level Pressure (hPa)', yticklen=-0.02
oplot, tm, yy4, psym=psm, color=245

!p.background=0
!p.color=255
```

- **다중 시계열**

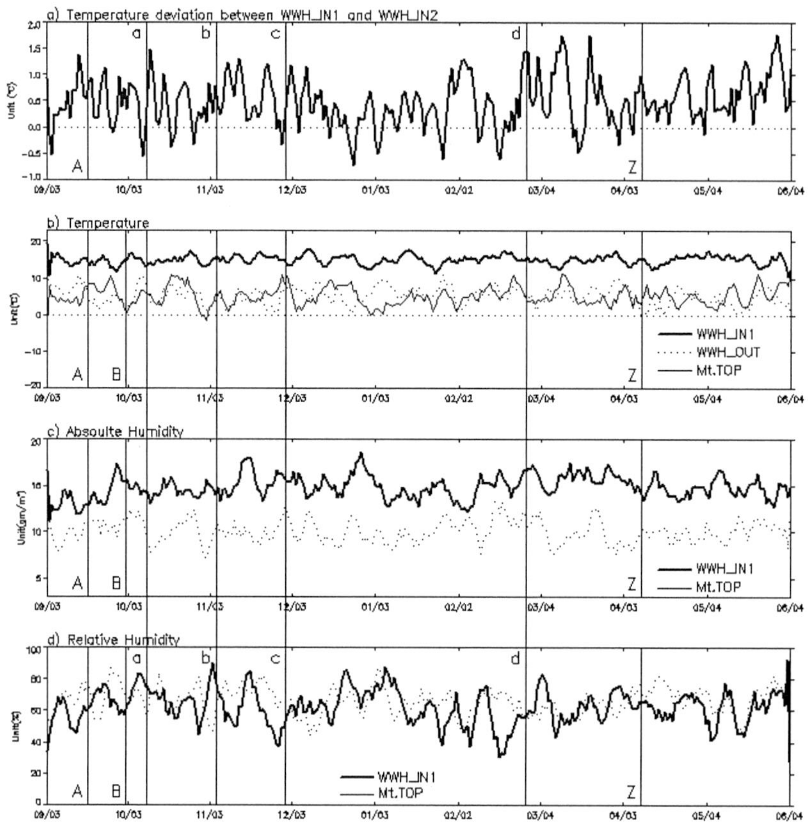

< 맞춤 설정 코드 >

※ 이 그림에서 tm, dev, temp_in1 등은 여기서는 임의로 생성해서 사용하였으므로 실제로는 원하는 데이터로 대체해야 한다.

```
device, decomposed=0
window, xs=640, ys=640
loadct, 0
!p.background=255
!p.color=0
!p.multi = [0, 1, 4]

tm = timegen(start=julday(9, 3, 2007, 0, 0), $
    final=julday(6, 4, 2008, 0, 0), unit='days')
```

```
n = n_elements(tm)
tm1 = tm[0]
tm2 = tm[n_elements(tm)-1]
dev = 3*smooth(randomu(seed, n), 3)-1
temp_in1 = 10+10*smooth(randomu(seed, n), 5)
temp_out = -5+20*smooth(randomu(seed, n), 5)
temp_top = -5+20*smooth(randomu(seed, n), 5)
absh_in1 = 10+10*smooth(randomu(seed, n), 5)
absh_top = 5+10*smooth(randomu(seed, n), 5)
relh_in1 = 100-80*smooth(randomu(seed, n), 5)
relh_top = 100-70*smooth(randomu(seed, n), 5)

tl = ['A', 'B', 'a', 'b', 'c', 'd', 'Z']
tly = [0.05, 0.05, 0.90, 0.90, 0.90, 0.90, 0.05]
tms = [julday(9, 18, 2007), julday(10, 2, 2007), $
      julday(10, 10, 2007), julday(11, 5, 2007), $
      julday(12, 1, 2007), julday(2, 27, 2008), $
      julday(4, 10, 2008)]
dummy = label_date(date_format='%N/%D')
; 1st plot
plot, tm, dev, xst=1, xrange=[tm1,tm2], xticks=9, $
      xtickformat='label_date', $
    yst=1, yrange=[-1, 2], yminor=1, yticklen=-0.005,
ytitle='Unit (!eo!nC)', /nodata
oplot, tm, dev, thick=2
x1 = !x.crange[0]
x2 = !x.crange[1]
y1 = !y.crange[0]
y2 = !y.crange[1]
plots, [x1, x2], [0, 0], linestyle=1
for i = 0, n_elements(tl)-1 do begin
    if i eq 1 then continue
    plots, [tms[i], tms[i]], [y1, y2]
    xyouts, tms[i]-0.02*(x2-x1), y1+tly[i]*(y2-y1), tl[i]
```

```
endfor
xyouts, x1, y2+0.02*(y2-y1), $
        'a) Temperature deviation between WWH_IN1 and WWH_IN2', $
        charsize=0.8
; 2nd plot
plot, tm, temp_in1, xst=1, xrange=[tm1,tm2], xticks=9, $
      xtickformat='label_date', yst=1, yrange=[-20, 23], $
      yminor=1, yticklen=-0.005, ytitle='Unit(!eo!nC)', $
      /nodata
oplot, tm, temp_in1, thick=2
oplot, tm, temp_out, linestyle=1
oplot, tm, temp_top
plots, !x.crange, [0, 0], linestyle=1
y1 = !y.crange[0]
y2 = !y.crange[1]
for i = 0, n_elements(tl)-1 do begin
  if i gt 1 and i lt 6 then begin
    plots, [tms[i], tms[i]], [y1-0.4*(y2-y1), y2]
    continue
  endif
  plots, [tms[i], tms[i]], !y.crange
  xyouts, tms[i]-0.02*(x2-x1), y1+tly[i]*(y2-y1), tl[i]
endfor
plots, [julday(4, 16, 2008), julday(4, 28, 2008)], $
       [-5, -5], thick=2
plots, [julday(4, 16, 2008), julday(4, 28, 2008)], $
       [-10, -10], linestyle=1
plots, [julday(4, 16, 2008), julday(4, 28, 2008)], $
       [-15, -15]
xyouts, julday(4, 30, 2008), -6, 'WWH_IN1', charsize=0.8
xyouts, julday(4, 30, 2008), -11, 'WWH_OUT', charsize=0.8
xyouts, julday(4, 30, 2008), -16, 'Mt.TOP', charsize=0.8
xyouts, x1, y2+0.02*(y2-y1), 'b) Temperature', charsize=0.8
```

```
; 3rd plot
plot, tm, absh_in1, xst=1, xrange=[tm1,tm2], xticks=9, $
      xtickformat='label_date', yst=1, yrange=[3, 20], $
      yminor=1, yticklen=-0.005, ytitle='Unit(gm/m!e3!n)', $
      /nodata
oplot, tm, absh_in1, thick=2
oplot, tm, absh_top, linestyle=1
y1 = !y.crange[0]
y2 = !y.crange[1]
for i = 0, n_elements(tl)-1 do begin
    if i gt 1 and i lt 6 then begin
    plots, [tms[i], tms[i]], [y1-0.4*(y2-y1), y2]
    continue
  endif
  plots, [tms[i], tms[i]], !y.crange
  xyouts, tms[i]-0.02*(x2-x1), y1+tly[i]*(y2-y1), tl[i]
endfor
plots, [julday(4, 16, 2008), julday(4, 28, 2008)], [6, 6], $
       thick=2
plots, [julday(4, 16, 2008), julday(4, 28, 2008)], [4, 4]
xyouts, julday(4, 30, 2008), 5.7, 'WWH_IN1', charsize=0.8
xyouts, julday(4, 30, 2008), 3.7, 'Mt.TOP', charsize=0.8
xyouts, x1, y2+0.02*(y2-y1), 'c) Absoulte Humidity', $
        charsize=0.8
; 4th plot
plot, tm, relh_in1, xst=1, xrange=[tm1,tm2], xticks=9, $
      xtickformat='label_date', yst=1, yrange=[0, 100], $
      yminor=1, yticklen=-0.005, ytitle='Unit(%)', /nodata
oplot, tm, relh_in1, thick=2
oplot, tm, relh_top, linestyle=1
y1 = !y.crange[0]
y2 = !y.crange[1]
for i = 0, n_elements(tl)-1 do begin
```

```
  plots, [tms[i], tms[i]], !y.crange
  xyouts, tms[i]-0.02*(x2-x1), y1+tly[i]*(y2-y1), tl[i]
endfor
plots, [julday(12, 21, 2007), julday(1, 2, 2008)], $
       [17, 17], thick=2
plots, [julday(12, 21, 2007), julday(1, 2, 2008)], [7, 7]
xyouts, julday(1, 4, 2008), 15, 'WWH_IN1', charsize=0.8
xyouts, julday(1, 4, 2008), 5, 'Mt.TOP', charsize=0.8
xyouts, x1, y2+0.02*(y2-y1), 'd) Relative Humidity', $
        charsize=0.8
!p.background=0
!p.color=255
!p.multi = 0
```

- **연직 시계열**

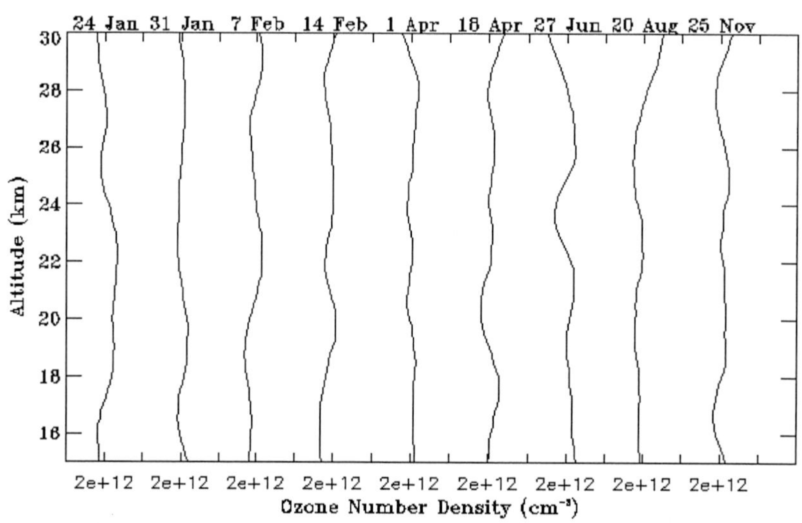

< 맞춤 설정 코드 >

※ 이 그림에서 ht와 oz는 임의로 생성해서 사용하였으므로 실제로는 원하는 데이터로 대체해야 한다.

```
device, decomposed=0
window, xs=640, ys=384
loadct, 0
!p.background = 255
!p.color = 0

dts = ['24 Jan', '31 Jan', '7 Feb', '14 Feb', '1 Apr', '18 Apr', $
     '27 Jun', '20 Aug', '25 Nov']
xtk = replicate(' ', 20)
for i = 0, 8 do xtk[2*i+1]='2e+12'
plot, indgen(10), /nodata, xst=1, xrange=[1e12, 20e12], $
      xminor=1, xticks=19, xtickname=xtk, yst=1, yrange=[15, 30], $
      yminor=1, xtitle='!17Ozone Number Density (cm!e-3!n)', $
      ytitle='Altitude (km)'
ht = findgen(61)/4+15

for j = 0, 8 do begin
   oz = 2e12*randomu(s, 61)+1e12
   for i = 0, 1 do oz = smooth(oz, 9, /edge)
        axis, j*2e12+1e12, /yaxis, yst=5, yrange=[15, 30], /save
        oplot, oz+j*2e12, ht
        xyouts, (j+1)*2e12, 30.1, '!17'+dts[j]+'!3', alignment=0.5
endfor

!p.background = 0
!p.color = 255
```

• 연직 프로파일

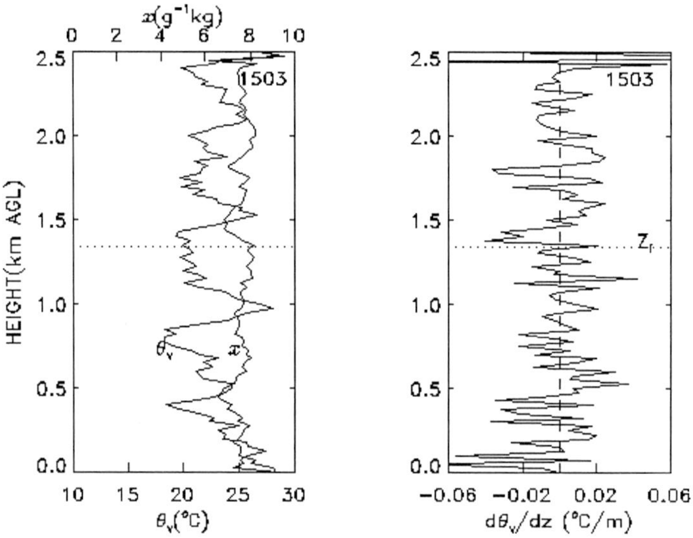

< 맞춤 설정 코드 >

※ 이 그림에서 vpt, mxr, hgt, dvptdz는 임의로 생성해서 사용하였으므로 실제로는 원하는 데이터로 대체해야 한다.

```
device, decomposed=0
window, xs=512, ys=384
loadct, 0
!p.background = 255
!p.color = 0

; system variables
!p.multi =[0, 2, 1]
!y.range = [0, 2.5]
!y.ticks = 5
!x.style = 1
!y.style = 1

n = 101
vpt = 20+10*smooth(randomu(seed, n), 9)+273.15
mxr = 2+8*smooth(randomu(seed, n), 5)
```

```
hgt = 25*findgen(n)
dvptdz = fltarr(n)
for i = 1, n-1 do dvptdz[i] = (vpt[i]-vpt[i-1])/(hgt[i]-hgt[i-1])

; virtual potential temperature
plot, vpt-273.15, hgt/1000., xstyle=8, xrange=[10, 30], $
      xticks=4, xminor=1, ymargin=[4, 4], $
      ytitle='!5HEIGHT(km AGL)', xtitle='!7h!5!dv!n(!uo!nC)'
oplot,[10, 30], [1339./1000., 1339./1000.], linestyle=1
xyouts, 17.5, 0.7,'!7h!5!dv!n', charsize=1.0
xyouts, 25, 2.3, '!51503', charsize=1.0

; mixing ratio
axis, xaxis=1, xrange=[0, 10], xticks=5,$
      xtitle='!8x!5(g!u-1!nkg)',/save
oplot, mxr, hgt/1000., linestyle=0
xyouts, 7, 0.7,'!8x!5', charsize=1.0

; vertical gradient of virtual potential temperature
plot, dvptdz, hgt/1000., ymargin=[4, 4], $
      xrange=[-0.06, 0.06], xticks=3, xminor=0, $
      xtitle='!5d!7h!3!dv!n!5/dz (!uo!nC/m)'
oplot, [0.0, 0.0], !y.crange, linestyle=2
oplot, !x.crange, [1339./1000., 1339./1000.], linestyle=1
xyouts, 0.042, 1339./1000.,'!5Z!di!n', size=1.0
xyouts, 0.025, 2.3,'!51503', charsize=1.0

!p.background = 0
!p.color = 255
!p.multi = 0
!y.range = 0
!x.style = 0
!y.style = 0
```

• **단열선도(Skew T- log P diagram)**

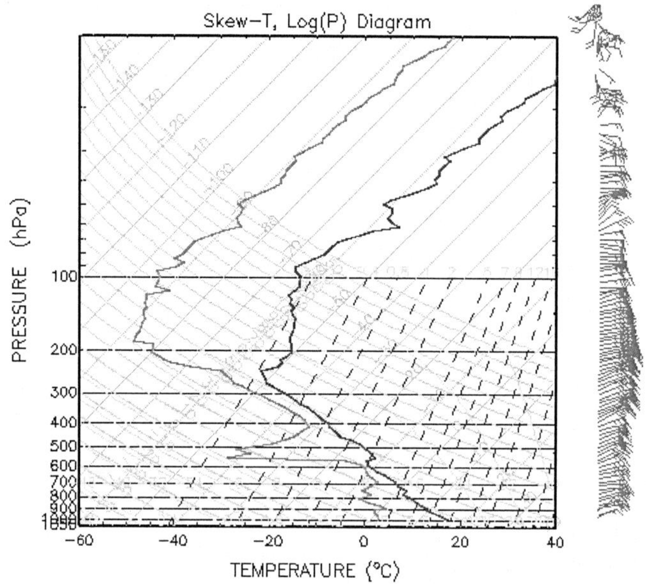

< 맞춤 설정 코드 >

※ 이 그림에서 temperature, dewT, pressure, wdir, wspd는 실제 고층기상관측자료를 사용해야 하며, 이 코드에서 사용하는 외부 라이브러리는 http://www.idluser.org/ '유용한 루틴' 27번 게시물에서 구할 수 있다.

```
plot_sonde, Temperature, dewT, Pressure, DIR=wdir, KNOT=wspd
```

막대그림과 히스토그램

Chapter | 19

어떤 현상이나 실적을 일정한 계급구간에 따른 도수로 표현할 때 막대그림과 히스토그램(histogram)을 사용한다. 막대그림이나 히스토그램은 일정한 계급 구간을 밑변으로 하고 도수를 높이로 표현한 그림이다. 단지, 막대 사이에 간격이 있으면 막대그림이고 간격이 없으면 히스토그램이다. 여기서는 막대그림과 히스토그램을 그리는 방법에 대해 설명한다. 또한, 통계 처리로 얻은 데이터의 오차를 나타내는 에러 바(error bar)를 그리는 방법에 대해서도 설명한다.

19.1 막대그림

막대그림은 bar_plot 프러시저로 생성된다. 이 프러시저는 다음과 같은 형식으로 실행한다.

```
bar_plot, x, barnames=['문자열1', '문자열2',..,'문자열n'],
          [키워드1,..,키워드 n]
```

여기서 인수 x는 막대로 표시하기 위한 벡터이고, 키워드 barnames는 각 막대의 이름을 포함한 문자열 배열이다. 키워드로는 colors, title, xtitle, ytitle, /outline이 있다. 키워드 colors는 막대의 색을, 키워드 title, xtitle, ytitle은 선 그래프 그림과 같이 그림 제목이나 축 제목을 설정한다. 키워드 /outline를 설정하면 각 막대를 둘러싼 외곽선을 그린다.

다음은 최근 5년간 경남 통영 지역의 연도별 강수일수를 막대그림으로 그리는 예문이고, 그 결과는 그림 19.1과 같다.

```
IDL> rainfall = [141, 126, 123, 116, 132]
IDL> year = ['2003','2004','2005','2006','2007']
IDL> clrs = 40*[1, 2, 3, 4, 5]
IDL> bar_plot, rainfall, barnames=year, colors=clrs, $
              title='Total Annual Rainfall days in Tongyoung',$
              xtitle='Year',ytitle='Rainfall(mm)',/outline, $
              background=255
```

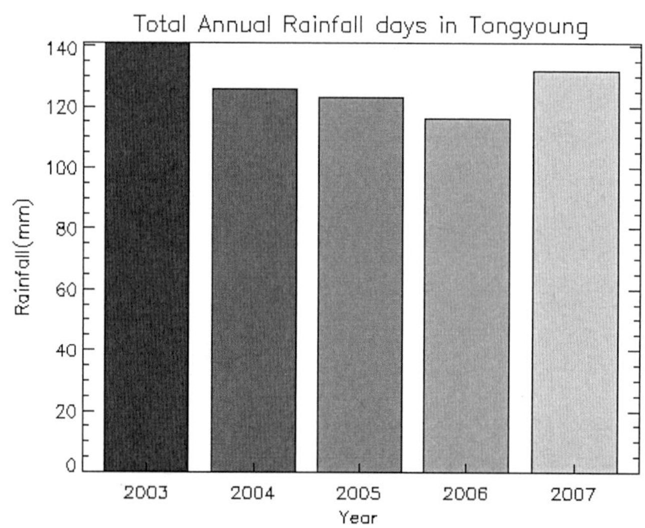

그림 19.1 막대그림에 대한 예

19.2 히스토그램

히스토그램은 histogram 함수를 이용하여 계급구간별 도수에 대한 배열을 구하고, 이 배열을 plot 프러시저로 그려서 만든다.

histogram 함수는 계급구간별 도수값을 배열로 되돌려 준다. 이 프러시저는 다음과 같은 형식으로 실행한다.

```
hist = histogram(data)
```

여기서 hist에는 각 계급구간별 도수가 저장된 배열이고 인수 data는 히스토그램을 구하고자하는 데이터 배열이다. 이 때, 계급구간은 디폴트로 1.0으로 설정되며, 이 경우에 배열의 첫 번째 요소로 $0.0 \le$ data < 1.0 구간의 도수가, 두 번째 요소로 $1.0 \le$ data < 2.0의 도수의 형태로 계급구간별 도수가 배열에 저장된다. histogram 함수로 구해진 배열은 plot 프러시저에 기호 psym=10을 설정하여 히스토그램을 그린다.

다음은 dist(32) 함수의 결과에 대해서 histogram 함수로 계급구간별 도수를 구하고 plot 프러시저로 히스토그램을 그리는 예문이다. 이 예문의 결과는 그림 19.2(a)와 같다.

```
IDL> data = dist(32)
IDL> hist = histogram(data)
IDL> print, hist[0:4]
 8    1    16    20    24
IDL> plot, hist, psym=10
```

histogram 함수와 plot 프러시저로 히스토그램을 그리는 것은 다소 복잡하다. 한번에 히스토그램을 그릴 수 있는 hist_plot 프러시저가 있다. hist_plot 프러시저는 다음과 같은 형식으로 실행한다.

```
hist_plot, data, min=min_value, max=max_value, $
          binsize=binsize, normalize=normalize, fill=fill, $
          _extra=extra_keywords
```

```
function first,x
 return,x[0]
end

function last,x
```

```
 return,x[n_elements(x)-1]
end

pro hist_plot,x,y,xlog=xlog,yrange,over=over,_extra=extra
 if not keyword_set(yrange) then yrang=[0,1.1*max(y)]
 if keyword_set(xlog) then begin
  k=x[1]/x[0]
  startx=x
  endx=k*x
 endif else begin
  startx=x
  endx=x+x[1]-x[0]
 endlese
 if not keyword_set(over) then begin

plot,startx,y,xlog=xlog,yrange=yrange,/ysty,/xsty,_extra=e
xtra,/nodata,xrange=[first(startx),last(endx)]
 end
 for i=0,n_elements(x)-1 do begin
   oplot,startx[i]*[1,1],[yrange[0],y[i],_extra=extra
   oplot,endx[i]*[1,1],[yrange[0],y[i],_extra=extra
   oplot,[startx[i],endx[i]],[y[i]*[1,1],_extra=extra
  end
 end
```

여기서 인수 data는 히스토그램을 구하고자 하는 데이터 배열이고, 키워드 min과 max는 히스토그램을 계산하는데 사용되는 데이터의 범위를 설정한다. 키워드 binsize는 계급구간의 크기를 설정한다. 키워드 normalize는 히스토그램이 입력 배열의 총 개수로 정규화한다. 키워드 fill은 그려진 히스토그램이 채워진다. _extra 키워드는 plot 프러시저에서 사용한 모든 키워드를 설정한다.

다음은 dist(32) 함수의 결과에 대해서 hist_plot 프러시저로 히스토그램을 그리는 예문이다. 이 예문의 결과는 그림 19.2(b)와 같다.

```
IDL> hist_plot, dist(32), xtitle='Intensity', ytitle='Frequency'
```

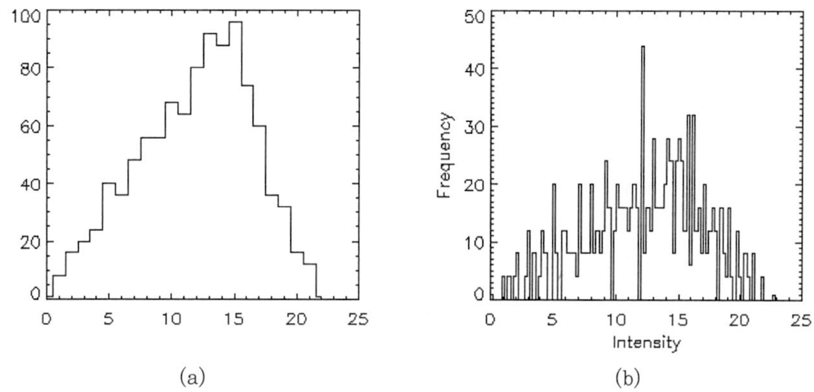

그림 19.2 (a) plot 프러시저와 (b) hist_plot 프러시저로 그린 히스토그램

19.3 에러 바

실험 데이터를 선 그래프 그림으로 그리고 그 위에 에러 바를 겹쳐 그려야 할 경우가 있다. IDL은 에러 바를 그릴 수 있는 여러 내장 함수를 가지고 있으나 이들 함수는 색, 두께 등을 조정하기 어렵다. err_plot 프러시저를 사용하면 선 그래프 그림에 에러 바를 쉽게 그릴 수 있으며, 이 프러시저는 다음과 같은 형식으로 실행한다.

```
err_plot, x, ylower, yupper,
          [ width=width, _extra=extra_keywords ]
```

여기서 인수 x는 가로축의 벡터이고, 인수 ylower와 yupper는 각 데이터의 하한과 상한 오차이다. 선택사항인 width 키워드는 정규좌표로 표시한 에러 바의 폭을 설정한다. _extra 키워드는 plots 프러시저에서 사용한 모든 키워드를 설정한다.

다음은 무작위로 발생시킨 10개의 수에 대해서 plot 프러시저로 선 그래프 그림을 그린 후, 여기에 에러 바를 추가하는 예문이다. 이 예문의 결과는 그림 19.3과 같다.

```
IDL> x = findgen(10)
IDL> y = randomu(-1L, 10) + 10
IDL> plot, x, y, yrange=[9.5, 11.5]
IDL> err=0.1
IDL> err_plot, x, y-err, y+err
```

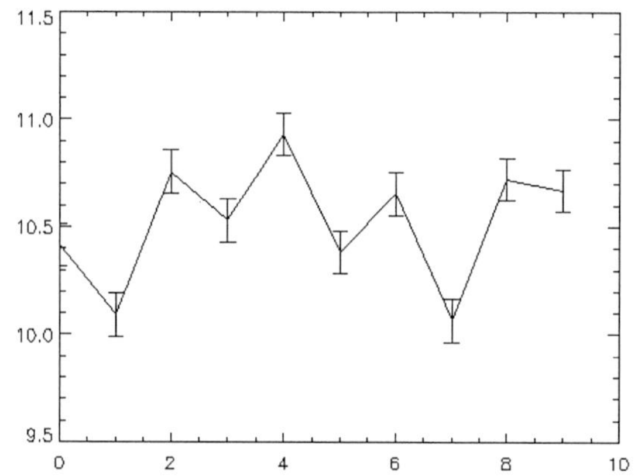

그림 19.3 에러 바에 대한 예제

19.4 막대그림, 히스토그램, 에러 바의 응용 사례

대기과학에서 자주 등장하는 막대그림, 히스토그램, 에러 바 등에 대한 예제이다. 여기서는 예제 그림에 사용된 데이터나 데이터 입출력 과정은 생략하였고, 제시된 그림을 그리기 위한 맞춤설정 코드만 제시하였다. 예문 그림에서 사용된 데이터는 임의로 생성하여 만든 것이므로 실제로는 원하는 데이터로 대체해야 한다.

• **히스토그램**

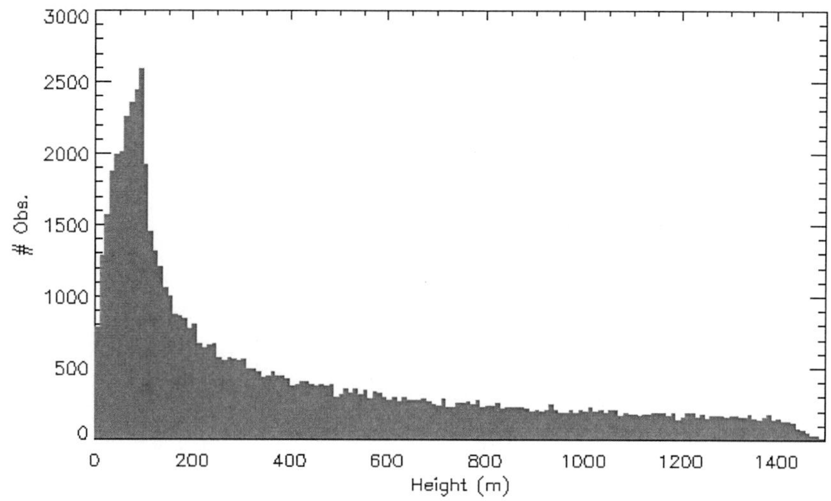

< 맞춤 설정 코드 >

※ 이 그림에서 a는 임의로 생성해서 사용하였으므로 실제로는 원하는 데이터로 대체해야 한다.

```
device, decomposed=0
loadct, 0
!p.background=255
a=100*randomu(seed, 256, 256)+1400*hanning(256, 256)
binsz=10
k = histogram(a, binsize=binsz, locations=loc)
plot, loc, k, color=0, xst=1, xrange=[0, max(loc)+binsz], $
      xtitle='Height (m)', ytitle='# Obs.', /nodata
for I = 0, n_elements(k)-1 do begin
    polyfill, [loc[i], loc[i], loc[i]+binsz, loc[i]+binsz], $
              [0, k[i], k[i], 0], color=100
endfor
!p.background = 0
```

- **막대그림**

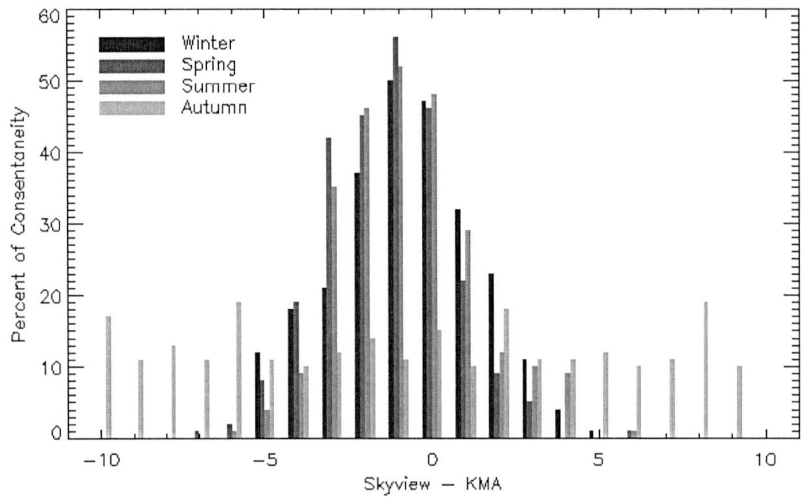

< 맞춤 설정 코드 >

※ 이 그림에서 data는 임의로 생성해서 사용하였으므로 실제로는 원하는 데이터로 대체해야 한다.

```
device, decomposed=0
window, xs=640, ys=384
loadct, 0
!p.background=255
n=16
data=fltarr(4, n, n)
for i=0, 3 do $
    data[i, *, *]=20*randomu(seed, n, n)-10;+8*hanning(n, n)-5
for i=0, 2 do $
    data[i, *, *]=smooth(data[i, *, *], 3, /edge_truncate)
binsz1=1
binsz2=0.15
legy = [55, 52, 49, 46]
legt = ['Winter', 'Spring', 'Summer', 'Autumn']
plot, indgen(10), xst=1, xrange=[-11, 11], yst=1, $
      yrange=[0, 60], xtitle='Skyview - KMA', $
      ytitle='Percent of Consentaneity', color=0, /nodata
```

```
for j = 0, 3 do begin; loop with season
  k = histogram(data[j, *, *], binsize=binsz1, min=-10, max=10, $
       locations=loc)
  for i = 0, n_elements(k)-1 do begin
    loc1 = loc[i]+(j-2)*binsz2
    loc2 = loc1 + binsz2
    polyfill, [loc1, loc1, loc2, loc2], [0, k[i], k[i], 0], $
              color=j*50+30
    polyfill, [-10, -10, -8, -8], $
               [legy[j]-1, legy[j]+1, legy[j]+1, legy[j]-1],
               color=j*50+30
               xyouts, -7.5, legy[j]-0.5, legt[j], color=0
  endfor
endfor
!p.background=0
```

- **막대그림 + 선 그래프 그림 1**

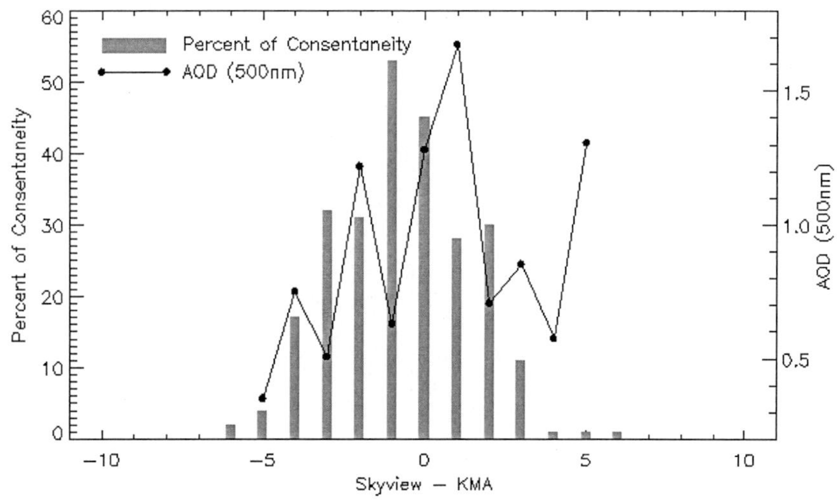

< 맞춤 설정 코드 >

※ 이 코드에서 사용하는 외부 라이브러리는 http://www.idluser.org/ '유용한 루틴' 26 번 게시물에서 구할 수 있다.

```
device, decomposed=0
window, xs=640, ys=384
loadct, 0
!p.background=255
!p.color=0

n=16
for i=0, 3 do data=20*randomu(seed, n, n)-10
data=smooth(data, 3, /edge_truncate)
yy=1.5*randomu(seed, 11)+0.2
xx=indgen(11)-5
binsz1=1
binsz2=0.3
legy=55
legt='Percent of Consentaneity'
plot, indgen(10), xst=1, xrange=[-11, 11], yst=9, $
      yrange=[0, 60], xmargin=[9, 6], xtitle='Skyview - KMA', $
      ytitle='Percent of Consentaneity', /nodata
k = histogram(data, binsize=binsz1, min=-10, max=10, $
    locations=loc)
for i = 0, n_elements(k)-1 do begin
    loc1 = loc[i]-binsz2/2.
    loc2 = loc1 + binsz2
    polyfill, [loc1, loc1, loc2, loc2], [0, k[i], k[i], 0], $
              color=130
endfor
polyfill, [-10, -10, -8, -8], [legy-1, legy+1, legy+1, legy-1], $
          color=130
xyouts, -7.5, legy-0.5, legt
axis, !x.crange[1], /yaxis, yst=1, yrange=[0.2, 1.8], $
      ytitle='AOD (500nm)', /save
oplot, xx, yy, psym=-plotsym(/circle, /fill, scale=0.7)
plots, [-10, -8], [1.57, 1.57], $
       psym=-plotsym(/circle, /fill, scale=0.7)
```

```
xyouts, -7.5, 1.55, 'AOD (500nm)'
!p.background = 0
!p.color = 255
```

- **막대그림 + 선 그래프 그림 2**

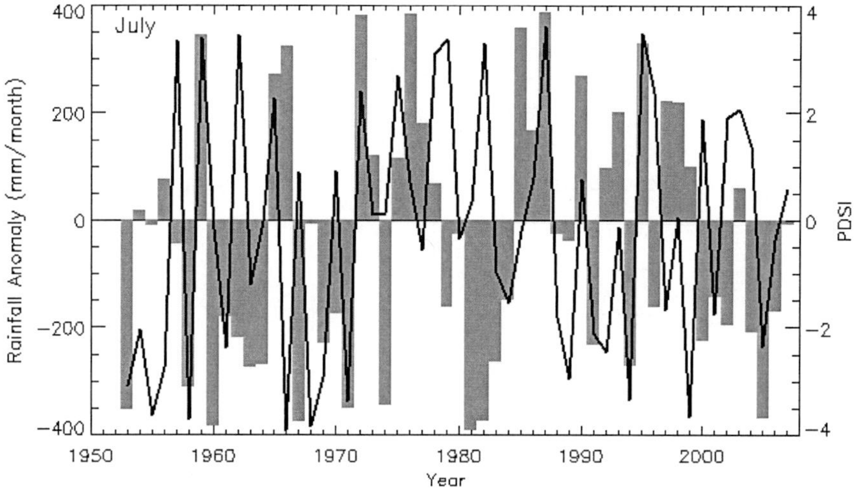

< 맞춤 설정 코드 >

```
device, decomposed=0
window, xs=640, ys=384
loadct, 0
!p.background=255
!p.color=0

n=55
data=800*randomu(seed, n)-400
print, min(data), max(data)
yy=8*randomu(seed, n)-4
xx=indgen(n)+1953
binsz=1
legy=55
legt='Percent of Consentaneity'
plot, indgen(10), xst=1, xrange=[1950, 2008], yst=9, $
```

```
      yrange=[-400, 400], xmargin=[9, 6], xtitle='Year', $
      ytitle='Rainfall Anomaly (mm/month)', /nodata
plots, !x.crange, [0, 0]
for i = 0, n-1 do begin
    loc1 = xx[i]-binsz/2.
    loc2 = loc1 + binsz
    polyfill, [loc1, loc1, loc2, loc2], [0, data[i], data[i], 0], $
             color=130
endfor
xyouts, 1952, 350, 'July', charsize=1.2
axis, !x.crange[1], /yaxis, yst=1, yrange=[-4, 4], $
      ytitle='PDSI', /save
oplot, xx, yy, thick=1.5
!p.background = 0
!p.color = 255
```

- **선 그래프 그림 + 에러 바**

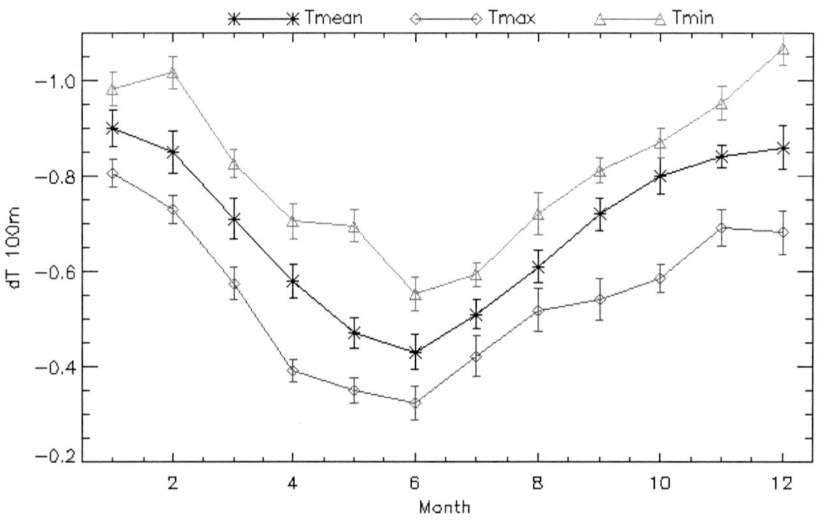

< 맞춤 설정 코드 >

```
device, decomposed=0
window, xs=640, ys=384
```

```
loadct, 0
!p.background=255

n=12
month = indgen(n)+1
tmean=-[0.90, 0.85, 0.71, 0.58, 0.47, 0.43, 0.51, 0.61,
0.72, 0.80, 0.84, 0.86]
tmean_err=0.05*randomu(seed, n)+0.045
tmax=tmean+0.2*randomu(seed, n)+0.05
tmax_err=0.05*randomu(seed, n)+0.045
tmin=tmean-0.2*randomu(seed, n)-0.05
tmin_err=0.05*randomu(seed, n)+0.045

cls = [0, 100, 150]
psm = [-2, -4, -5]
plot, indgen(10), color=0, xst=1, xrange=[0.5, 12.5], yst=1, $
     yrange=[-0.2, -1.1], xtitle='Month', ytitle='dT 100m', /nodata
oplot, month, tmean, psym=psm[0], color=cls[0]
errplot, month, tmean-tmean_err/2, tmean+tmean_err/2, $
        color=cls[0]
oplot, month, tmax, psym=psm[1], color=cls[1]
errplot, month, tmax-tmax_err/2, tmax+tmax_err/2, color=cls[1]
oplot, month, tmin, psym=psm[2], color=cls[2]
errplot, month, tmin-tmin_err/2, tmin+tmin_err/2, color=cls[2]
plots, [3, 4], [-1.13, -1.13], psym=psm[0], color=cls[0]
xyouts, 4.2, -1.12, 'Tmean', color=0
plots, [6, 7], [-1.13, -1.13], psym=psm[1], color=cls[1]
xyouts, 7.2, -1.12, 'Tmax', color=0
plots, [9, 10], [-1.13, -1.13], psym=psm[2], color=cls[2]
xyouts, 10.2, -1.12, 'Tmin', color=0
!p.background = 0
```

등치선 그림

Chapter | 20

2차원 함수 z = f(x, y)로 정의되는 데이터 세트를 등치선으로 시각화한 것이 등치선 그림(contour plot)이다. 이 등치선 그림은 입력 데이터 세트가 규칙적인 격자 데이터인지 불규칙 격자 데이터인지에 따라 약간 다른 과정으로 수행된다. 여기서는 contour 프러시저를 사용하여 등치선 그림을 그리는 방법에 대해 설명한다.

20.1 등치선 그림의 개요

contour 프러시저는 규칙 또는 불규칙 격자로 만들어진 2차원 데이터 세트에 대해 등치선을 그린다. contour 프러시저의 일반적인 형식은 다음과 같다.

```
contour, z, x, y, [키워드1, 키워드2, ...., 키워드n]
```

여기서 인수 z는 규칙적인 격자의 2차원 배열 데이터이고, x와 y는 x와 y축에서 규칙적인 간격의 격자에 대한 벡터 또는 배열 데이터이다. x 배열의 각 요소는 x축의 각 위치를, y 배열의 각 요소는 y축의 각 위치를 나타낸다. contour 프러시저에서 널리 사용하는 키워드는 표 20.1과 같으며, 그 외 xtitle, ytitle, title, charsize는 plot 프러시저에서 사용하는 키워드와 동일하다.

다음은 규칙적인 경도 x와 위도 y에 따른 기온 분포를 등치선 그림으로 그리는 예문이다. 이 예문의 결과는 그림 20.1(a)와 같다.

```
IDL> x = [124, 125, 126, 127, 128, 129, 130, 131, 132, 133]
IDL> y = [34.0,34.5,35.0,35.5,36.0,36.5,37.0,37.5,38.0,38.5]
IDL> z = 15+10*randomu(seed, 10, 10)
IDL> z = smooth(z, 3, /edge_truncate)
IDL> contour, z, x, y
```

표 20.1 contour 프러시저에서 사용하는 키워드

이름	기능
nlevels	등치 수준의 개수(디폴트 : 자동)
levels	등치 수준(디폴트 : 자동)
c_labels	등치선 라벨의 플래그(디폴트 : 라벨 없음)
c_charsize	등치선 라벨의 크기(디폴트 : 1.0)
c_charthick	등치선 라벨의 굵기(디폴트 : 1.0)
c_annotation	등치선 라벨의 문자열(디폴트 : 수준값)
c_orientation	등치선 라벨의 방향(디폴트 : 0)
c_spacing	등치선 라벨의 부여 간격(디폴트 : 0)
c_colors	등치선 색(디폴트 : 등재 색상표의 최대 색 지수)
c_linestyle	등치선 모양(0~5, 디폴트 : 0)
c_thick	등치선 두께(디폴트 1.0)
/irregular	불규칙 격자 데이터의 입력
/overplot	기존 축에 겹쳐 그리기
/fill	등치선 채우기
/cell_fill	cell fill로 등치선 채우기
/downhill	내리막길(downhill) 방향 표시
min_value	등치선을 그리는데 사용하는 최소값
max_value	등치선을 그리는데 사용하는 최대값

20.2 등치선 그림의 맞춤 설정

등치선 그림은 표 20.1의 키워드와 plot 프러시저의 키워드를 하나하나씩 추가해가면서 원하는 등치선 그림으로 맞춤 설정할 수 있다. 키워드 nlevels는 등치 수준의 개수를 설정한다. 키워드 levels는 등치 수준을 설정한다. 등치 수준이 지정되지 않으면 디폴트로 3~8로 설정된다. 키워드 c_labels는 등치 수준의 라벨을 달 것인지를 설정한다. c_labels의 요소값이 0이면 그 등치 수준에 해당하는 라벨을 달지 않고, 0이 아닌 값이면 그 등치 수준에 해당하는 라벨을 단다. 따라서 levels의 요소 개수와 c_labels의 요소 개수는 같아야 한다. c_charsize, c_charthick, c_colors, c_linestyle, c_thick은 plot 프러시저의 키워드인 charsize, charthick, colors, linestyle, thick과 동일한 방법으로 사용하면 된다.

다음은 규칙적인 2차원 데이터로 그린 등치선 그림에 등치 수준, 등치 수준의 라벨, 등치선 모양, 그리고 등치선 두께에 대한 키워드를 사용하여 맞춤 설정하는 예문이다. 이 결과는 그림 20.1(b)와 같다.

```
IDL> x = [124, 125, 126, 127, 128, 129, 130, 131, 132, 133]
IDL> y = [34.0,34.5,35.0,35.5,36.0,36.5,37.0,37.5,38.0,38.5]
IDL> z = 15+10*randomu(seed, 10, 10)
IDL> z = smooth(z, 3, /edge_truncate)
IDL> level = [10, 15, 20, 25, 30]
IDL> c_label = [0, 1, 0, 1, 0]
IDL> c_linestyle = [1, 0, 1, 0, 1]
IDL> contour, z, x, y, nlevels=5, c_labels=c_label, $
             levels=level, c_linestyle=c_linestyle, c_thick=2,$
             c_charsize=1.5
```

등치선 라벨로 등치 수준값 대신에 문자열을 달 경우에 키워드 c_annotation으로, 등치선 라벨의 방향은 키워드 c_orientation으로, 등치선 라벨의 간격은 키워드 c_spacing으로 설정한다.

다음은 규칙적인 2차원 데이터로 그린 등치선 그림에 등치선 라벨의 방향, 등치선 라벨의 간격에 대한 키워드를 사용하여 맞춤 설정하는 예문이다. 이 결과는 그림 20.1(c)와 같다.

```
IDL> x = [124, 125, 126, 127, 128, 129, 130, 131, 132, 133]
IDL> y = [34.0,34.5,35.0,35.5,36.0,36.5,37.0,37.5,38.0,38.5]
IDL> z = 15+10*randomu(seed, 10, 10)
IDL> z = smooth(z, 3, /edge_truncate)
IDL> level = [10, 15, 20, 25, 30]
IDL> c_label = [0, 1, 0, 1, 0]
IDL> c_linestyle = [1, 0, 1, 0, 1]
IDL> contour, z, x, y, nlevels=5, c_labels=c_label, $
            levels=level, c_linestyle=c_linestyle, $
            c_thick=2, c_charsize=1.5, $
            c_annotation=['Low', 'Middle', 'High'], $
            /downhill, /follow
```

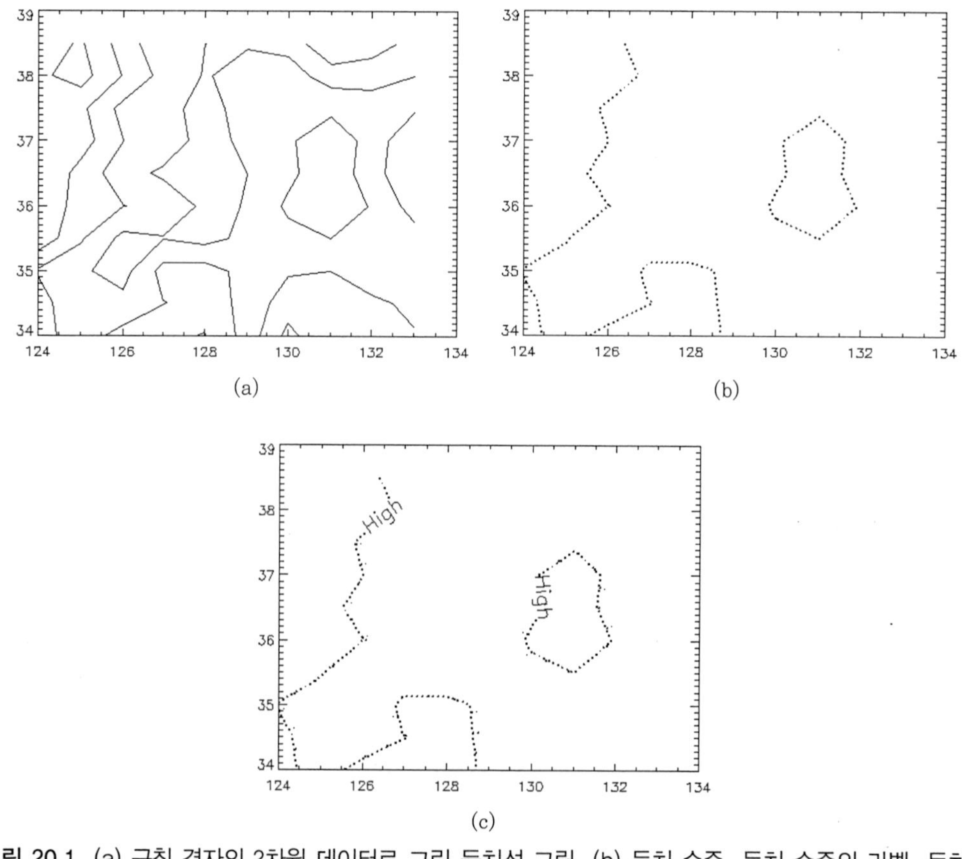

그림 20.1 (a) 규칙 격자의 2차원 데이터로 그린 등치선 그림, (b) 등치 수준, 등치 수준의 라벨, 등치선 모양, 등치선 두께에 대해 맞춤 설정한 등치선 그림, (c) 등치선 라벨의 방향, 등치선 라벨의 간격에 대해 맞춤 설정한 등치선 그림

등치선 그림에 색을 부여할 경우에는 먼저 색 테이블을 설정하고 원하는 color, background, c_colors, 색의 번호를 지정하면 된다.

```
IDL> tvlct, [70,255], [70, 255], [70,0]
IDL> contour, peak, x, y, nlevels=10, color=2,$
             c_colors=[3,3,4], background=1, /follow
```

contour 프러시저는 cell drawing method와 cell following method로 그림을 그린다. cell drawing method는 등치선을 그리는데 시간이 적게 소요되는 반면에, 섬세한 그림을 그리기 위한 선택사항을 지정할 수 없다. cell following method는 등치선을 그리는데 시간이 많이 소요되지만 많은 선택사항을 부가적으로 사용할 수 있다. contour 명령어에서는 cell drawing method이 디폴트로 설정되어 있다. 등치선을 없애고 대신에 색으로 그림을 채우는 경우에 키워드 fill을 설정해야 한다. 키워드 cell_fill은 축 범위를 벗어나는 경우에도 색을 표시하게 한다.

```
IDL> tvlct, [70,255], [70, 255], [70,0]
IDL> contour, peak, x, y, nlevels=10, color=2, $
             c_colors=[3,3,4], background=1, /follow, /fill
```

contour 프러시저로 등치 영역에 색을 넣고자 할 때 fill 또는 cell_fill 키워드를 설정한다. 이 때, 적절한 색의 수를 가진 색상표를 등재한다. 이 때에는 ICM이 유효한 상황이어야 한다. 채워지는 영역의 색은 색상표 지수를 c_colors로 전달하여 채울 수 있다. 등치선 수준을 levels로, 채우는 색의 수를 ncolors로, 색상표에서 사용될 색상 지수의 시작값을 bottom으로 설정한다.

```
IDL> levels = [150, 200, 250, 300, 350, 400, 450, 500]
IDL> nlevels = n_elements(levels)
IDL> ncolors = nlevels + 1
IDL> bottom= 1
```

다음으로 등치 수준(c_levles)과 라벨 플래그를 달고(c_labels), 색 지수(c_colors)를 정의하며, 색상표를 loadct로 등재시킨다.

```
IDL> c_levels = [min(z), levels, max(z)]
IDL> c_labels = [0, replicate(1, nlevels), 0]
IDL> c_colors = indgen(ncolors) + bottom
IDL> loadct, 33, ncolors = ncolors, bottom = bottom
```

등치 수준(c_levels)의 배열에 최소 데이터 값과 최대 데이터 값이 추가된다. 이것은 가장 낮은 수준에서 색 채우기가 시작되고, 최대 등치 수준에서 끝나기 때문이다. 만약 최소값과 최대값이 이 배열에 포함되지 않으면 가장 낮은 등치 수준 아래와 높은 등치 수준 위로는 색이 채워지지 않는다. 아래 예문의 첫 번째 contour에서 색 채우기로 등치선 영역이 그려지고, 두 번째 contour에서 등치선과 라벨을 겹쳐 그린다.

```
IDL> contour, z, x, y, levels=c_levels, c_colors=c_colors, $
            /fill, xstyle=1, ystyle=1, $
            title='Simulated Total Ozone',$
            xtitle='Longitude', ytitle='Latitude'
IDL> contour, z, x, y, levels=c_levels, c_labels=c_labels, $
            /overplot
```

오류 데이터는 추출하고 등치선을 그리고자 할 경우에는 다음과 같이 max_value나 min_value로 설정하여 제외시킬 수 있다.

```
IDL> bad_value = where(peak gt 0.45 and peak lt 0.55)
IDL> bad(bad_values) = 999
IDL> contour, peak, x, y, max_value = 999
```

20.3 불규칙 격자 데이터의 등치선 그림

입력 데이터가 불규칙 격자로 만들어진 2차원 데이터 세트일 경우에 contour 프러시저는 불규칙 격자의 데이터 세트를 "들로네 삼각분할법"(Delaunay triangulation)*의 규칙 격자 데이터로 보간한 후에 등치선 그림을 그린다.

다음 예문은 불규칙하게 분포하는 2차원 데이터 세트로 등차선 그림을 그린 것이다. 이것을 plot 프러시저로 그린 결과는 그림 20.2(a)와 같다.

```
IDL> x = [121, 124, 125, 127, 126, 129, 131, 132, 134, 137]
IDL> y = [34.0,35.4,36.0,35.5,37.0,38.5,37.0,36.5,35.0,38.5]
```

* 세 점을 지나는 외접원을 그리고 그 외접원 내부에 다른 점이 포함되지 않는 경우에 이 세 점을 연결하면 삼각형이 만들어진다. 이 삼각형을 기준으로 보간하는 방법을 말한다.

```
IDL> z = [15.5,16.0,20.5,21.9,17.6,24.5,23.6,29.2,18.0,16.2]
IDL> plot, x, y, psym=1, /ynozero
```

그림 20.2(a)와 같이 불규칙 격자의 데이터 세트인 경우에는 contour에 다음과 같이 /irregular 키워드를 설정해야 한다. 이러한 불규칙 격자의 데이터 세트에 대해 그린 등치선 그림은 그림 20.2(b)와 같다.

```
IDL> x = [121, 124, 125, 127, 126, 129, 131, 132, 134, 137]
IDL> y = [34.0,35.4,36.0,35.5,37.0,38.5,37.0,36.5,35.0,38.5]
IDL> z = [15.5,16.0,20.5,21.9,17.6,24.5,23.6,29.2,18.0,16.2]
IDL> level = [10, 15, 20, 25, 30]
IDL> c_label = [0, 1, 0, 1, 0]
IDL> contour, z, x, y, /irregular, c_labels=c_label, levels=level
```

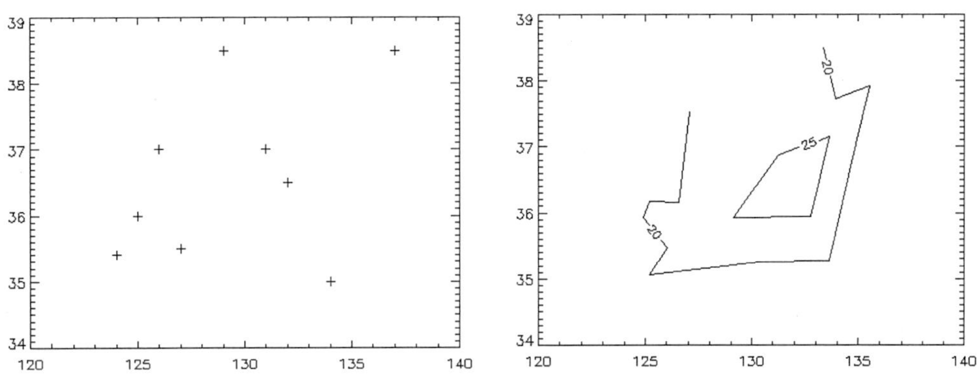

(a) (b)

그림 20.2 (a) 불규칙 데이터의 분포와 (b) 불규칙 데이터에 대한 등치선 그림

20.4 등치선 그림의 응용 사례

대기과학에서 자주 등장하는 일정한 면의 연직분포, 위도-월 분포, 시간별 연직분포 등은 등치선 그림으로 훌륭하게 표현할 수 있다. 여기서는 예제 그림에 사용된 데이터나 데이터 입출력 과정은 생략하였고, 제시된 그림을 그리기 위한 맞춤설정 내용만 제시하였다.

• **일정한 위도의 연 변화**

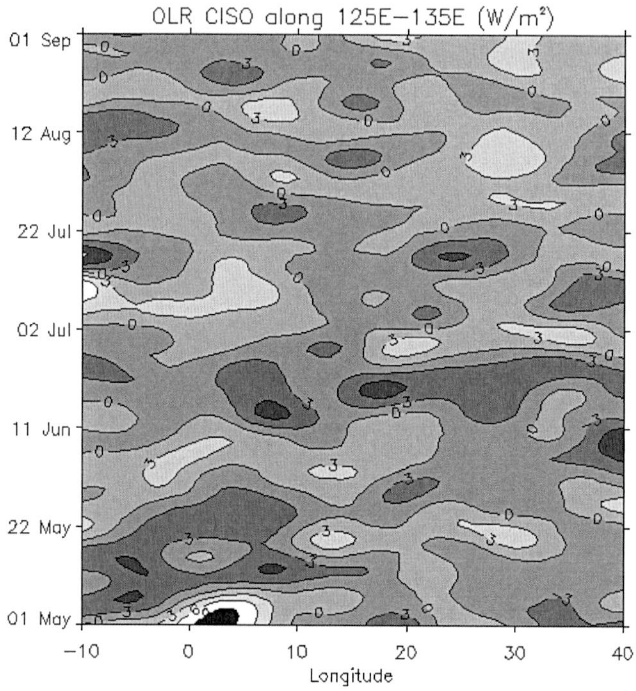

< 맞춤 설정 코드 >

※ 등치선 자료인 z, 경도 좌표인 lon, 날짜 자료인 dts는 임의로 생성해서 사용하였으므로 실제로는 원하는 데이터로 대체해야 한다.

```
device, decomposed=0
window, xs=512, ys=512
!p.background=255
!p.color=0
dts=timegen(start=julday(5, 1, 2008), final=julday(9, 1, 2008), $
    unit='days')
x=findgen(51)-10
z=80*randomu(seed, n_elements(x), n_elements(dts))-40
for i=0, 2 do z=smooth(z, 5, /edge_truncate)
dummy=label_date(date_format='%D %M')
levels=3*indgen(7)-9
cls=[1, 1, 1, 0, 0, 0, 0]
```

```
nlvs=n_elements(levels)
loadct, 0, ncolors=n_elements(levels)
contour, z, x, dts, levels=levels, c_linestyle=cls, /fill, $
        c_colors=indgen(nlvs)+1, ytickformat='label_date', yst=1, $
        yticks=6, ticklen=-0.01, xminor=1, xtitle='Longitude', $
        title='OLR CISO along 125E-135E (W/m!e2!n)'
contour, z, x, dts, /overplot, levels=levels, /follow, $
         c_labels=replicate(1, nlvs)
!p.background = 0
!p.color = 255
```

• **시간별 연직 분포**

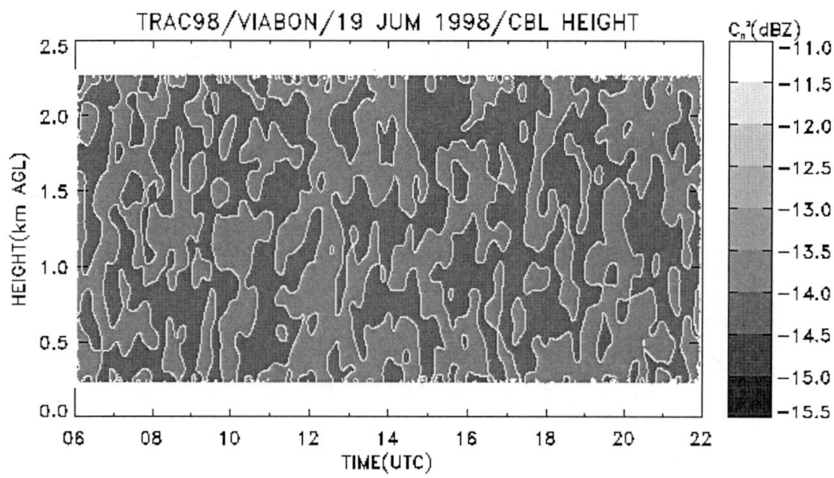

< 맞춤 설정 코드 >

※ 등치선 자료인 cn2, 고도 자료인 hgt, 시간 자료인 tsec는 임의로 생성해서 사용하였으므로 실제로는 원하는 데이터로 대체해야 한다.

```
device, decomposed=0
window, xs=640, ys=384
!p.background=255
!p.color=0
```

```
tsec = timegen(start=julday(7, 1, 2008, 6, 0), $
       final=julday(7, 1, 2008, 22, 0), unit='minutes')
hgt = 10*findgen(211)/1000+0.2
cn2 = -5*randomu(seed, n_elements(tsec), n_elements(hgt))-11
for i = 0, 9 do cn2 = smooth(cn2, 7)

; time height cross section of cn2
loadct, 0, ncolors=10, bottom=1
cn2_lvl = -15.5 + findgen(10)*0.5
dummy = label_date(date_format='%H')
tit = 'TRAC98/VIABON/19 JUM 1998/CBL HEIGHT'
contour, cn2, tsec, hgt, min_value=-99, levels=cn2_lvl, xst=1, $
        xtickformat='label_date', xticks=8, xminor=2, $
        xtitle='!5TIME(UTC)', yst=1, yrange=[0, 2.5], $
        ytitle='!5HEIGHT(km AGL)', c_colors=indgen(10)+1, $
        position=[0.1, 0.15, 0.82, 0.85], title=tit, /fill
contour, cn2, tsec, hgt, levels=cn2_lvl, /overplot, color=255
tvlct, 255, 255, 255, 1
contour, cn2, tsec/3600., hgt, min_value=-99, c_colors=1, $
         levels=cn2_lvl, c_labels=1, /follow, /overplot
;xyouts, 6, 2.6, label0, charsize=1.0
;xyouts, 13.5, 2.6, label1, charsize=1.0
;xyouts, 6, 3.5, label3, charsize=1.0
xyouts, 6.0, 0.05, '!10g!5', charsize=1.0, alignment=0.5
xyouts, 9.05, 0.05, '!10g!5', charsize=1.0, alignment=0.5
xyouts, 11.98, 0.05, '!10g!5', charsize=1.0, alignment=0.5

; colorbar
colorbar, position=[0.85, 0.15, 0.9, 0.85], bottom=2,$
          ncolors=9, division=9, range=[-15.5, -11.0], $
          format='(f5.1)', minor=0, /right, /vertical
xyouts, 0.85, 0.86, 'C!in!e2!n(dBZ)', size=1, /normal

!p.background = 0
!p.color = 255
```

면 그림

Chapter | 21

2차원 함수의 데이터 세트가 어떻게 분포하고 있는지를 입체적으로 가시화한 것이 면 그림(surface plot)이다. IDL에서 면 그림은 일정한 간격의 그물망과 매끈한 음영으로 표현된다. 여기서는 2차원 데이터 세트를 그물망 면과 음영 면으로 표시하는 방법에 대해 설명한다.

21.1 그물망 면 그림의 개요

surface 프러시저는 규칙 격자로 만들어진 2차원 데이터 세트에 대해 그물망 면으로 그린다. surface 프러시저는 다음과 같은 형식으로 실행한다.

```
surface, z, x, y, [키워드1, 키워드2, ...., 키워드n]
```

여기서 인수 z는 규칙적인 격자의 2차원 배열 데이터이고, x와 y는 x와 y축에서 규칙적인 간격의 격자에 대한 벡터 또는 배열 데이터이다. x 배열의 각 요소는 x축의 각 위치를, y 배열의 각 요소는 y축의 각 위치를 나타낸다. surface 프러시저에서 사용되는 키워드는 표 21.1과 같으며, 표 18.1에 있는 plot 프러시저의 맞춤 설정 키워드도 사용할 수 있다. 단, psym, symsize 키워드는 제외한다. 그리고 축 속성을 설정하기 위한 키워드인 표 18.6을 사용할 수 있다.

다음은 규칙적인 경도 x와 위도 y에 따른 기온 분포를 그물망 면 그림으로 그리는 예문이다. 이 예문으로 그린 결과는 그림 21.1과 같다.

```
IDL> x = [124, 125, 126, 127, 128, 129, 130, 131, 132, 133]
IDL> y = [34.0,34.5,35.0,35.5,36.0,36.5,37.0,37.5,38.0,38.5]
IDL> z = 15+10*randomn(1L, 10, 10)
IDL> z = smooth(z, 3, /edge_truncate)
IDL> surface, z, x, y
```

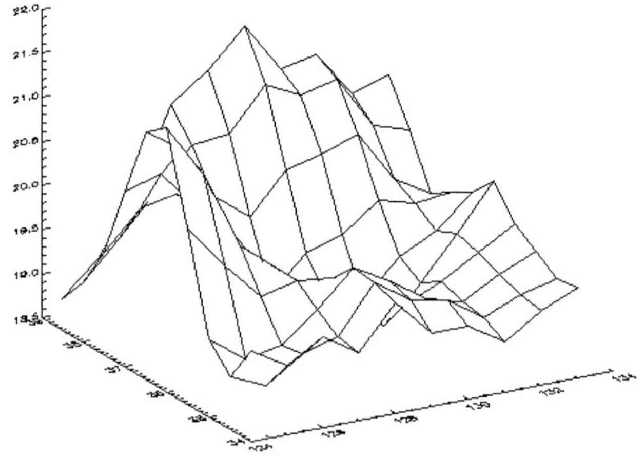

그림 21.1 규칙 격자 데이터의 그물망 면 그림

표 21.1 surface 프러시저에서 사용하는 키워드

이름	기능
az	z축을 중심으로 한 회전각도(반시계)(디폴트 : 30도)
ax	x축을 중심으로 한 회전각도(반시계)(디폴트 : 30도)
shades	z 수준에 대한 색지수(디폴트 : 색상표의 최대값)
skirt	가장자리 스커트가 그려지는 z축 값(디폴트 : 스커트 없음)
/lower_only	하부 면만 그린다.
/upper_only	상부 면만 그린다.
/zlog	로그 z축을 생성한다.
min_value	그물망 면이 그려지는 최소값
max_value	그물망 면이 그려지는 최대값

21.2 그물망 면 그림의 맞춤 설정

그물망 면 그림은 표 21.1의 키워드, plot 프러시저의 맞춤 설정 키워드, 축 속성을 설정하기 위한 키워드 등을 하나씩 추가해가면서 원하는 면 그림으로 그릴 수 있다.

키워드 az와 ax는 z축이나 x축을 중심으로 면 그림을 회전하고 시점(viewpoint)*을 조정한다.

다음은 규칙 격자의 데이터에 대한 그물망 면 그림으로 그리고 z축을 중심으로 회전시키는 예문이다. 그림 21.2는 키워드 az를 0, 60, 90 등으로 조정할 때 면 그림의 형태이다.

```
IDL> x = [124, 125, 126, 127, 128, 129, 130, 131, 132, 133]
IDL> y = [34.0,34.5,35.0,35.5,36.0,36.5,37.0,37.5,38.0,38.5]
IDL> z = 15+10*randomu(seed, 10, 10)
IDL> z = smooth(z, 3, /edge_truncate)
IDL> surface, z, x, y, az=60
```

0 60 90

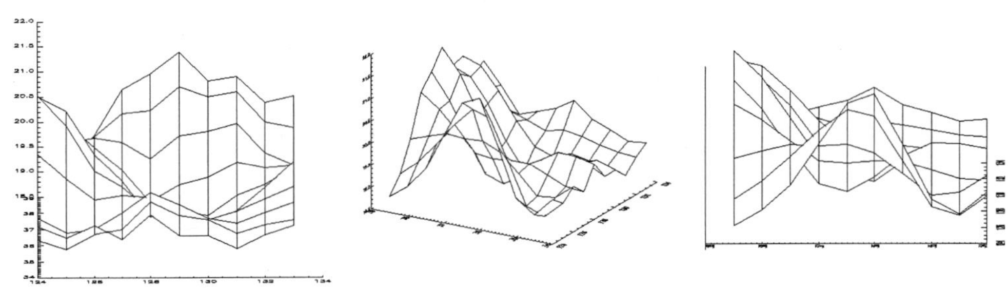

(a) (b) (c)

그림 21.2 surface, z, x, y에서 키워드 az = 0, 60, 90일 때 면 그림

키워드 shade는 z 방향에서 각 수준에 해당하는 표면을 색 단계로 처리한다. shade 키워드에서 색 지수값은 다음 예문과 같이 지정한다. 여기서 색상표를 등재하고 bytscl로 색지수 배열을 생성한다. surface 프러시저에 shades 키워드를 설정하여 음영 값의 배열을 지정한다.

* 그래픽스에서 2차원의 가상공간을 화면공간으로 사상(mapping)할 때 각도와 척도의 기준이 되는 원점

```
IDL> bottom = 16
IDL> loadct, 13, bottom = bottom
IDL> shades = bytscl(z, top=!d.table_size-1-bottom)+byte(bottom)
IDL> surface, z, x, y, charsize=1.5, shades=shades, $
             color=0, background=7
```

그림 21.3 surface, z, x, y에서 키워드 shade를 설정할 때 면 그림

skirt 키워드를 설정하면 면의 가장자리를 따라 스커트를 추가시킨다. 각 축에 설명을 붙이는 키워드는 surface나 plot 프러시저와 동일하다.

```
IDL> surface, z, x, y, skirt=10, title='surface Example', $
        xtitle='Latitude', ytitle='Longitude', $
        charsize=2.0, zrange=[10, 30], zstyle=1
```

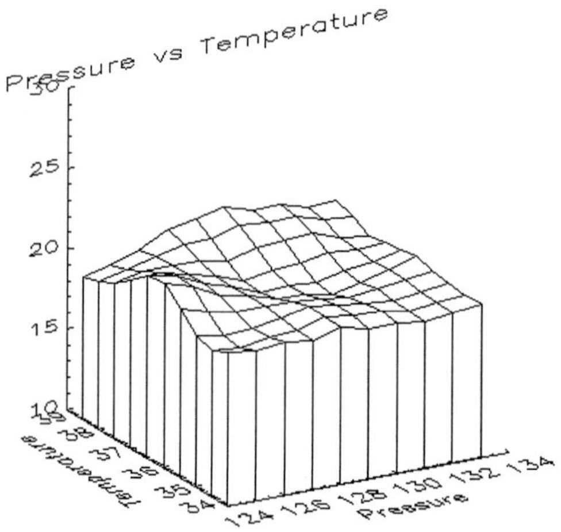

그림 21.4 surface, z, x, y에서 skirt 키워드를 설정할 때 면 그림

21.3 불규칙 격자 데이터의 면 그림

입력 데이터가 불규칙한 분포의 2차원 데이터 세트인 경우에는 규칙 격자의 데이터 세트를 표본 추출한 후에 surface 프러시저로 면 그림을 그려야 한다. 불규칙 격자의 데이터 세트에서 규칙 격자 데이터로의 표본 추출은 triangulate 프러시저와 trigrid 함수로 수행하며, 이들은 "들로네 삼각분할법"으로 규칙 격자 데이터를 표본 추출한다.

다음 예문은 불규칙하게 분포하는 2차원 데이터 세트를 plot 프러시저로 그리는 것으로 그 결과는 그림 21.5(a)이다. 이 그림에서 불규칙하게 분포된 2차원 데이터 세트를 볼 수 있다.

```
IDL> x = [121, 124, 125, 127, 126, 129, 131, 132, 134, 137]
IDL> y = [34.0,35.4,36.0,35.5,37.0,38.5,37.0,36.5,35.0,38.5]
IDL> z = [15.5,16.0,20.5,21.9,17.6,24.5,23.6,29.2,18.0,16.2]
IDL> plot, x, y, psym = 1, /ynozero
```

이 데이터 세트는 triangulate 프러시저와 trigrid 함수를 이용하여 규칙 격자로 전환된다. triangulate 프러시저는 다음 형식으로 실행하며, 실행결과로 삼각형 목록이 계산된다.

```
triangulate, x, y, triangles
```

여기서 키워드 x와 y는 x와 y축에서 불규칙적인 간격의 격자에 대한 벡터 또는 배열 데이터이고, 키워드 triangles는 삼각형 목록 정보이다.

trigrid 함수는 triangulate 프러시저에서 산출된 x, y, triangles를 입력하여 선형 보간법으로 규칙 격자의 표본 데이터를 계산한다. trigrid 함수는 다음 형식으로 실행한다.

```
zgrid = trigrid(x, y, triangles,[ spacing, limits,] $
        xgrid=xgrid, ygrid=ygrid, [/quintic] )
```

여기서 x, y, triangles는 triangulate 프러시저의 리턴값이며, 키워드 xgrid와 ygrid는 보간 데이터의 x, y 위치에 대한 벡터이다. 키워드 spacing은 x와 y 방향에서 격자 간격을 지정하는 2개 요소 벡터이다. 키워드 limits는 격자 한계를 [xmin, ymin, xmax, ymax] 형태로 지정하는 4개 요소 벡터이다. 키워드 /quintic를 설정하면 5차 다항식(quintic polynomial)을 사용하여 부드럽게 보간한다.

다음 예문은 그림 21.5(a)와 같이 불규칙하게 분포된 2차원 데이터 세트를 triangulate 프러시저와 trigrid 함수로서 규칙 격자로 전환하고 면 그림을 그리는 것이다. 이 결과는 그림 21.5(b)와 같다.

```
IDL> x = [121, 124, 125, 127, 126, 129, 131, 132, 134, 137]
IDL> y = [34.0,35.4,36.0,35.5,37.0,38.5,37.0,36.5,35.0,38.5]
IDL> z = [15.5,16.0,20.5,21.9,17.6,24.5,23.6,29.2,18.0,16.2]
IDL> triangulate, x, y, triangles
IDL> spacing = [0.5, 0.2]
IDL> limit = [120, 34, 140, 39]
IDL> zgrid = trigrid(x, y, z, triangles, spacing, $
          limit, xgrid=xgrid, ygrid=ygrid, /quintic)
IDL> surface, zgrid, xgrid, ygrid, charsize=1.5
```

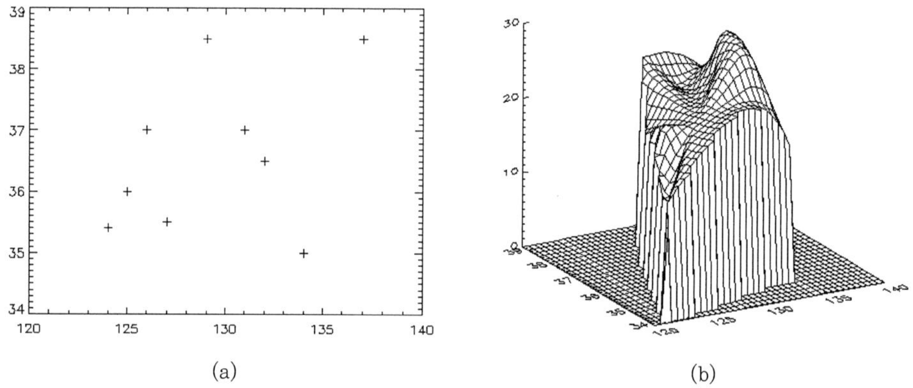

그림 21.5 (a) 불규칙 격자 데이터의 분포와 (b) 이 데이터를 처리한 면 그림

21.4 음영 면 그림의 개요

shade_surf 프러시저는 규칙 격자로 만들어진 2차원 데이터를 매끈한 음영 면으로 그린다. shade_surf 프러시저는 다음과 같은 형식으로 실행한다.

```
shade_surf, z, x, y, [키워드1, 키워드2, ...., 키워드n]
```

여기서 인수 z는 규칙 격자의 2차원 배열 데이터이고, x와 y는 x와 y축에서 규칙적인 간격의 격자에 대한 벡터 또는 배열 데이터이다. x 배열의 각 요소는 x축의 각 위치를, y 배열의 각 요소는 y축의 각 위치를 나타낸다. shade_surf 프러시저에서 사용되는 키워드는 표 21.2와 같으며, 표 18.1에 있는 plot 프러시저의 맞춤 설정하기 위한 키워드도 사용할 수 있다. 단, linestyle, noerase, psym, symsize 키워드만 제외한다. 그리고 축 속성을 설정하기 위한 키워드인 표 18.6도 사용할 수 있다.

다음은 규칙적인 2차원 데이터로 음영 면 그림을 그리는 예문이다. 이 예문의 결과는 그림 21.6과 같다.

```
IDL> x = [124, 125, 126, 127, 128, 129, 130, 131, 132, 133]
IDL> y = [34.0,34.5,35.0,35.5,36.0,36.5,37.0,37.5,38.0,38.5]
IDL> z = 15+10*randomu(seed, 10, 10)
IDL> z = smooth(z, 3, /edge_truncate)
IDL> shade_surf, z, x, y
```

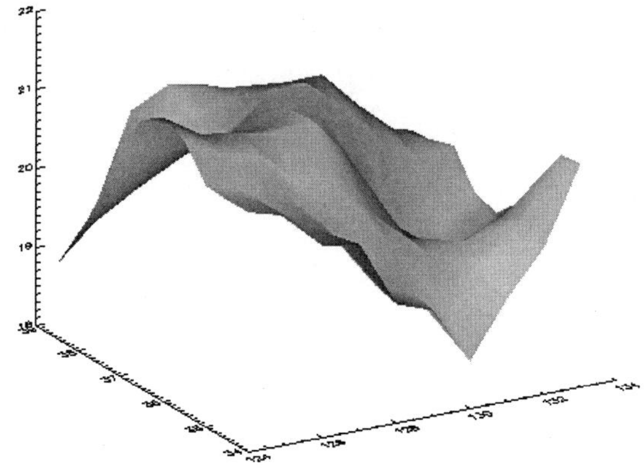

그림 21.6 규칙적인 2차원 데이터로 그린 음영 면 그림

표 21.2 shade_surf 프러시저에서 사용하는 키워드

이름	기능
az	z축을 중심으로 한 회전각도(반시계)(디폴트 : 30도)
ax	x축을 중심으로 한 회전각도(반시계)(디폴트 : 30도)
shades	z 수준에 대한 색지수(디폴트)
image	음영 면을 이미지로 되돌려준다.
pixels	최대 이미지 크기(픽셀)
min_value	음영 면이 그려지는 최소값
max_value	음영 면이 그려지는 최대값
/zlog	로그 z축을 생성한다.

21.5 음영 면 그림의 맞춤 설정

표 21.1의 키워드, plot 프러시저의 맞춤 설정 키워드, 축 속성을 설정하기 위한 키워드를 하나씩 추가해가면서 원하는 음영 면 그림으로 맞춤 설정할 수 있다. 키워드 az와 ax 키워드는 21.1절의 surface 프러시저의 경우와 동일하게 z축과 x축에 대해 음영 면을 회전하면서 시점을 조정한다.

다음은 규칙 격자의 데이터에 대해 음영 면 그림을 그리고 x축을 중심으로 회전시키는 예문이다. 그림 21.7는 키워드 ax를 0, 60, 90 등으로 조정할 때 면 그림의 형태이다.

```
IDL> x = [124, 125, 126, 127, 128, 129, 130, 131, 132, 133]
IDL> y = [34.0,34.5,35.0,35.5,36.0,36.5,37.0,37.5,38.0,38.5]
IDL> z = 15+10*randomu(seed, 10, 10)
IDL> z = smooth(z, 3, /edge_truncate)
IDL> shade_surf, z, x, y, ax=60
```

0 60 90

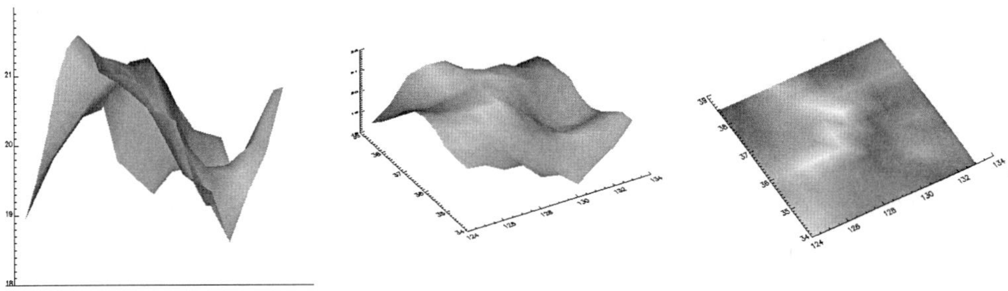

(a) (b) (c)

그림 21.7 shade_surf, z, x, y에서 키워드 ax=0, 60, 90일 때 음영 면 그림

면 그림의 표면을 음영으로 표현하지 않고 2차원 배열(이미지)의 값에 해당하는 색으로 표현할 경우에는 키워드 shades를 사용한다.

```
IDL> x = [124, 125, 126, 127, 128, 129, 130, 131, 132, 133]
IDL> y = [34.0,34.5,35.0,35.5,36.0,36.5,37.0,37.5,38.0,38.5]
IDL> z = 15+10*randomu(seed, 10, 10)
IDL> z = smooth(z, 3, /edge_truncate)
IDL> loadct, 39
IDL> shade_surf, z, x, y, shades=bytscl(z)
```

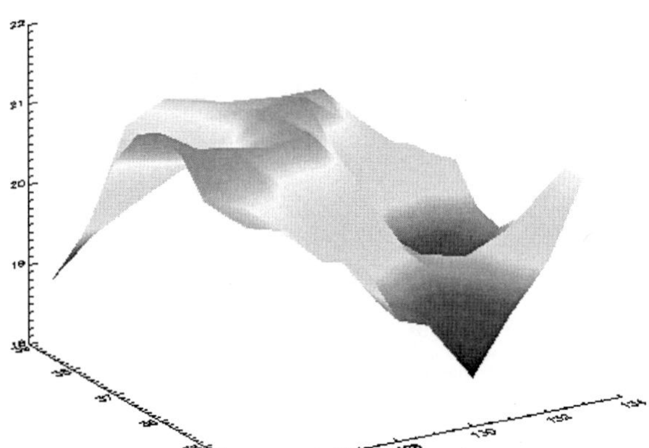

그림 21.8 shade_surf, z, x, y, shade=bytscl(z)

여기서 bytscl 함수는 byte scaling의 뜻으로 어떤 배열을 byte 체계인 0에서 255까지의 값으로 조정한다. 즉, 배열 z에서 최소값 15.5를 0으로, 최대값인 29.2를 255로 조정한

다. 이와 같이 조정된 값에 따라 값이 큰 곳은 밝은 값(255에 가까운)으로, 값이 작은 곳은 어두운 값(0에 가까운)으로 처리된다. 이와 같이 그려진 결과가 그림 21.8이다.

키워드 pixels는 픽셀 단위로 보내지는 이미지의 최대 크기를 지정한다. 그래픽스 디바이스로 PS 디바이스가 선택되면 음영 면 그림이 들쭉날쭉하거나 모자이크로 보이는 경우가 있다. 이것은 이미지가 출력되는 음영 면 그림에서 이미지 픽셀의 디폴트 수가 PS 디바이스에 비해 너무 작기 때문이다. 이런 경우에는 pixels=1000으로 설정해야 한다. 이 키워드는 PS와 CGM 디바이스에서 유효하나 그 외의 디바이스에서는 무시된다.

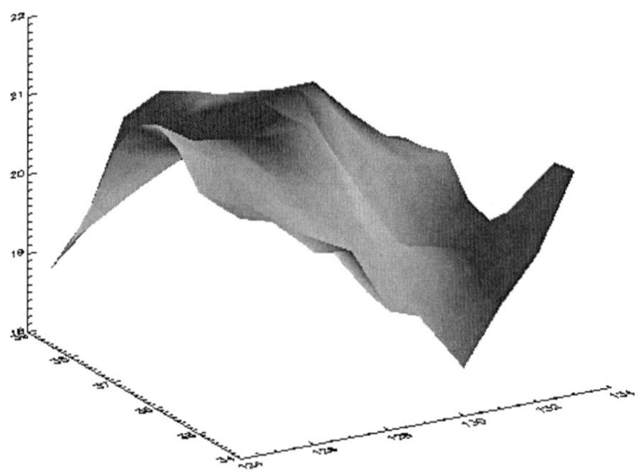

그림 21.9 광원이 x 축 방향에서 쪼이는 음영 면 그림

shade_surf 프러시저는 광원의 위치를 조정하여 양광부와 그림자를 표현한다. 디폴트 값은 광원을 z 방향에서 비추는 것이며, set_shading 프러시저를 light 키워드와 함께 사용하여 변경할 수 있다. 키워드 light는 광원의 축 방향을 의미하는 벡터 [x, y, z]에 0 또는 1로 지정된다. 벡터값이 [1, 0, 0]이면 x축에서, [0, 1, 0]이면 y축에서, [0, 0, 1]이면 z 축에서 광원을 비추도록 설정된다.

```
IDL> x = [124, 125, 126, 127, 128, 129, 130, 131, 132, 133]
IDL> y = [34.0,34.5,35.0,35.5,36.0,36.5,37.0,37.5,38.0,38.5]
IDL> z = 15+10*randomu(seed, 10, 10)
IDL> z = smooth(z, 3, /edge_truncate)
IDL> set_shading, light=[1, 0, 0]
IDL> shade_surf, z, x, y
```

음영 면 그림의 축은 축 키워드(xrange, xstyle, xtitle 등)를 사용하여 맞춤 설정할 수 있으며, 인수와 대부분의 키워드는 surface 프러시저와 동일하게 사용한다.

21.6 면 그림의 응용 사례

면 그림으로 표현하는 예제를 제시하였다. 예제 그림에 사용된 데이터나 데이터 입출력 과정은 생략하였고, 제시된 그림을 그리기 위한 맞춤설정 내용만 제시하였다.

• 지형과 데이터를 동시에 표현하는 면 그림

Shades 키워드를 잘 이용하면, 한 그래프에 두 개의 값을 표현할 수 있다. 예를 들어, 어떤 위치의 고도(peak)와 그 위치의 적설량(snow) 두 가지 데이터를 동시에 표현하는 경우에 shade_surf, peak, SHADES=bytscl(snow)를 사용하면 3차원으로 지형을 구현하고 적설량에 해당하는 색이 이 지형에 입혀진다.

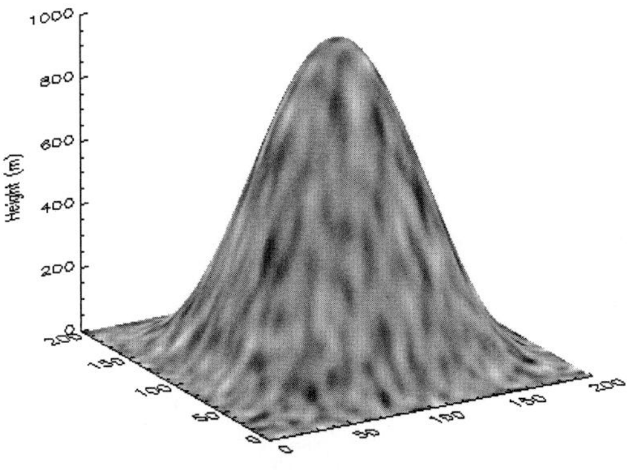

< 맞춤 설정 코드 >

이 예문에서 고도 자료 peak, 이미지 자료 snow는 임의로 생성해서 사용하였으므로 실제로는 원하는 자료로 대체해야 한다.

```
device, decomposed=0
window, xs=512, ys=384
!p.background=255
peak = 1000*hanning(201, 201)
snow = randomu(seed, 201, 201)
for i = 0, 1 do snow = smooth(snow, 5, /edge)
shade_surf, peak, shades=bytscl(snow), ztitle='Height (m)', $
    color=0, charsize=1.5, xst=1, yst=1
!p.background = 0
```

• **지형을 입체적으로 표현하는 면 그림**

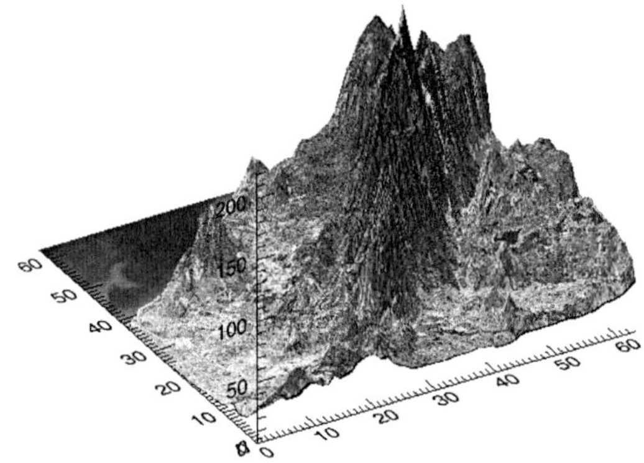

< 맞춤 설정 코드 >

```
dem_file = filepath('elevbin.dat', subdir=['examples', 'data'])
img_file = filepath('elev_t.jpg', subdir=['examples', 'data'])
dem = read_binary(dem_file, data_dims=[64, 64])
read_jpeg, img_file, img, true=3
isurface, dem, texture_image=img
```

- **2차원 데이터를 면과 등치선으로 동시에 표현한 그림**

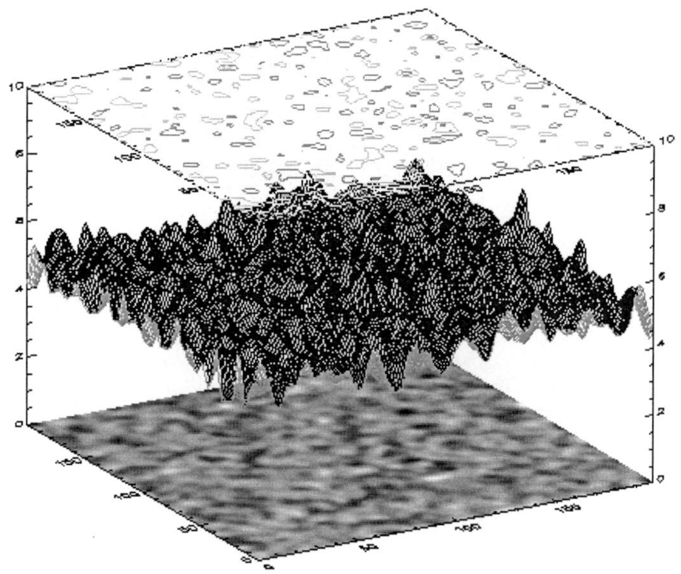

< 맞춤 설정 코드 >

이 예문에서 적설 자료인 snow는 임의로 생성해서 사용하였으므로 실제로는 원하는 자료로 대체해야 한다.

```
device, decomposed=0
window, xs=512, ys=384
!p.background=255
snow = 10*randomu(seed, 201, 201)
for i = 0, 1 do snow = smooth(snow, 5, /edge)
show3, snow, e_surface={zrange:[0, 10], color:0}, $
    e_contour={zvalue:1, color:0}, /interp
!p.background = 0
```

지도 기반 그림

Chapter | 22

대기과학, 해양학, 지리학, 지구물리학 등에서는 지구의 지리좌표계를 기준으로 하여 많은 데이터가 생성된다. 이러한 데이터는 다양한 지도 투영법으로 만들어진 지도 위에 등고선, 이미지, 기호 등으로 표현되어 지리적 분포를 보여준다. 지도와 데이터 표현은 먼저 지도 투영 체계를 구축하고, 다음으로 대륙 외곽선이나 격자점을 중첩해서 그리는 과정으로 이루어진다. 여기서는 다양한 지도 투영법과 지도 위에 여러 형태로 데이터를 표현하는 방법에 대해 설명한다.

22.1 지도 투영법의 설정

map_set 프러시저는 그래픽스 윈도나 디바이스에 지도 투영 체계를 설정한다. map_set 프러시저는 다음과 같이 실행한다.

```
map_set, lat, lon, rot [,/키워드]
```

여기서 lat과 lon은 지도 투영의 중심에 대한 위도와 경도이며, 경도값은 -180°W~+180°E로 그리니치에서 0°이며, 위도값은 -90°S~+90°N로 적도에서 0°이다. rot는 지도 투영 중심에서 회전하는 정도로서, 시계 방향의 도(°)로 지정한다. 디폴트 지도 투영법은 "원통 도법(cylindrical equidistant)"이다. 키워드에는 표 22.1에 제시된 지도 투영법을 선택하는 키워드와 표 22.2에 제시된 지도 투영의 모양을 설정하는 키워드가 사용된다.

표 22.1 map_set 프러시저에서 지도 투영법을 선택하기 위한 키워드

지도 투영법	키워드
Aitoff(아이토프 도법)	/aitoff
Albers equal area conic(알버 정적원추 도법)	/albers
Azimuthal equidistant(정거방위 도법)	/azimuthal
Lambert conformal conic(람베르트 정각원추 도법)	/conic
Cylindrical equidistant(원통 도법)	/cylindrical
Gnomonic(노믹 도법)	/gnomic
Goode's homolosine(구디 상동투영 도법)	/goodeshomolosine
Hammer-Aitoff equal area(하머-아이토프 정적 도법)	/hammer
Lambert azimuthal equal area(람베르트 정적방위 도법)	/lambert
Mercator(메르카토르 도법)	/mercator
Miller cylindrical(밀러 원통 도법)	/miller_cylindrical
Mollweide(몰바이데 도법)	/mollweide
Orthographic(정사 도법)	/orthographic
Robinson pseudo-cylindrical(로빈슨 의사원통 도법)	/robinson
Satellite(위성)	/satellite
Sinusoidal(사이누소이달 도법)	/sinusoidal
Stereographic(평사 도법)	/stereographic
Transverse Mercator(횡축 메르카토르 도법)	/transverse_mercator

표 22.2 map_set 프러시저에서 지도 투영의 모양을 설정하는 키워드

이름	기능
limit	표현할 지도의 범위를 설정한다(디폴트 : 지구 전체).
scale	등방성 지도에 대한 비율(디폴트 : 윈도에 맞춤)
position	정규좌표에 의한 지도 투영에 대한 위치(디폴트 : 자동)
xmargin	왼쪽과 오른쪽 여백을 지정한다(디폴트 : 자동).
ymargin	밑쪽과 위쪽 여백을 지정한다(디폴트 : 자동).
title	지도 제목의 문자열(디폴트 : 제목 없음)
charsize	글자 크기(디폴트 : 1.0)
color	문자와 지도경계 색깔(디폴트 : 색상표의 최대 색지수)

/isotropic	x와 y 방향에서 동일한 비율로 설정(디폴트 : 윈도에 맞춤).
/advance	다중 그림에서 다음 위치로 진행한다.
/noborder	지도 경계를 그리지 않는다.
/noerase	윈도를 지우지 않는다.
/continents	저분해능의 대륙 외곽선을 그린다.
/horizon	지평(수평)선을 그린다.
/label	지도의 위도와 경도 라벨을 표시한다.

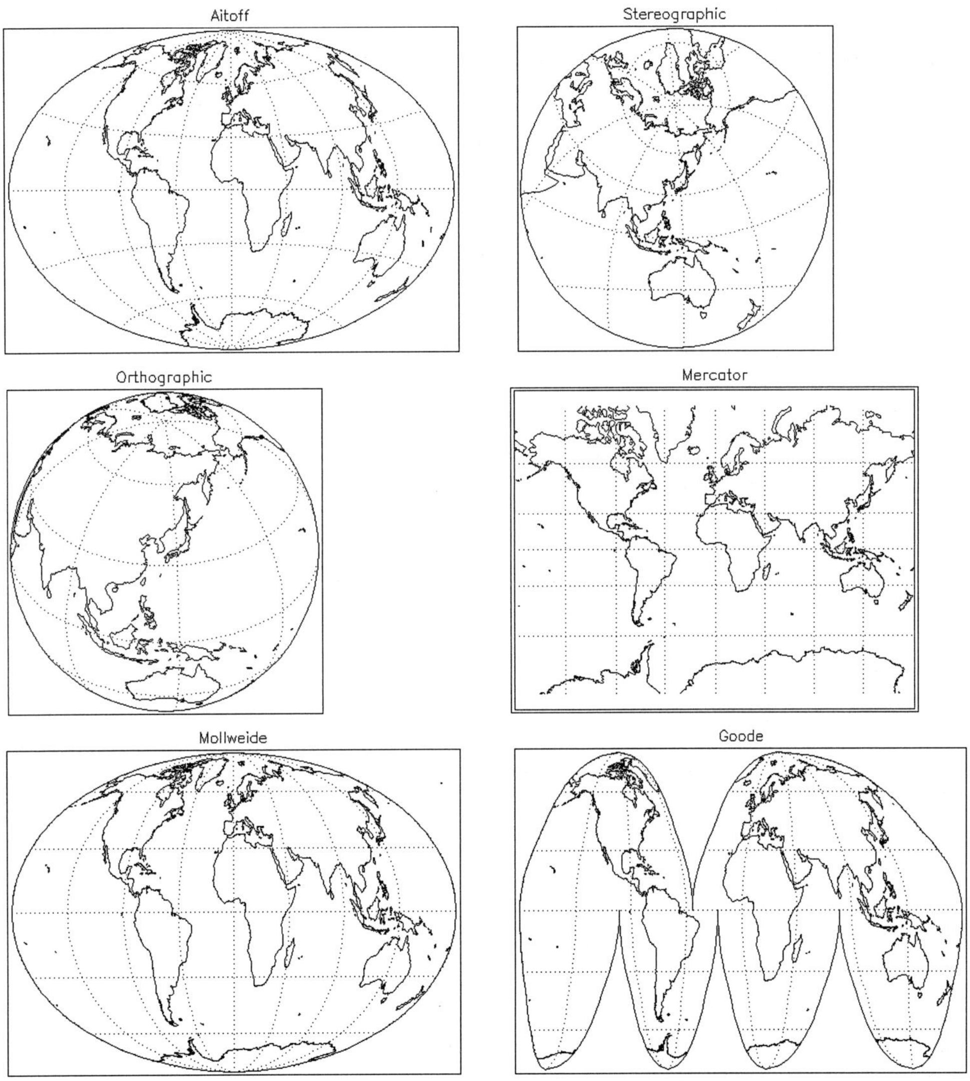

그림 22.1 주요 투영법별 표본 지도 그림

map_set 프러시저에 표 22.1과 표 22.2의 키워드를 사용하여 다음과 같이 지도 투영법과 지도 투영의 모양을 설정한다.

```
IDL> map_set, 35, 130, 0, /aitoff, /isotropic, /horizon
IDL> map_continents
IDL> map_grid
```

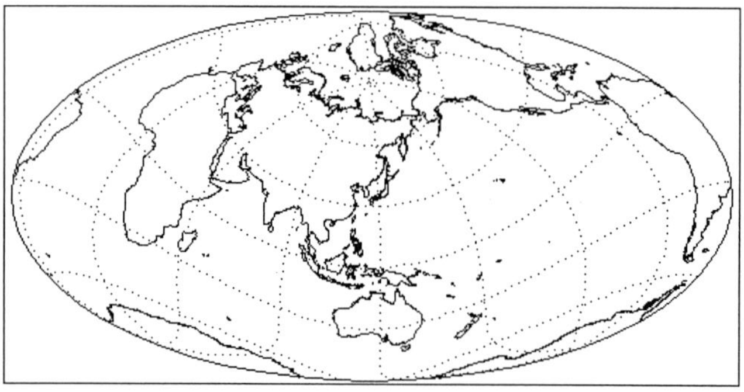

그림 22.2 아이토프 도법으로 대륙 외곽선과 격자선을 그린 그림

이 경우에는 북위 35도와 동경 130도에 지도 투영의 중심을 두고 아이토프 도법으로 지도를 그린다. 키워드 /isotropic는 윈도 크기와 관계없이 x 방향과 y방향의 비율이 1.0인 지도로 그려지게 한다. 키워드 /horizon을 설정하면 수평선이 그려진다. 지도 투영에 대한 설정이 끝나면, map_continents로 저분해능 대륙 외곽선을 그리고, map_grid 프러시저로 격자선을 그린다. map_continets 프러시저와 map_grid 프러시저는 제22.2절과 제22.3절에서 설명한다.

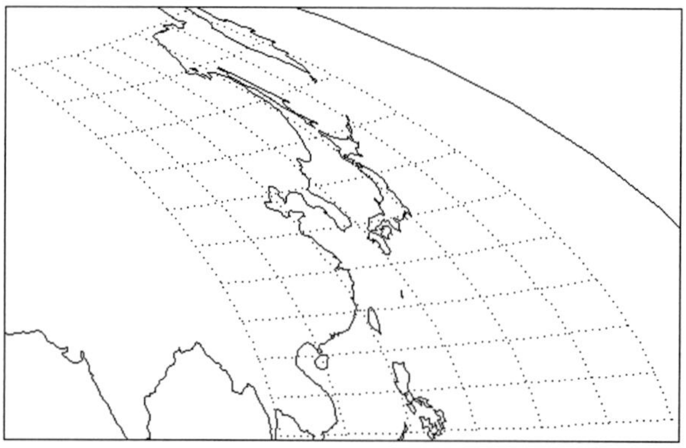

그림 22.3 아이토프 도법에 일정한 지도 영역을 설정한 그림

키워드 limit는 그리고자 하는 지도의 영역을 설정한다. 키워드 limit에는 지도 영역의 모서리를 4개 요소로 지정한 벡터 [최소 위도, 최소 경도, 최대 위도, 최대 경도]로 영역을 지정하며, 아래의 경우에 그 영역이 위도 +10N~+60N과 경도 +100E~+160E이다(그림 22.3). 지도 축척은 화면 표시의 크기와 한계에 따라 변한다.

```
IDL> map_set, /aitoff, /isotropic, /horizon, $
IDL>     limit=[10, 100, 60, 160]
IDL> map_continents
IDL> map_grid
```

지도 축척은 키워드 scale로도 설정할 수 있다. 이 키워드는 지구 크기에 대한 상대적인 지도 투영의 축척을 설정한다. 예를 들어, 한반도와 북미에 중심을 두고 원통도법과 축척 1:75,000,000으로 그린 지도는 다음과 같이 생성한다. 이렇게 설정하여 그린 그림은 그림 22.4와 같다.

```
IDL> map_set, -25, 135, 0, /sinusoidal, scale=75e6, $
IDL>          position=[0,0,0.5, 1.0]
IDL> map_continents
IDL> map_set, 45, -90, 0, /sinusoidal, scale=75e6, $
IDL>          position=[0.5,0.0,1.0,1.0], /noerase
IDL> map_continents
```

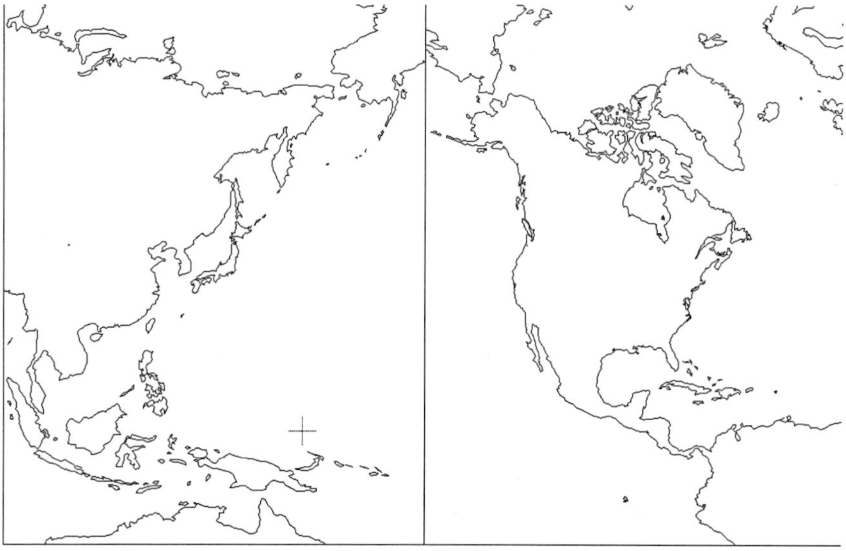

그림 22.4 원통 도법에 scale로 지도 축척을 설정한 그림

새로운 명령이 실행되면 map_set 프러시저는 그 이전의 그림을 윈도에서 깨끗이 지우고 새로 그린다. 따라서 여러 개의 그림을 동시에 그리는 경우에 시스템 변수 !p.multi를 설정하여 여러 개의 지도를 동시에 생성할 수 있도록 해야 한다. 그리고 키워드 /advance를 설정하면 이전의 그림을 지우지 않고 다음 그림을 그린다. map_set은 지도를 그릴 때 지도보다 약간 큰 크기의 경계 상자를 그리며, 키워드 /noborder를 설정하면 경계 상자가 없어진다.

```
IDL> !p.multi = [0, 2, 2, 0, 0]
IDL> map_set, 0, 0, /aitoff, /advance, title='Aitoff', $
IDL>          /horizon, /continents
IDL> map_set, -30, -70, /stereographic, /advance, /isotropic, $
IDL>          title='Sterographic ', /horizon, /continents
IDL> map_set, -90, 0, /orthographic, /advance, /isotropic, $
IDL>          title='Orthographic', /horizon, /continents
```

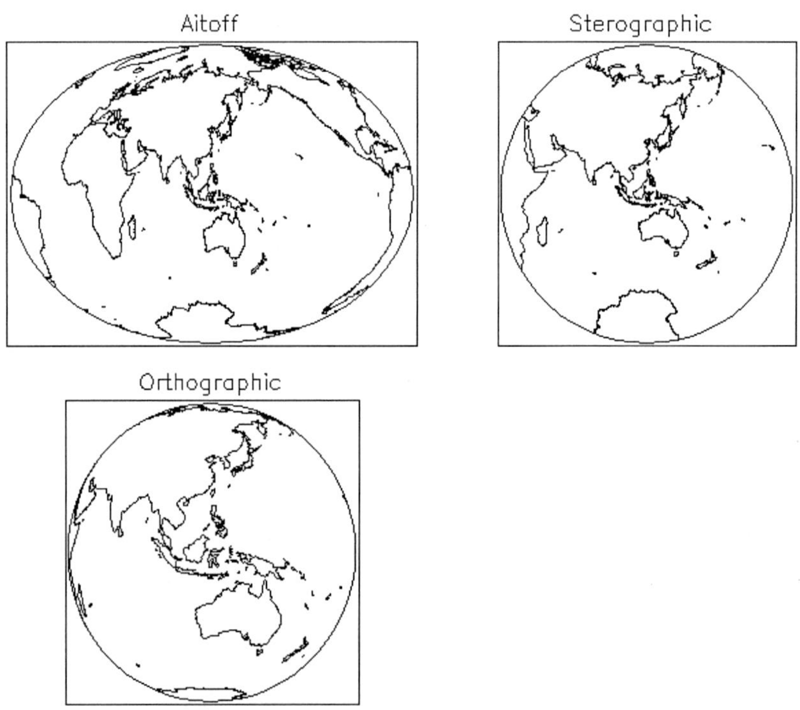

그림 22.5 여러 개의 지도 투영을 동시표출

22.2 대륙 외곽선의 중첩

지도 투영법에 대한 설정이 되면 대륙 외곽선을 겹쳐 표시할 수 있다. map_continents 프러시저는 지도 투영에 대륙 외곽선을 그리며, 여기서 사용하는 키워드는 표 22.3과 같다. 대륙 외곽선에는 저분해능 해안선 데이터가 디폴트로 설정되어 있고, 고분해능 해안선은 다음과 같이 키워드 /hires와 /coasts로 설정하면 된다. 이 설정은 해안선과 내륙의 호수가 그려지지만 오랜 시간이 걸린다. 호수가 없이 고분해능 대륙 외곽선을 그리려고 할 경우에는 키워드 /coasts는 제외하고 키워드 /hires만 설정하면 된다.

```
IDL> map_set, 27.5, -82.0, /lambert, scale = 10e6
IDL> map_continents, /hires, /coasts
IDL> map_grid
```

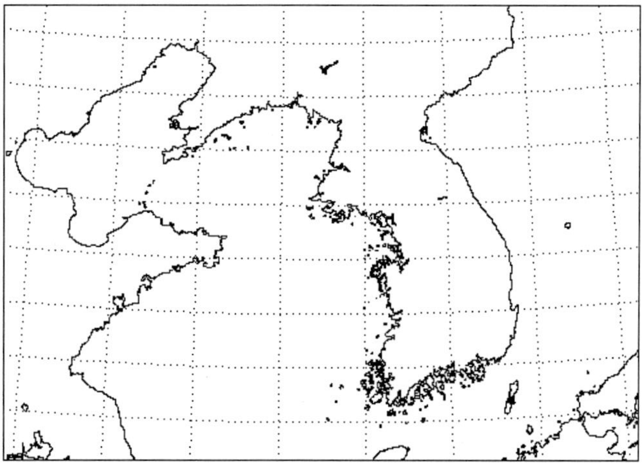

그림 22.6 map_continents로 해안선과 내륙 호수를 그린 그림

표 22.3 map_continents 프러시저에서 사용하는 키워드

이름	기능
colors	대륙 외곽선이나 채우기에 대한 색 지수
/coasts	섬과 호수를 포함한 대륙 외곽선을 그린다.
/countries	국경을 그린다.
/fill_continents	대륙 외곽선을 채운다.
/hires	고분해능 대륙 외곽선을 그린다.

22.3 지도 격자선의 중첩

map_grid 프러시저는 지도 투영에 격자선을 그린다. 디폴트는 자동으로 결정된 위·경도의 격자 간격으로 격자선을 그리는 것이다. 표 22.4의 키워드를 사용하여 지도 격자선을 다양하게 조정할 수 있다.

표 22.4 map_grid 프러시저에서 사용되는 키워드

이름	기능
/box_axes	상자 모양의 위도/경도 격자를 그린다.
charsize	문자 크기(디폴트 : 1.0)
color	격자선에 대한 색지수(디폴트 : 색상표에서 최대 색지수)
glinestyle	격자 선 모양(0~5, 디폴트 : 1)
glinethick	격자 선 굵기(디폴트 : 1)
/label	격자 라벨 플래그
latalign	위도 라벨 정렬(0 : 왼쪽, 0.5 : 중앙, 1.0 : 오른쪽)
latdel	위도 격자 증분(도)
latlab	위도 라벨이 쓰여지는 경도(디폴트 : 중앙)
lats	사용자가 정의하는 위도 격자값의 배열
lonalign	경도 라벨 정렬(0 : 왼쪽, 0.5 : 중앙, 1.0 : 오른쪽)
londel	경도 격자 증가분(도)
lonlab	경도 라벨이 쓰여지는 위도(디폴트 : 중앙)
lons	사용자가 정의하는 경도 격자값의 배열

다음 예문은 위도를 4도 간격으로, 경도를 5도 간격으로 그린다. 여기서 xmargin과 ymargin 키워드는 그림의 좌우 및 상하에 여유 공간을 두게 한다.

```
IDL> map_set, 40, 125, /lambert, scale=25e6, $
IDL>     title='Korean boundary', xmargin=[2,2], ymargin=[2,4]
IDL> map_continents, /hires
IDL> map_continents, /countries, /hires
IDL> map_grid, box_axes=0.1, latdel=4, londel=5, charsize=0.75
```

IDL은 때때로 위·경도의 격자점을 그릴 때 경계면에서 약간의 차이가 생길 수 있다. 키워드 /horizon을 사용하여 개선할 수 있지만 완벽하게 해결되는 것은 아니다. 원통 도법(cylindrical equidistant)에서 가장 좋은 해결책은 plots 프러시저를 사용하여 경계면을 직접 그리는 방법이다. map_set 프러시저는 격자선에 라벨을 붙이는 것이 어렵다. 이런 경우에는 map_grid 프러시저에서 box_axes 키워드를 사용하는 것이 훨씬 편리하다.

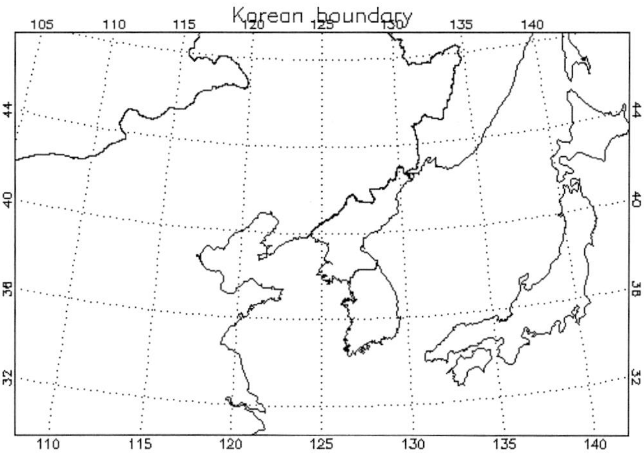

그림 22.7 지도 투영에 map_grid로 지도 격자선을 그린 그림

22.4 지도 투영법별 특징

IDL에서 표현하는 지도 투영법을 보면 투영법에 따라 특정 지역에서의 왜곡이 심하기 때문에 자료를 표현하는데는 한계가 있다. 따라서 지도 위에 표현하고자 하는 데이터에 따라 적절한 지도 투영법을 선택하여 사용해야 한다. 대기과학, 해양학, 지리학 등에 자주 사용하는 원통 도법(cylindrical equidistant), 하머 정적원추 도법(Hammer equal area and conic), 정거방위 도법(azimuthal-equidistant), 정사 도법(orthographic) 등의 투영법에 대한 특징을 살펴보고자 한다.

- **원통 도법(cylindrical equidistant)**

지구 전체에 데이터를 표시할 경우에는 원통 도법과 하머 정적원추 도법이 편리하다. 원통 도법은 매우 간단하고 특정 위·경도의 데이터 값을 매우 쉽게 볼 수 있는 장점이 있는 반면에, 메르카토르 도법(Mercator)보다 더 심각하게 극지방을 과장 표현하는 단점이 있다. 다음 예문은 map_set 프러시저로 원통 도법에 데이터를 표시한 예이며, 그 결과는 그림 22.8과 같다.

```
device, decomposed=0
window, xs=720, ys=480
!p.background = 255
!p.color = 0
!p.multi=[0, 2, 2, 0, 0]
z=100+350*randomu(seed, 361, 181)
for i=0, 5 do z=smooth(z, 7, /edge)
x=findgen(361)
y=findgen(181)-90
map_set, 0 ,0 , title='P0LAT=0, P0LON=0, ROT=0', color=0, $
        /cylindrical, /continents
map_set, 0, 90, title='P0LAT=0, P0LON=90, ROT=0', $
        /cylindrical, /isotropic, /continents, /advance, $
        /noborder, /grid, glinestyle=0, /horizon, color=0
map_set, 0, 0, title='P0LAT=0, P0LON=0, ROT=0', color=0, $
        /cylindrical, /isotropic, /continents, /advance, /grid, $
        glinestyle=0, /horizon
contour, z, x, y, levels=200+10*findgen(20), color=0, /follow, $
        /overplot
map_set, 90, 0, title='P0LAT=90, P0LON=0, ROT=0', color=0, $
        /cylindrical, /isotropic, /continents, /advance, $
        /grid, glinestyle=0, /horizon
!p.background = 0
!p.color = 255
!p.multi = 0
```

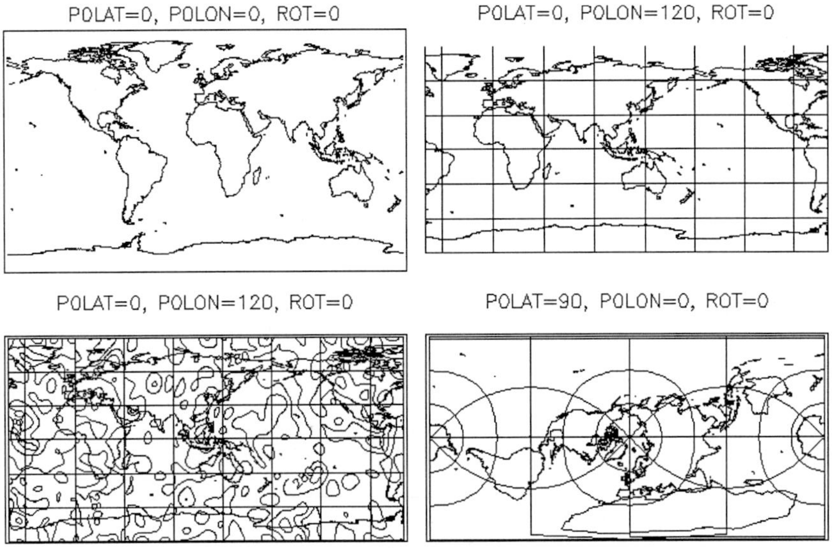

그림 22.8 원통 도법의 지도위에 데이터를 표시한 예

• 하머 정적원추 도법(Hammer equal area and conic)

메르카토르 도법은 고위도에서 심각한 왜곡을 보여 극지방의 데이터를 표시하기에는 적합하지 않다. 고위도에서 왜곡 없이 지구 전체를 잘 표현할 수 있는 투영법 중의 하나가 하머 정적원추 도법이다. 다음 예문은 map_set 프러시저로 하머 정적원추 도법에 데이터를 표시한 예이며, 그 결과는 그림 22.9와 같다. 이 그림의 오른쪽 아래 그림은 원추투영으로 구형의 지구를 원추형에 투영시켜 늘어남 없이 편평하게 지구를 보여준다. 이 투영법은 보고자 하는 지역의 접점을 중심으로 왜곡 없이 보여준다.

```
device, decomposed=0
window, xs=720, ys=480
!p.background = 255
!p.color = 0
!p.multi=[0, 2, 2, 0, 0]
z=200+200*randomu(seed, 361, 181)
for i=0, 4 do z=smooth(z, 5, /edge)
x=findgen(361)
y=findgen(181)-90
map_set, title='POLAT=0, POLON=0, ROT=0', /hammer, /isotropic, $
    /horizon
```

```
map_continents, /fill, color=150
map_grid, glinestyle=0, latdel=30, londel=90, color=0
map_set, 0, 120, title='POLAT=0, POLON=120, ROT=0', /hammer, $
    /isotropic, /horizon, /noborder, /advance
map_continents, /fill, color=150
contour, z, x, y, levels=200+10*findgen(20), /follow, /overplot
map_grid, glinestyle=0, latdel=30, londel=90
map_set, 0, 120, title='POLAT=0, POLON=120, ROT=0', /hammer, $
    /isotropic, /horizon, /noborder, /advance
contour, z, x, y, levels=200 + 10*findgen(20), /overplot, /follow
map_grid, glinestyle=0, latdel=30, londel=90
map_continents, /fill, color=150
map_set, 40, 120, title='POLAT=40, POLON=120, ROT=0', /conic, $
    scale=1.0e8, /isotropic, /grid, glinestyle=0, /continents, $
    /advance
contour, z, x, y, /overplot, /follow, levels=200+5*findgen(30)
!p.background = 0
!p.color = 255
!p.multi = 0
```

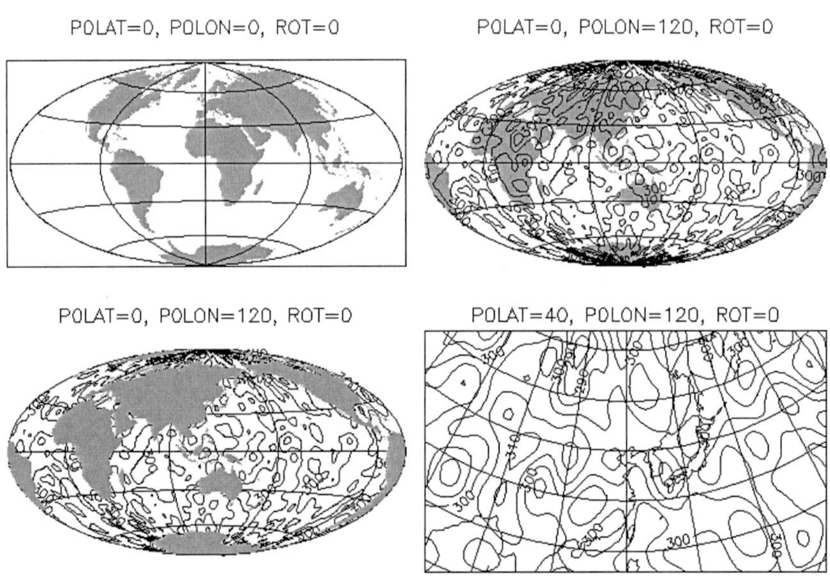

그림 22.9 하머 투영법과 원추 투영(오른쪽 아래 그림)법의 지도위에 데이터를 표시한 예

- **정거방위 도법(azimuthal equidistant)**

대기과학이나 해양학에서는 북반구와 남반구의 극지방을 중심으로 데이터를 그리는 경우가 많다. 극지방을 표현하기 위한 투영법으로는 정거방위 도법과 정사 도법이 자주 쓰인다. 정거방위 도법에서 경도선은 등간격으로 보이며, 약간의 왜곡이 있지만 대체로 적도지방을 포함한 모든 지역을 문제없이 보여준다. 다음 예문은 map_set 프러시저로 하며 정거방위 도법에 데이터를 표시한 예이며, 그 결과는 그림 22.10과 같다.

```
device, decomposed=0
window, xs=640, ys=640
!p.background = 255
!p.color = 0
!p.multi=[0, 2, 2, 0, 0]
z=100+350*randomu(seed, 361, 181)
for i=0, 5 do z=smooth(z, 7, /edge)
x=findgen(361)
y=findgen(181)-90
map_set, 90, 0, 0, title='POLAT=90, POLON=0, ROT=0', $
    /azimuthal, /isotropic, limit=[0, -180, 90, 180], $
    /continents, /grid, glinestyle=0, latdel=30, $
    londel=90
map_set, 90,0,-90, title='POLAT=90, POLON=0, ROT=-90', $
    /azimuthal, /isotropic, limit=[0, -180, 90, 180], $
    /continents, /grid, glinestyle=0, latdel=30, $
    londel=90, /noborder, /advance
contour, z, x, y, levels=200+10*findgen(20), /follow, $
    /overplot
map_set, -90, 0, 0, title='POLAT=-90, POLON=0, ROT=0', $
    /azimuthal, /isotropic, latdel=30, londel=90, $
    limit=[-90.0, -180.0, 0.0, 180.0], /continents, $
    /grid, glinestyle=0, /noborder, /advance
contour, z, x, y, levels=200+10*findgen(20), /follow, $
    /overplot
map_set, -90,0,90, title='POLAT=-90, POLON=0, ROT=90', $
    /azimuthal, /isotropic, limit=[-90, -180, 0, 180], $
```

```
    /continents, /grid, glinestyle=0, latdel=30, $
    londel=90, /noborder, /advance
!p.background = 0
!p.color = 255
!p.multi = 0
```

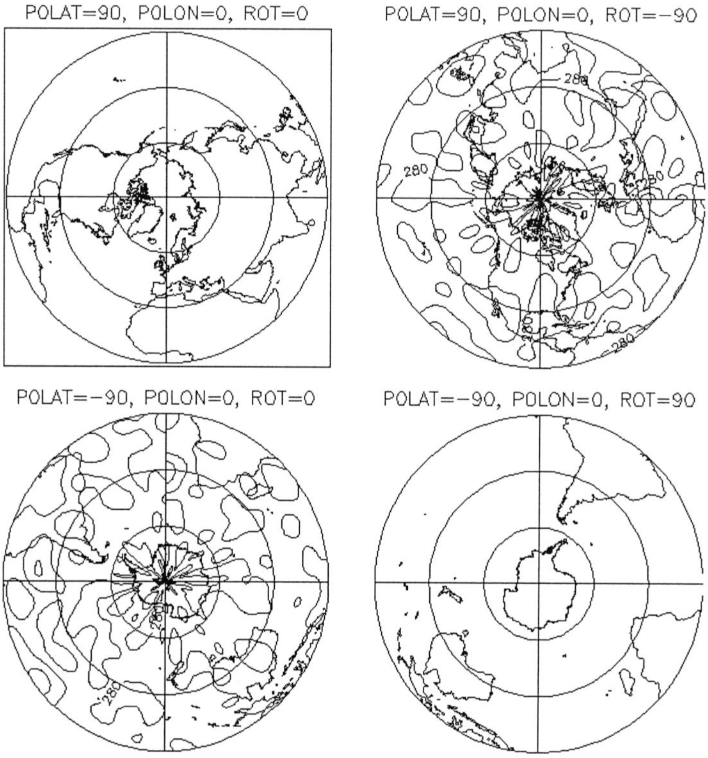

그림 22.10 정거방위 도법의 지도위에 데이터를 표시한 예

• 정사 도법(orthographic)

이 투영법은 저위도에서 경도선 간격이 조밀하여 적도지방을 표현하기에는 적합하지 않으나 위도 30도 이상의 고위도 지방을 표현하는데는 아무런 문제가 없다. 따라서 극지방을 중심으로 데이터를 표현하는데 자주 사용한다. 다음 예문은 map_set 프러시저로 정사 도법에 데이터를 표시한 예이며, 그 결과는 그림 22.11과 같다.

```
device, decomposed=0
window, xs=640, ys=640
```

```
!p.background = 255
!p.color = 0
!p.multi=[0, 2, 2, 0, 0]
z=100+350*randomu(seed, 361, 181)
for i=0, 5 do z=smooth(z, 7, /edge)
x=findgen(361)
y=findgen(181)-90
map_set, 90, 0, 0, title='POLAT=90, POLON=0, ROT=0', $
    /orthographic, /isotropic, limit=[0, -180, 90, 180], $
    /continents, /grid, glinestyle=0, latdel=30, londel=90
map_set, 90, 0, -90, title='POLAT=90, POLON=0, ROT=-90', $
    /orthographic, /isotropic, limit=[0, -180, 90, 180], $
    /continents, /grid, glinestyle=0, latdel=30, londel=90, $
    /noborder, /advance
```

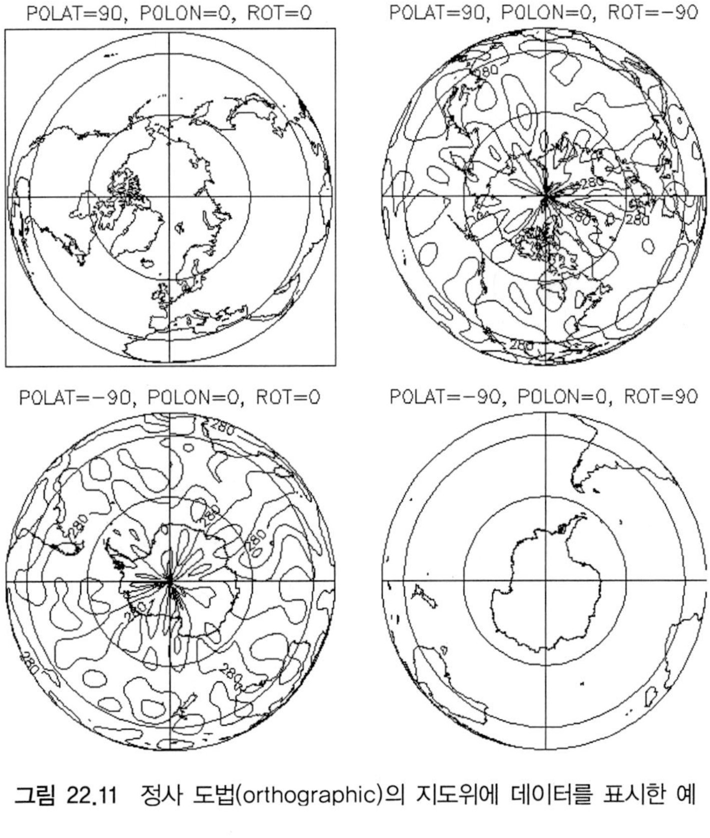

그림 22.11 정사 도법(orthographic)의 지도위에 데이터를 표시한 예

```
contour, z, x, y, levels=200+10*findgen(20), /overplot, /follow
map_set, -90, 0, 0, title='POLAT=-90, POLON=0, ROT=0',$
    /orthographic, /isotropic, limit=[-90, -180, 0, 180],$
    /continents, /grid, glinestyle=0, latdel=30, londel=90, $
    /noborder, /advance
contour, z, x, y, levels=200+10*findgen(20), /overplot, /follow
map_set, -90, 0, 90, title='POLAT=-90, POLON=0, ROT=90',$
    /orthographic, /isotropic, limit=[-90, -180, 0, 180],$
    /continents, /grid, glinestyle=0, latdel=30, londel=90,$
    /noborder, /advance
!p.background = 0
!p.color = 255
!p.multi = 0
```

22.5 지도 위에 등치선 그림 그리기

지도 위에 등고선, 이미지 또는 기호 등으로 데이터를 표시할 경우가 많다. 이 때, 지도 위에 등고선, 지도, 그리고 격자점을 그리는 순서가 매우 중요하다. 먼저, map_set 프러시저로 지도 투영법을 설정하고, 그 다음으로 map_continents 프러시저로 대륙 외곽선을 그린다. 그리고 contour 프러시저로 지도 투영 위에 등치선 그림을 그리고, 마지막으로 격자선을 그린다. 이런 순서를 지켜야 대륙을 표시한 부분이 격자선을 가리지 않는다.

다음 예문은 지도 투영을 생성하고 그 위에 등치선을 그리는 것이다. 여기서 키워드 /overplot는 기존 x축과 y축 눈금에 등치선을 겹쳐 그릴 때 사용한다.

```
IDL> map_set, 40, 130, /mercator, scale = 40e6
IDL> map_continents, /hires
IDL> map_grid
IDL> z=255*randomu(seed, 100, 100)
IDL> for I=0, 1 do z=smooth(z, 9, /edge_truncate)
IDL> x=findgen(100)/2+105
IDL> y=findgen(100)/5+30
IDL> contour, z, x, y, /overplot
```

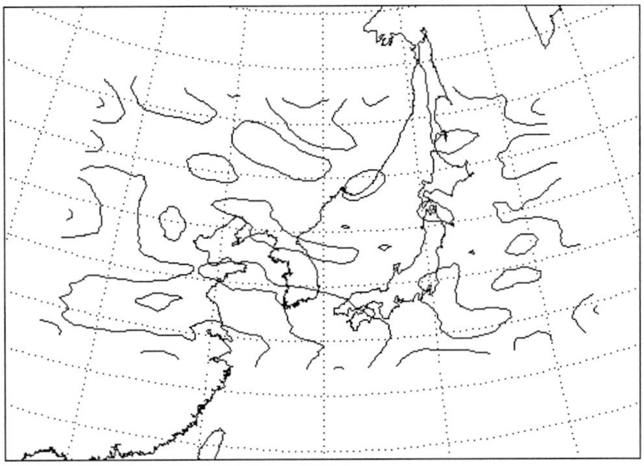

그림 22.12 메르카토르 도법의 지도 위에 등치선을 그린 그림

색이 채워진 등치선을 지도 투영에 그리는 방법은 다음과 같다. 먼저, 색을 채우고 라벨을 쓰기 위한 수준을 설정한다. 다음으로 지도 투영을 생성하고 채워진 등치선을 그린다. 마지막으로 여기에 대륙 외곽선과 지도 격자선을 그린다. 참고로 z, x, y는 앞의 예문에서 정의된 것을 그대로 사용한다.

```
IDL> levels=[110, 125, 140] ; 색을 채우고 라벨을 쓰기 위한 수준 설정
IDL> nlevels=n_elements(levels)
IDL> ncolors=nlevels+1
IDL> bottom=1
IDL> c_levels=[min(z), levels, max(z)]
IDL> c_labels=[0, replicate(1, nlevels), 0]
IDL> c_colors=indgen(ncolors)+bottom
IDL> loadct, 33, ncolors=ncolors, bottom=bottom
IDL> map_set, 40, 130, /mercator, scale = 40e6 ; 지도 투영 생성
IDL> contour, z, x, y, levels=c_levels, c_colors=c_colors,$
IDL>          /cell_fill, /overplot ; 채워진 등치선을 그리기
IDL> contour, z, x, y, levels=c_levels, c_labels=c_labels, $
              /overplot ; 등치선 그리기
IDL> map_continents ; 대륙 외곽선 그리기
IDL> map_grid ; 지도 격자선 그리기
```

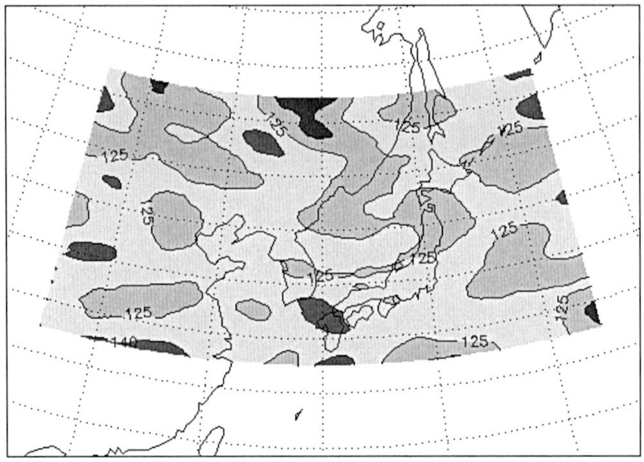

그림 22.13 메르카토르 도법의 지도 위에 색이 채워진 등치선을 그린 그림

지도 위에 무작위로 분포된 점들을 기호로 표시할 수 있다. 다음은 plots 프러시저로 지도 위에 기호를 표시하는 예문이다.

```
PRO EX_MAPPLOT
  map_set, 37, 138, /orthographic, /grid, /continent, $
          limit=[20, 120, 45, 140]
  cities = fltarr(2, 3)
  for j=0, 2 do begin cursor, x, y, /down
     cities[0, j] = x
     cities[1, j] = y
   endfor
   print, cities
   names = ['Seoul', 'Daegu', 'Tongyeong']
   plots, cities, psym = -1, symsize = 1.5, color = 180
   xyouts, cities[0, *], cities[1, *]+0.5, names, Align= 0.5
END
```

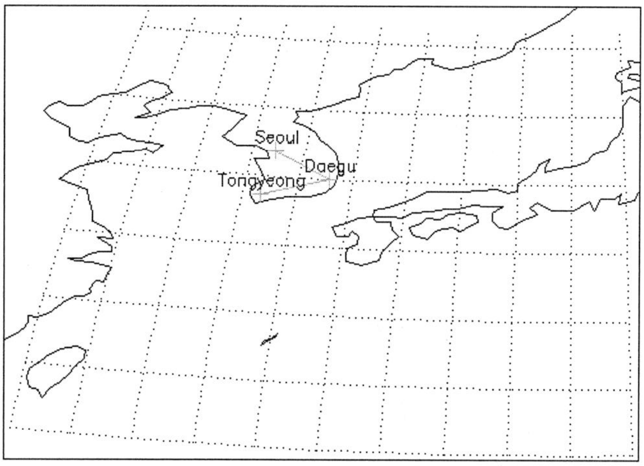

그림 22.14 정사 도법의 지도 위에 기호를 표시한 그림

22.6 지도 위에 이미지 그리기

map_image 함수는 규칙적인 위·경도 격자로 정의된 이미지를 지도 투영에 표시한다. map_image 함수는 다음과 같이 실행한다.

```
image = map_image(data, x0, y0, xsize, ysize)
```

여기서 data는 규칙적인 지리 격자로 정의된 2차원 입력 배열이며, 경도와 위도는 오름차순이다. image는 지도 투영에 맞추어서 다시 표본 추출한 이차원 출력 배열이다. x0, y0, xsize, ysize는 이미지로 표시될 때 다시 표본추출한 배열의 오프셋과 크기를 정의하는 출력 스칼라이다. 2차원 입력 배열에서 경도값은 -180°W~+180°E이며, 위도값은 -90°S~+90°N이다.

그림 22.15 지구전체의 표고를 묘사하는 이미지

다음 예문은 지구전체의 표고를 묘사하는 데이터 세트를 표출한 것이다. 여기서 worldelv.dat의 표고 데이터는 0°에서 동쪽으로 1° 간격으로 360° 격자점으로 이루어진 경도에 정의된다. map_image 함수는 +180°E를 넘지 못한다. 그래서 elev는 -180°W~180°E에서 생성된 격자를 따라 생성된다. 표고 데이터가 tvscl 함수로 표출된다.

```
IDL> openr, lun, filepath('worldelv.dat', $
IDL>         subdir='examples/data'), /get_lun
IDL> elev = bytarr(360, 360)
IDL> readu, lun, elev
IDL> free_lun, lun
IDL> elev = shift(elev, 180, 0)
IDL> tvscl, elev
```

다음 단계는 지도 투영을 생성하고 지도 투영에 맞게 이미지를 재표본추출한 것이다.

```
IDL> map_set, 20, 80, /orthographic, /isotropic, /noborder
IDL> image = map_image(elev, x0, y0, xsize, ysize)
IDL> tvscl, image, x0, y0, xsize = xsize, ysize = ysize
```

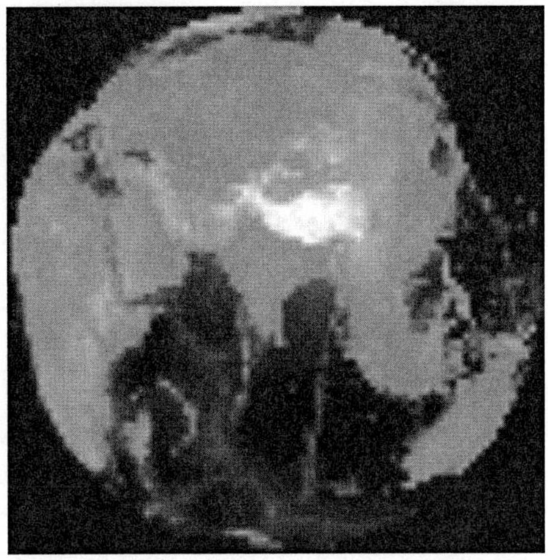

그림 22.16 정사 도법의 지도에 지구 전체의 표고를 묘사하는 이미지

map_image 함수는 재표본추출한 이미지를 맞춤설정할 수 있도록 표 22.5의 키워드를 지원한다. 다음과 같이 표 22.5의 키워드를 사용하여 그림 22.16을 더욱 선명하게 만들 수 있다. 여기서 키워드 latmin, lonmin, latmax, lonmax는 정규 위도와 경도 격자의 경계치를 정의한다. 키워드 compress는 재표본추출하는 열과 행으로, compress=n이면 매 n행 n열마다 재표본추출을 적용하고 compress=1일 때 최상의 결과를 얻는다. 키워드 scale은 출력 이미지의 분해능을 결정하며, 그 값이 높을수록(예로 0.05) 최상의 결과를 얻는다. 키워드 missing은 지도 투영 경계선의 외곽 부분에서 재표본추출 누락 픽셀값을 설정한다. 포스트스크립트 디바이스에서 디폴트는 missing=255이다.

```
IDL> map_set, 20, 80, /orthographic, /isotropic, /noborder
IDL> image = map_image(elev, x0, yo, xsize, ysize, $
          latmin=-90, lonmin=-180, latmax=90, lonmax=180, $
          compress=1, scale=0.05)
IDL> tvscl, image, x0, y0, xsize=xsize, ysize=ysize
IDL> color = !d.table_size - 1
IDL> map_continents, color=color
IDL> map_grid, color=color
```

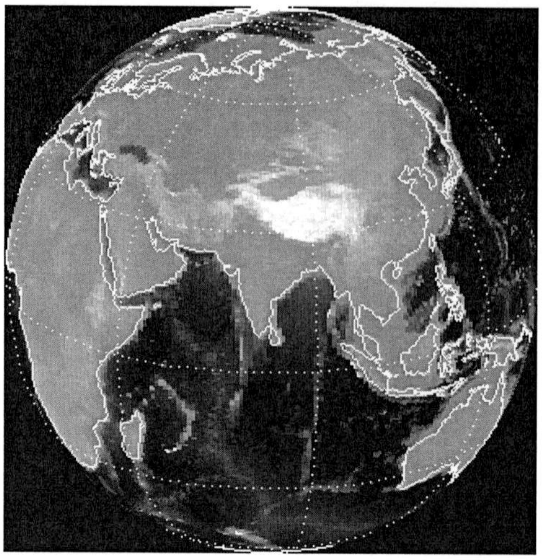

그림 22.17 정사 도법의 지도에 지구 전체의 표고를 섬세하게 묘사하는 이미지

표 22.5 map_image 프러시저에서 사용되는 키워드

이름	기능
lonmin	입력 격자에서 최소 경도(디폴트 : −180° E)
lonmax	입력 격자에서 최대 경도(디폴트 : +180° W)
latmin	입력 격자에서 최소 위도(디폴트 : −90° S)
latmax	입력 격자에서 최대 위도(디폴트 : +90° S)
compress	보간 압축 플래그(디폴트 : 4)
scale	출력 이미지의 배율(디폴트 : 0.02)
/bilinear	겹선 보간으로 재표본추출(디폴트 : 최근접이웃보간법)
min_value	재표본추출하는 최소값(디폴트 : 최소 데이터)
max_value	재표본추출하는 최대값(디폴트 : 최대 데이터)
missing	누락 픽셀값(디폴트 : 0)

22.7 지도 기반 그림의 응용 사례

지도 기반 그림을 표현하는 예문을 제시하였다. 이 그림에 사용된 데이터나 데이터 입출력 과정은 생략하였고, 제시된 그림을 그리는데 필요한 맞춤설정 내용만 제시하였다.

• 특별한 지도 투영법 사례

< 맞춤 설정 코드 >

※ 이 그림에서는 등치선 자료 z와 위경도 좌표 lon, lat는 임의로 생성해서 사용하였으므로 실제로 적용할 경우에는 원하는 데이터로 대체해야 한다.

```
n=181
lat=findgen(n)-90
lon=findgen(n)+30
z=240*randomu(seed, n, n)-120
for i=0, 2 do z=smooth(z, 5, /edge_truncate)
device, decomposed=0
window, xs=512, ys=512
!p.background=255
```

```
!p.color=0
map_set, 20, 120, /orthographic, /isotropic, /horizon, /noborder
map_continents, /coast, mlinethick=2
levels=10*indgen(7)-30
cls = [1, 1, 1, 0, 0, 0, 0]
contour, z, lon, lat, levels=levels, c_linestyle=cls, /overplot
!p.background=0
!p.color=255
```

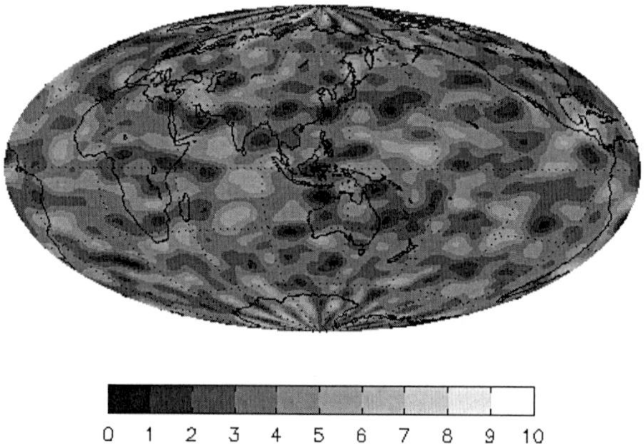

< 맞춤 설정 코드 >

※ 이 그림에서 등치선 자료 z는 임의로 생성해서 사용하였으므로 실제로는 원하는 데이터로 대체해야 한다. 이 코드에서 사용하는 외부 라이브러리는 http://www.dfanning.com/programs/colorbar.pro에서 구할 수 있다.

```
n=181
z=30*randomu(seed, n, n)-10
for i=0, 2 do z=smooth(z, 5, /edge_truncate)
device, decomposed=0
window, xs=512, ys=384
nc = 10
loadct, 0, ncolors=nc
!p.background=255
!p.color=0
map_set, 0, 120, /hammer, /isotropic, /horizon, /noborder, $
    position=[0.05, 0.2, 0.95, 0.9]
```

```
im = map_image(z, stx, sty, lonmin=-60, lonmax=300, /bilinear, $
    compress=1, missing=255)
tvscl, im, stx, sty
map_continents, /coast
map_grid
colorbar, ncolors=nc, divisions=10, minor=0, position=[0.2, 0.1, 0.8, 0.15]
```

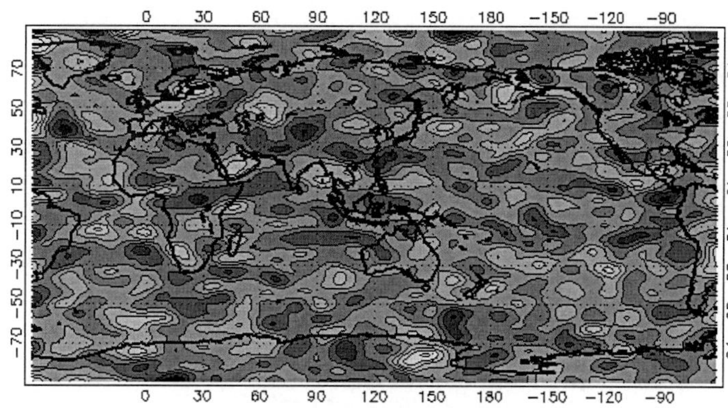

< 맞춤 설정 코드 >

※ 이 그림에서 등치선 자료 z와 위・경도 좌표 lon, lat는 임의로 생성해서 사용하였으므로 실제로는 원하는 데이터로 대체해야 한다.

```
n=181
lat=findgen(n)-90
lon=2*findgen(n)-60
z=30*randomu(seed, n, n)-10
for i=0, 2 do z=smooth(z, 5, /edge_truncate)
device, decomposed=0
window, xs=640, ys=384
nc = 10
loadct, 0, ncolors=nc
!p.background=255
!p.color=0
map_set, 0, 120, /cylindrical, /isotropic, /horizon, $
    position=[0.1, 0.1, 0.9, 0.9]
```

```
im = map_image(z, stx, sty, lonmin=-60, lonmax=300, $
   /bilinear, compress=1, missing=255)
tvscl, im, stx, sty
map_continents, /coast, mlinethick=2
map_grid, box_axes=0.1, londel=30, lats=20*indgen(10)-90, charsize=0.8
levels=indgen(nc)
contour, z, lon, lat, levels=levels, /overplot
```

- **지도 투영법 + 컬러 등치선**

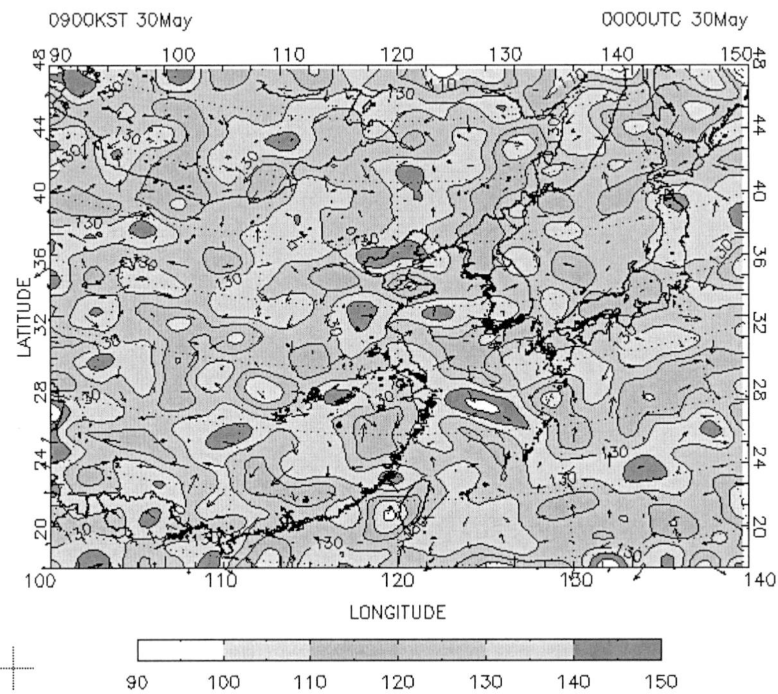

< 맞춤 설정 코드 >

※ 이 그림에서 등치선 자료 z와 벡터자료 u, v는 난수로 생성해서 사용하였으므로 실제로는 원하는 데이터로 대체해야 한다. 이 코드에서 사용하는 외부 라이브러리는 http://www.dfanning.com/programs/colorbar.pro에서 구할 수 있다.

```
device, decomposed = 0
window, xs=640, ys=512
```

```
loadct, 0
!p.background=255
!p.color=0
z=255*randomu(seed, 120, 120)
x=findgen(120)/2+100
y=findgen(120)/4+24
for I=0, 2 do z=smooth(z, 5, /edge_truncate)
levels=[90, 100, 110, 120, 130, 140, 150]
nlevels=n_elements(levels)
ncolors=nlevels-1
bottom=1
c_levels=[levels, max(z)]
c_labels=[replicate(1, nlevels), 1]
c_colors=indgen(ncolors)+bottom
loadct, 20, ncolors=ncolors, bottom=bottom
contour, z, levels=c_levels, c_colors=c_colors, $
    xtickformat='(A1)', ytickformat='(A1)',$
    /fill, Position=[0.1, 0.2, 0.9, 0.9]
contour, z, levels=c_levels, /follow, /overplot
ymargin=[3, 3]
map = map_proj_init(3, LIMIT=[20, 100, 50, 140], $
    center_longitude=120, standard_par1=30, standard_par2=60)
map1 = map_proj_init(3, LIMIT=[20, 80, 50, 170], $
    center_longitude=120, standard_par1=30, standard_par2=60)
plot, map.uv_box[[0, 2]], map.uv_box[[1, 3]], $
    Position=[0.1, 0.2, 0.9, 0.9], /NoData, XStyle=1, YStyle=1, $
    XTICKLEN=1e-6, YTICKLEN=1e-6, XTICKFORMAT='(A1)', $
    YTICKFORMAT='(A1)', XTITLE='LONGITUDE', $
    YTITLE='LATITUDE', /NOERASE
map_continents, /hires, /coast, /countries, map_structure=map1
map_grid, box_axes=0.1, map_structure=map1
ycd = !y.crange[1]-!y.crange[0]
xyouts, !x.crange[0], !y.crange[1]+0.08*ycd, '0900KST 30May'
xyouts, !x.crange[1], !y.crange[1]+0.08*ycd, '0000UTC 30May', $
```

```
    ALIGNMENT=1
u = randomn(seed, 20, 20)
v = randomn(seed, 20, 20)
sz = SIZE(u, /DIM)
px = FINDGEN(sz[0])*(map.uv_box[2]-map.uv_box[0])/(sz[0])+ $
    map.uv_box[0]
py = FINDGEN(sz[1])*(map.uv_box[3]-map.uv_box[1])/(sz[1])+ $
    map.uv_box[1]
velovect, u, v, px, py, /overplot
colorbar, ncolors=ncolors, bottom=bottom, DIVISIONS=nlevels-1, $
    range=[levels[0], levels[n_elements(levels)-1]], $
    Position=[0.2, 0.07, 0.8, 0.1]
loadct, 0
!p.background=0
!p.color=255
```

• **지도 투영법 + 등고선**

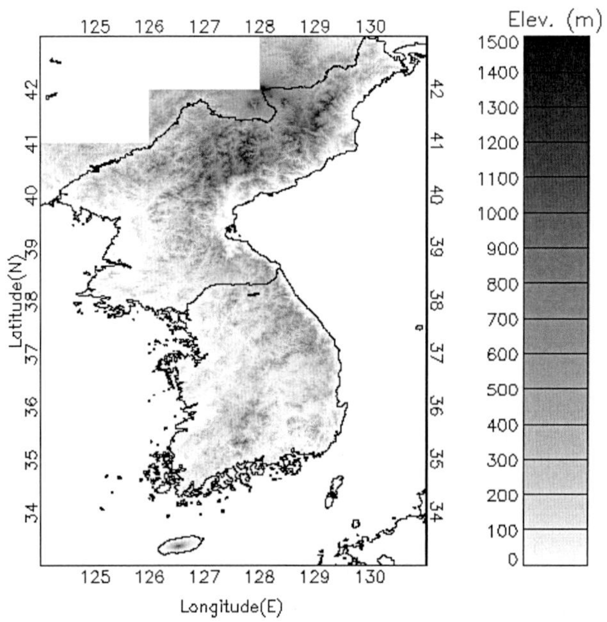

< 맞춤 설정 코드 >

※ 이 그림에서 한반도 DEM자료 dem은 실제 원하는 데이터로 대체해야 한다. 이 코드에서 사용하는 외부 라이브러리는 http://www.dfanning.com/programs/tvimage.pro 에서 구할 수 있다.

```
loadct, 0
tvlct, r, g, b, /get
tvlct, reverse(r), reverse(g), reverse(b)
erase
map = map_proj_init(8, limit=[33, 124, 43, 131])
plot, map.uv_box[[0, 2]], map.uv_box[[1, 3]], xst=1, yst=1, $
    xtickformat='(A1)', ytickformat='(A1)', xticklen=1e-6, $
    yticklen=1e-6, xtitle='Longitude', ytitle='Latitude', $
    position=[0.1, 0.1, 0.7, 0.9], /nodata, /noerase
tvimage, dem, /overplot
map_continents, /hires, /coast, /countries, map_structure=map
map_grid, box_axes=0.1, map_structure=map
n = n_elements(lons)
for I=0, n-1 do begin
    coord = map_proj_forward(lon[i], lat[i], map_structure=map)
    plots, coord, psym=4
endfor
plot, indgen(10), yst=1, yrange=[0, 1500], xtickformat='(A1)', $
    yticks=15, xticklen=1e-6, yticklen=1, /nodata, /noerase, $
    position=[0.85, 0.1, 0.95, 0.9]
cim = replicate(1, 16)#indgen(256)
tvimage, cim, /overplot
plot, indgen(10), yst=1, yrange=[0, 1500], xtickformat='(A1)', $
    yticks=15, xticklen=1e-6, yticklen=1, /nodata, /noerase, $
    title='Elev. (m)', position=[0.85, 0.1, 0.95, 0.9]
loadct, 0
```

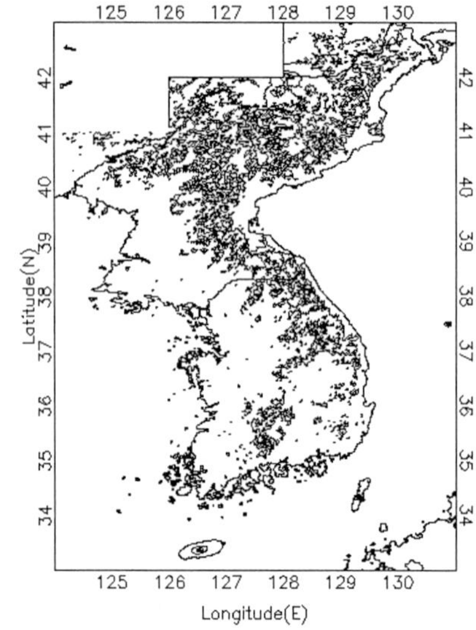

< 맞춤 설정 코드 >

※ 이 그림에서 한반도 DEM 자료 dem은 실제 원하는 데이터로 대체해야 한다.

```
loadct, 0
erase
map = map_proj_init(8, limit=[33, 124, 43, 131])
plot, map.uv_box[[0, 2]], map.uv_box[[1, 3]], xst=1, yst=1, $
    xtickformat='(A1)', ytickformat='(A1)', xticklen=1e-6, $
    yticklen=1e-6, xtitle='Longitude', ytitle='Latitude', $
    position=[0.2, 0.1, 0.8, 0.9], /nodata, /noerase
map_continents, /hires, /coast, /countries, map_structure=map
map_grid, box_axes=0.1, map_structure=map
contour, dem, Position=[0.2, 0.1, 0.8, 0.9], xst=1, yst=1, $
    xtickformat='(A1)', ytickformat='(A1)', $
    XTICKLEN=1e-6, YTICKLEN=1e-6, /noerase
```

- **지도 투영법 + 바람깃**

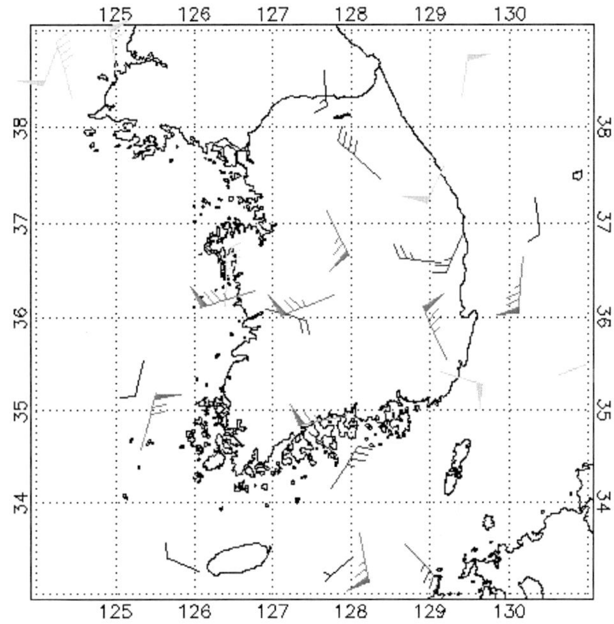

< 맞춤 설정 코드 >

※ 이 그림에서 위 · 경도 및 풍향/풍속 자료 lat, lon, direction, speed는 난수로 생성해서 사용하였으므로 실제로는 원하는 데이터로 대체해야 한다. 이 코드에서 사용하는 외부 라이브러리는 다음에서 이용할 수 있다.
http://www.dfanning.com/programs/windbarb.pro
http://www.dfanning.com/programs/stationplot.pro
http://www.dfanning.com/programs/fsc_color.pro

```
device, decomposed = 0
window, xs=512, ys=512
loadct, 0
!p.background=255
!p.color=0
erase
map_set, /mercator, limit=[33, 124, 39, 131], $
    position=[0.1, 0.1, 0.9, 0.9]
map_continents, /hires, /coast, /countries
```

```
map_grid, box_axes=0.1

n = 30
lon = 7*randomu(seed, n)+124
lat = 6*randomu(seed, n)+33
direction = 360*randomu(seed, n)
speed = 80*randomu(seed, n)
for i = 0, n-1 do begin
    case 1 of
          speed[i] lt 20 : c = 'black'
          speed[i] ge 20 and speed[i] lt 40 : c = 'blue'
          speed[i] ge 40 and speed[i] lt 60 : c = 'green'
          speed[i] gt 60 : c = 'red'
    endcase
    windbarb, lon[i], lat[i], speed[i], direction[i], color=c, $
        clip=[0.1, 0.1, 0.9, 0.9]
endfor
```

- **지도 투영법 + 해양 영역 표시**

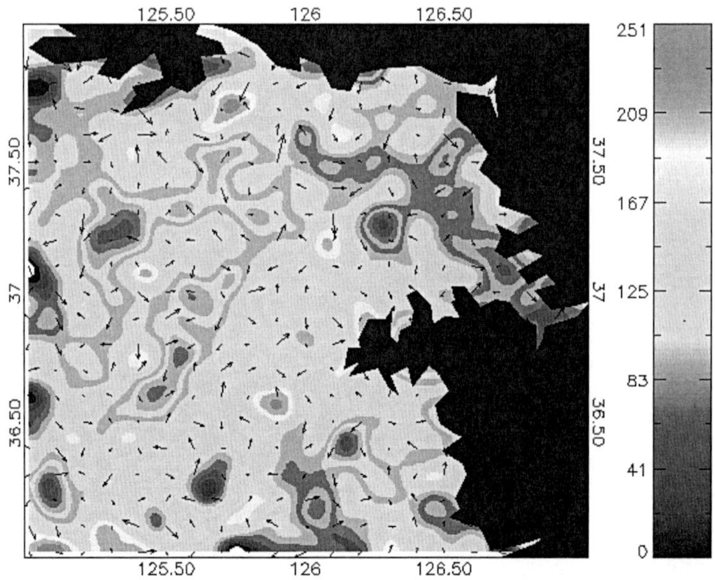

< 맞춤 설정 코드 >

※ 이 그림에서 등치선 자료 z와 벡터자료 u, v는 난수로 생성해서 사용하였으므로 실제로는 원하는 데이터로 대체해야 한다.

```
loadct, 0
!p.background=255
!p.color=0
erase
map_set, /mercator, limit=[36, 125, 38, 127], $
    position=[0.1, 0.1, 0.9, 0.9]
map_continents, /hires, /fill_continents
position = [!x.window[0], !y.window[0], !x.window[1], $
    !y.window[1]]
xsize = ceil((position[2]-position[0])*!d.x_vsize)
ysize = ceil((position[3]-position[1])*!d.y_vsize)
xstart = round(position[0]*!d.x_vsize)
ystart = round(position[1]*!d.y_vsize)
im = tvrd(xstart, ystart, xsize, ysize)
mask = im ne 0

ncol = 252
loadct, 39
z=randomu(seed, 121, 121)
x=findgen(121)/60+125
y=findgen(121)/60+36
for I=0, 2 do z=smooth(z, 5, /edge_truncate)
z = 8*z-2
z = bytscl(z, top=ncol-1)
levels = 12
step = (max(z) - min(z)) / levels
userLevels = indgen(levels) * step + min(z)
contour, z, x, y, levels=userLevels, /fill, /overplot

u = randomn(seed, 20, 20)
v = randomn(seed, 20, 20)
```

```
px = findgen(20)/10+125
py = findgen(20)/10+36
velovect, u, v, px, py, /overplot
im = tvrd(xstart, ystart, xsize, ysize, /true)
sz = size(im, /dim)
mask24 = bytarr(3, sz[1], sz[2])
for i = 0, 2 do mask24[i, *, *] = mask
tv, im*mask24, xstart, ystart, xsize=xsize, ysize=ysize, /true
tvlct, 0, 0, 0, 0
map_set, /mercator, limit=[36, 125, 38, 127], $
   position=[0.1, 0.1, 0.9, 0.9], /noerase
map_continents, /hires
map_grid, box_axes=0.1, londel=0.5, latdel=0.5, /no_grid
colorbar, range=[min(z), max(z)], ncolors=ncol, /vertical
!p.background = 0
!p.color=255
loadct, 0
```

이미지 데이터

Chapter 23

다양한 과학 기술 분야에서 얻어지는 이차원 배열의 데이터는 이미지 형태로 표출할 수 있다. IDL은 이미지 표출뿐만 아니라 다양한 이미지 데이터를 처리하고 분석하는 방법을 제공한다. 여기서는 이미지 데이터를 표출 · 처리하는 방법에 대하여 설명한다.

23.1 색상 모드의 설정

IDL의 직접 그래픽스 시스템(Direct Graphics System)에서는 색을 8비트 의사 색상(pseudo color) 모드와 24비트 참 색상(true color) 모드로 표현한다. 앞서 제16.2절과 제16.3절에서 설명한 바와 같이, 8비트 의사 색상 모드는 최대 256단계의 색을 제공하며, 최대 256가지의 색을 가진 색상표의 등재번호로 색이 결정된다. 24비트 참 색상 모드는 16,777,216 단계의 색이 주어지고 RGB 삼원색을 조합하여 색이 결정된다.

많은 수의 색상이 필요한 이미지 데이터를 작업하는 경우에는 어떤 색상을 사용할 것인지가 매우 중요하다. 과거에는 8비트 의사 색상 모드를 많이 사용하였지만 최근에는 윈도, 리눅스, UNIX 등의 플랫폼에 관계없이 대부분 24비트 이상의 참 색상 모드를 사용하고 있다. 하지만 사람의 눈으로 구분할 수 있는 색상수가 100개 정도에 불과하고 24비트 이상의 참 색상 모드의 경우에는 색상에 대한 선택의 폭이 지나치게 많아 오히려 번거로울 수도 있다. 이런 이유에서 실질적으로는 8비트 의사 색상이 여러모로 편리하고 더 효율적일 수 있다.

• 8비트 의사 색상 모드와 색상표

최근 컴퓨터의 웬만한 그래픽 카드는 24비트 또는 32비트를 지원한다. 따라서 IDL을 처음 가동하면 24비트 참 색상 모드가 디폴트로 설정된다. 이러한 컴퓨터 환경에서 8비트 의사 색상 모드를 사용하기 위해서는 다음과 같이 device 명령어에서 decomposed=0으로 설정하여 24비트 참 색상 모드를 해제한 후에, 색상표와 색 지수를 사용하여 색을 표현한다.

```
IDL> device, decomposed = 0 ; 24비트 참 색상 모드를 해제
IDL> loadct, 0 ; 색상표 0을 불러오기
IDL> tvscl, dist(256)
```

8비트 의사 색상이 설정되면 색상표와 색 지수를 사용하여 원하는 색을 선택한다. IDL에서 사용할 수 있는 색상표의 개수는 모두 41개이다. 이 때, 각 색상표가 어떤 색깔들로 이루어져있는지를 제대로 알아야 원하는 색상표를 선택할 수 있다. 원하는 색상표의 번호를 미리 알고 있는 경우에는 위의 예문과 같이 'loadct, 번호'로 색상표를 불러올 수 있다. 그렇지 않은 경우에는 xloadct 혹은 xpalette 명령어로 원하는 색상표와 색을 선택할 수 있다.

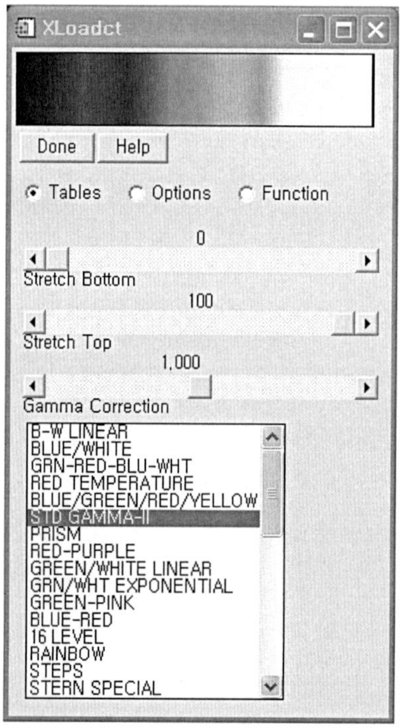

그림 23.1 xloadct 명령을 실행한 모습

xloadct 명령을 실행하면 그림 23.1과 같이 사용할 수 있는 색상표의 목록과 그에 상응하는 색 구성을 일목요연하게 보여준다. 이 그림의 하단에 있는 색상표 목록에서 원하는 항목을 선택하면 그 색상표의 색 구성이 상단에서 가로방향 컬러바로 표시된다. 이런 방법으로 각 색상표의 색상 구성을 보고 원하는 색상표를 선택한 상태에서 'Done' 버튼을 눌러주면 이 색상표가 적용된다. 그리고 중간에 있는 슬라이드 바를 이용하여 색상표를 원하는 형태로 수정할 수도 있다.

다음 예문은 8비트의 의사 색상 모드에서 색상표 0으로 dist(256)에 대한 그래픽을 생성한 후에, xloadct로 다른 색상표로 변경하고 그 색상표에 따라 그래픽을 생성한 것이다.

```
IDL> device, decomposed=0
IDL> loadct, 0
IDL> tvscl, dist(256)
IDL> xloadct
IDL> tvscl, dist(256)
```

위에서 설명한 xloadct 명령어에서는 특정 색상표의 모든 색을 볼 수 있지만, 원하는 색이 0~255에서 정확히 몇 번인지를 가늠하기가 힘들다. 이런 경우에 원하는 색을 정확하게 판별하기 위한 명령어 xpalette가 있다. 이 명령어를 실행하면 그림 23.2와 같은 창이 뜬다. 이 그림의 오른쪽에 있는 팔레트에서 원하는 색을 선택하면, 이에 해당되는 색지수가 위쪽에 있는 'by index'라는 슬라이드 바에 표시된다. 따라서 현재의 색상표에서 원하는 색이 정확히 몇 번인지를 확인할 수 있다.

• 24비트 참 색상 모드

의사 색상 이미지는 데이터가 [nx, ny]와 같이 2차원 배열 구조로 되어 있으며, 이것은 일정한 x, y 좌표에 대한 픽셀값이 색상표의 특정 색상에 대응하는 방식으로 표출된다. 반면에, 참 색상 이미지는 x, y 좌표 외에도 Red, Green, Blue 세 개의 채널별 값을 갖는 3차원 배열 구조를 갖는다. 따라서 참 색상 이미지는 [3, nx, ny] 혹은 [nx, 3, ny] 혹은 [nx, ny, 3]과 같은 형태의 배열 구조를 갖는다. 여기서 3이 바로 RGB 각 채널에 대한 값에 해당된다.

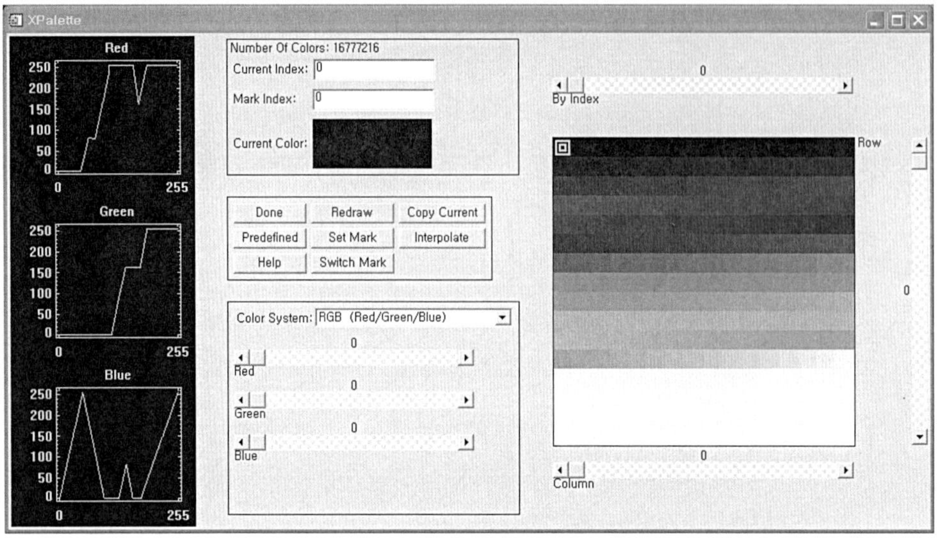

그림 23.2 xpalette 명령을 실행한 모습

다음 예문과 같이 참 색상 이미지를 읽고 그 배열 구조를 살펴보면 참 색상 이미지의 3차원 배열 구조를 알 수 있다. 여기서 이미지 파일 rose.jpg로부터 읽어 들인 변수 image의 배열은 그 크기가 227 × 149이고 RGB 채널값을 갖는 참 색상 이미지임을 알 수 있다.

```
IDL> file = filepath('rose.jpg', subdir='examples/data')
IDL> image = read_image(file)
IDL> help, image
 IMAGE    BYTE    = Array[3, 227, 149]
```

23.2 이미지 표출

이미지 데이터를 표출하기 위해서는 이미지 파일을 읽거나 이미지 데이터를 갖고 있는 이차원 배열을 만든 후에 tv 또는 tvscl 프러시저로 표출해야 한다. tv 프러시저와 tvscl 프러시저는 각각 다음과 같은 형식으로 실행한다.

```
tv, image [, order, position 또는 x0, y0, /true]
tvscl, image [, order, position 또는 x0, y0, /true]
```

여기서 변수 image는 이미지 데이터를 갖는 이차원 배열 변수이다. order는 이미지 데이터의 기준점 위치를 설정하는 키워드이고, x0, y0는 표출하는 이미지에서 하단 왼쪽 기준점에 대한 윈도 좌표이며, 이에 대한 설정이 없으면 하단 왼쪽 기준점인 윈도의 (0, 0)에 이미지를 표출한다. position은 이미지의 위치 번호이다. 키워드 /true를 설정하면 참색상의 이미지로 표출한다. 이들 키워드에 대한 설명은 이 절의 후반부와 23.3절에서 설명한다.

tv 프러시저는 이차원 배열 변수인 image에 저장된 수치를 그대로 바이트값으로 간주하여 표출한다. 다시 말해, 변수 image에서 특정 x, y 좌표의 값이 100이면, 그 위치에 해당하는 픽셀을 색상표의 100번(바이트값 100B)에 해당하는 색으로 표시한다. 만약, 그 값이 0~255의 범위를 넘어서는 경우에는 순환값으로 인식한다. 즉, 바이트값이 256이면 0으로, 257이면 1로, 258이면 2로, -1이면 255로, -2이면 254로 인식한다. 이미지 변수에서 값의 범위가 바이트 스케일(0~255)이 아닌 경우에는 이미지 표출에 문제가 있을 수 있지만, 바이트 스케일의 범위를 벗어나지 않는 경우라면 오히려 실제 값을 원래대로 보여주는 측면도 있다.

tvscl 프러시저는 이차원 배열 변수인 image에 저장된 수치를 바이트 스케일(0~255)로 변환한 후에 표출한다. 즉, 값의 범위와 상관없이 이를 표출할 때에는 0~255의 범위로 조절을 한다는 것이다. 예를 들어, 이미지 변수 값의 범위가 100~1000이면, 100은 0에 대응시키고 1000은 255에 대응시켜서 스케일 조절을 한 다음 화면상에 표출한다. 따라서 다양한 범위값을 갖는 이미지를 실제 값에 구애받지 않고 가능한 최대의 명암대비(contrast)로 표출하는데 유용한 프러시저이다.

이미지 데이터를 표출하고자 할 경우에는 다음과 같이 데이터 범위를 확인한 후에 어떤 프러시저를 사용할 것인지를 결정해야 한다.

```
IDL> print, max(image), min(image)      ; 데이터 범위를 확인
 -100    100
IDL> print, !d.n_colors ; device가 몇 가지 색을 사용하고 있는지
 256
IDL> window, 0, xsize = 192, ysize = 192
IDL> loadct, 0
IDL> tv, image
IDL> window, 1, xsize = 192, ysize = 192
IDL> tvscl, image
```

다음은 tv 프러시저와 tvscl 프러시저의 차이를 보여주는 예문이다. 이 예문을 실행하면 그림 23.3과 같이 두 개의 윈도에서 각각 tv 프러시저와 tvscl 프러시저로 표출된 이미지를 서로 비교해 볼 수 있다. 여기서 이미지 변수에 대하여 부등호를 사용하면 해당 범위에 대한 픽셀값만 표출하며, 이것을 이미지 클리핑(clipping)이라 한다. 이 경우에는 100부터 200까지의 픽셀값으로 한정되며, 그보다 더 작은 값들은 모두 100으로 더 큰 값들은 200으로 고정된다.

```
IDL> file = filepath('muscle.jpg', subdir = 'examples/data')
IDL> image = read_image(file)
IDL> imgsz = size(image, /dimension)
IDL> window, 0, imgsz[0], imgsz[1]
IDL> tv, image > 100 < 200
IDL> window, 1, sz[0], sz[1]
IDL> tvscl, image > 100 < 200
```

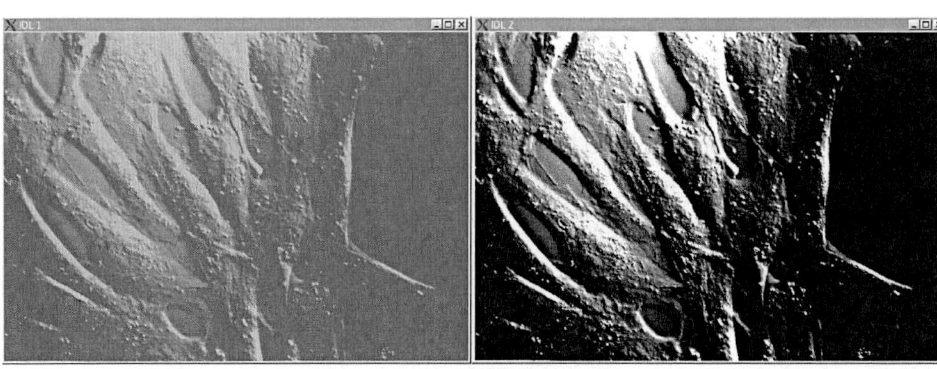

그림 23.3 tv 프러시저와 tvscl 프러시저로 표출된 이미지의 비교

그림 23.3에서 tv 프러시저로 표출된 왼쪽 이미지에서는 픽셀값 100은 100으로, 픽셀값 200은 200 그대로 표현되어 있다. 그러나 tvscl 프러시저로 표출된 오른쪽 이미지에서는 픽셀값 100은 0으로, 픽셀값 200은 255로 스케일 조정하여 표현되어 있다. 그래서 오른쪽 이미지의 명암대비가 더 강하게 보인다.

이차원 이미지 배열에 대하여 bytscl 함수로 바이트 스케일하고 이것에 tv 프러시저를 적용하면 마치 tvscl 프러시저를 사용하는 것과 동일한 결과는 얻는다. 이미지 데이터의 범위를 확인하고 오류 데이터를 포함하고 있는 경우에 다음과 같이 bytscl 함수로 바이트 스케일을 조정하고 tv 프러시저로 표출할 수 있다. 여기서 키워드 min은 수치 15를 0으로, max는 수치 245를 99로 변환하라는 의미이며, top은 100단계로 바이트 스케일을 조정하고 최대가 99임을 의미한다.

```
IDL> newimage = bytscl(image, min=15, max=245, top=99)
IDL> window, 2, Xsize=256, Ysize=256
IDL> loadct, 0
IDL> tv, newimage
```

참 색상 이미지의 표출은 tv 프러시저와 tvscl 프러시저에 다음 예문과 같이 키워드 /true를 설정하면 된다.

```
IDL> window, 0, xsize=227, ysize=149
IDL> tv, image, /true
```

참 색상 이미지의 표출에서 tvscl 프러시저의 사용은 바람직하지 않을 경우도 있다. 이것은 참 색상 이미지의 경우는 만들 때부터 RGB 각 채널의 값이 미리 바이트 스케일링 과정을 거치는 경우가 많으며, 바이트 스케일링 과정에서 RGB 각 채널의 값이 억지로 부드럽게 만들어지다보면 원래의 색상이 왜곡될 가능성이 크기 때문이다.

23.3 이미지 표출의 순서와 위치 설정

이미지 데이터는 이미지 모양에 따라 상단 왼쪽 데이터를 데이터 배열 [0, 0]으로 저장하는 경우가 많다. 그러나 IDL에서는 데이터 배열 [0, 0]이 x와 y축의 (0, 0)에 위치하며, 이 때문에 이미지를 그대로 화면에 표출하는 경우에 이미지가 역전될 수 있다. 따라서 이미지의 상단 왼쪽이 데이터 배열의 [0, 0]으로 저장되어 있는 경우에는 order=1로 설정하거나 시스템 변수 !order=1을 설정해야 한다.

```
IDL> window, 0, xsize = 256, ysize = 256
IDL> loadct, 0
IDL> tvscl, image, order=1
```

tv 프러시저와 tvscl 프러시저에서 이미지의 위치는 다음 예문과 같이 기준점 위치를 설정하거나 위치 번호를 부여하여 설정할 수 있다. 여기서 image0, image1, image2, image3은 512 × 512 크기의 윈도에 4개의 256 × 256 크기의 이미지를 위치 번호로 부여한 경우이고, 마지막 imagex는 이미지 기준점 위치를 부여하여 그 위치를 설정한 경우이다.

```
IDL> Window, Xsize = 512, Ysize = 512
IDL> tvscl, image0, 0
IDL> tvscl, image1, 1
IDL> tvscl, image2, 2
IDL> tvscl, image3, 3
IDL> tvscl, imagex, 128, 128
```

23.4 이미지 크기의 조절

이미지 크기는 2차원 배열의 x, y 방향 크기를 변경하여 조절한다. 이러한 조절에는 제5.3절에서 설명했던 rebin 함수나 congrid 함수를 사용한다. 여기서는 다음과 같이 설정된 이미지(그림 23.4)를 사용하여 이미지 크기를 조절하는 방법에 대해 알아본다.

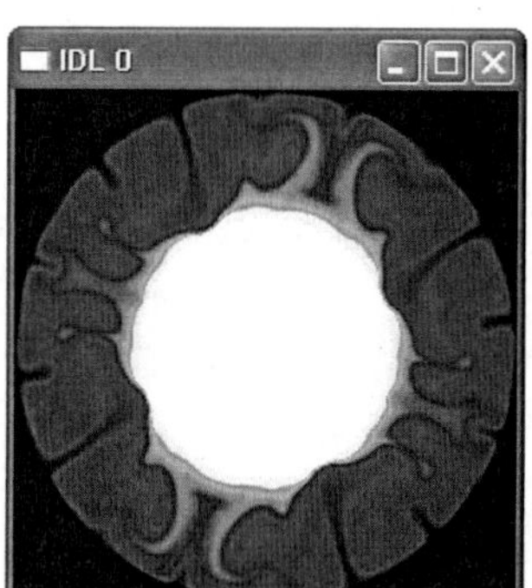

그림 23.4 예문 이미지

```
IDL> file = filepath('convec.dat', subdir='examples/data')
IDL> imgsz = [248, 248]
IDL> image = read_binary(file, data_dims=imgsz)
IDL> window, 0, xsize=sz[0], ysize=sz[1]
IDL> loadct, 5
IDL> tv, image
```

• rebin 함수를 이용한 확대와 축소

rebin 함수는 다차원의 배열을 정수배 크기(2, 4 · ·, 128, 512, 1024, · · ·)의 배열로 확대하거나 축소한다. 이 함수는 기본적으로 확대에는 선형보간법을, 축소에는 최근접이웃평균법을 사용한다. 그리고 키워드 /sample을 설정하면 확대와 축소 모두 최근접이웃추출법을 사용한다.

다음은 rebin 함수를 이용하여 가로와 세로에서 모두 2배로 확대한 이미지를 표출하는 예문이다. 여기서 rebin 함수의 첫째 인수 image는 입력 이미지 배열이며, 둘째와 셋째 인수가 각각 x와 y 방향에서 원하는 확대율이다. x와 y 방향에서 배율은 2:3과 같이 다른 배율로도 가능하다.

```
IDL> window, 1, xsize = 2*sz[0], ysize = 2*sz[1]
IDL> tv, rebin(image, 2*sz[0], 2*sz[1]) ; 2배 확대
```

다음은 이미지를 정수배로 축소하는 예문이다.

```
IDL> tv, rebin(image, sz[0]/2, sz[1]/2) ; 반으로 축소
```

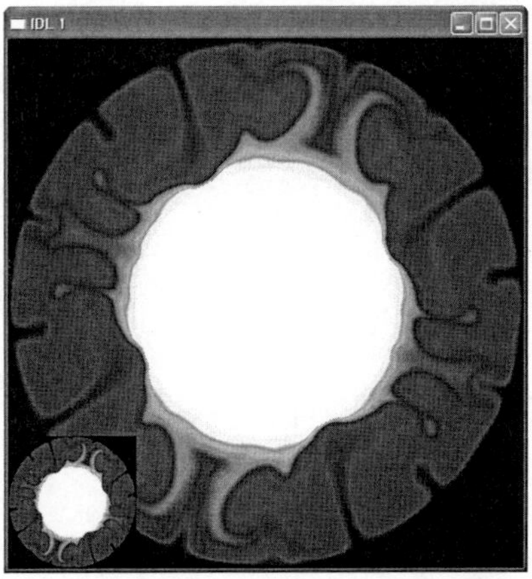

그림 23.5 이미지를 rebin 함수로 확대/축소한 모습

rebin 함수는 정수배만큼의 확대 및 축소만이 가능하며 그렇지 않은 배율을 설정하면 에러가 나게 된다. 예문으로 만든 이미지의 경우 x 방향의 크기가 248이므로 496, 744, 992와 같이 정수배 크기로 확대 하거나 또는 124, 62와 같이 정수로 나누어떨어지는 크기로 축소하는 것만이 가능하다.

• congrid 함수를 이용한 확대와 축소

congrid 함수는 다차원 배열을 임의의 크기로 확대하거나 축소한다. 기본으로 최근접이웃추출법으로 확대하거나 축소하며, 키워드 /interp를 설정하면 선형 또는 3차 콘볼류션 보간법으로 확대하거나 축소한다.

다음은 congrid 함수를 이용하여 가로 방향으로 2.5배, 세로 방향으로 1.8배 확대된 이미지를 표출하는 예문이다.

```
IDL> window, 2, xsize = 2.5*sz[0], ysize = 1.8*sz[1]
IDL> tv, congrid(image, 2.5*sz[0], 1.8*sz[1])
```

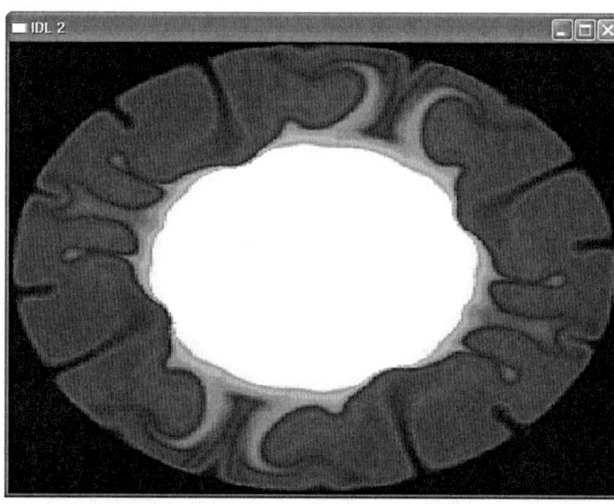

그림 23.6 예문 이미지를 congrid를 사용하여 확대한 모습

이와 같이 congrid는 임의의 배율로 확대와 축소가 가능하므로 rebin 함수에 비하면 사용상의 제약이 덜하다. 이미지를 보면 다소 거칠게 보이지만 이것은 최근접이웃추출법의 특징이며, 부드러운 결과를 원한다면 키워드 /interp를 설정하여 선형보간법으로 확대하거나 축소해야 한다.

```
IDL> window, 2, xsize = 2.5*sz[0], ysize = 1.8*sz[1]
IDL> tv, congrid(image, 2.5*sz[0], 1.8*sz[1], /interp)
```

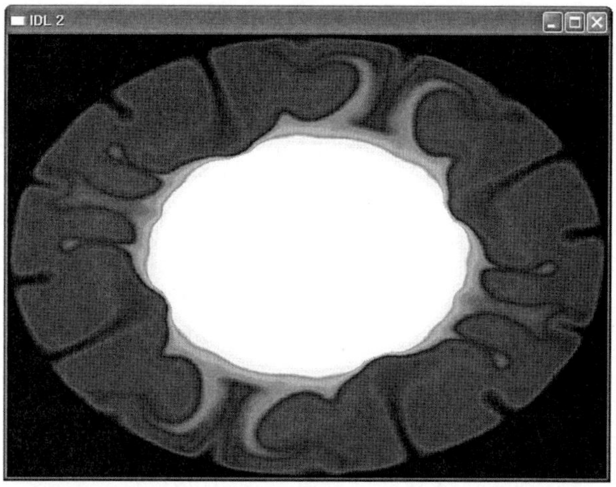

그림 23.7 예문의 이미지를 congrid를 사용하고 interp을 설정하여 확대한 모습

23.5 비트맵 형식 파일로 이미지 저장

비트맵 형식은 그래픽 윈도나 Z-버퍼에 있는 내용을 그림 파일로 저장하는 방식으로, 이미지를 확대해 보면 외곽선이 계단 모양으로 거칠게 되어 있다. 따라서 비트맵 형식은 원천적으로 분해능의 한계를 가진다. 그러나 비트맵 형식은 사용상의 편리성 때문에 상당히 많이 활용되고 있다. 우리가 흔히 접하는 GIF, JPEG, BMP, PNG, PICT, TIFF 등이 비트맵 형식에 속한다.

비트맵 형식의 이미지를 저장하기 위해서는 tvrd 함수로 현재 그래픽스 디바이스에 있는 내용을 읽어 들여야 한다. 이 함수는 다음과 같은 형태로 사용하며, WIN, MAC, X, Z의 그래픽스 디바이스에서만 적용할 수 있다.

```
IDL> image = tvrd()
```

이 함수로 읽어 들인 내용은 변수 image로 저장되며, 그래픽 윈도에 이미지를 그려놓은 화면을 그대로 캡처하는 역할을 하게 된다. 이 때, 8비트 표시 모드이면 image에는 2차원 배열의 의사 색상 이미지가 저장된다. 그러나 24비트 표시 모드에서 위와 같이 실행하면, 원래의 색상이 제대로 반영되지 않은 이상한 2차원 배열이 얻어지게 된다. 화면상의 원래의 색상이 제대로 반영되기 위해서는 다음과 같이 키워드 /true를 설정해야 3차원 배열의 참 색상 이미지로 저장된다.

```
IDL> image = tvrd(/true)
```

다음은 tvrd 함수의 올바른 사용법을 보여주는 예문이다. 이 예문에서 색상표 20번을 불러오고 shade_surf 프러시저로 면 그림을 그린 다음에, 이 화면을 tvrd 함수로 변수 image에 이미지 배열로 저장한다. tvrd 함수에 키워드 /true를 설정했기 때문에 image는 3차원 배열로 얻어진다.

```
IDL> window, /free, xsize=300, ysize=300
IDL> device, decomposed=0
IDL> loadct, 20
IDL> shade_surf, dist(100)
IDL> image = tvrd(/true) ; 이미지 캡처
IDL> help, image
 IMAGE    BYTE     = Array[3, 300, 300]
```

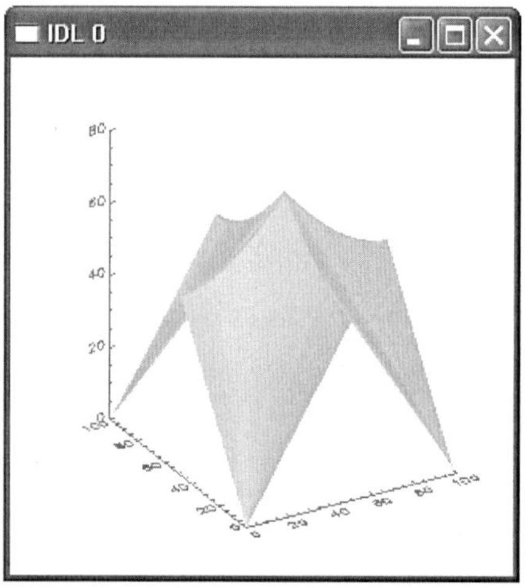

그림 23.8 true 키워드를 설정하여 제대로 캡처한 모습

위에서 캡처한 이미지는 다음과 같이 화면을 지우고 image를 표출하면 제대로 되었는지를 확인할 수 있다.

```
IDL> erase
IDL> tv, image, /true
```

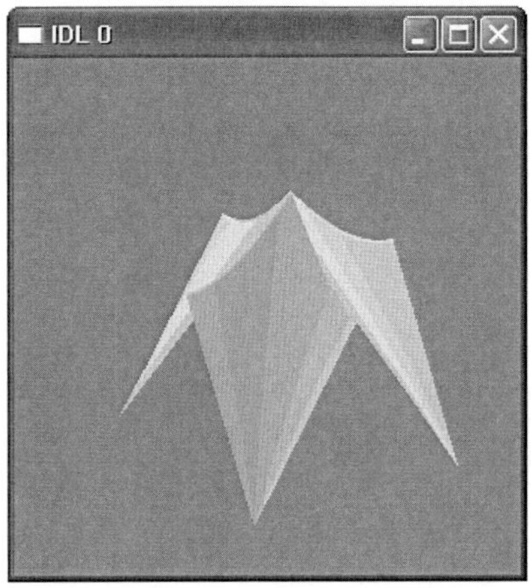

그림 23.9 true 키워드를 설정하지 않아 원래 색상이 제대로 반영되지 못한 모습

눈으로 보이는 그래픽 윈도 상에 그려진 내용을 가져올 수 있을 뿐만 아니라, 메모리에 그림을 그린 다음에 이것을 가져올 수도 있다. 이런 경우에는 다음 예문과 같이 그래픽스 디바이스를 Z-버퍼로 설정해야 한다.

```
IDL> ini_dev = !d.name ; 원래의 디바이스명을 저장
IDL> set_plot, 'z'; 그래픽스 디바이스를 Z-버퍼로 전환
IDL> device, set_resolution=[300, 300] ; 메모리의 화면 크기 설정
IDL> loadct, 20
IDL> shade_surf, dist(100)
IDL> image = tvrd()
IDL> tvlct, r, g, b, /get; 현재 색상표의 RGB 추출
IDL> set_plot, ini_dev; 원래의 디바이스로 복귀
```

위와 같이 실행하면 앞서 예문으로 그려보았던 면 그림을 그래픽 윈도에 띄우지 않고도 메모리에 그림을 그리고 이것을 변수 image에 저장할 수 있게 된다. 이미지가 제대로 캡처되었는지는 다음과 같이 화면을 띄우고 직접 그려서 확인해 볼 수 있다.

```
IDL> window, xsize=300, ysize=300
IDL> device, decomposed=0
IDL> tv, image
```

위의 과정으로 얻어진 image의 경우에 그 배열 구조가 [300, 300]인 의사 색상 이미지에 해당된다. 만약 z-버퍼를 사용하여 참 색상 이미지를 얻고자 할 경우에는 다음과 같이 device 명령어로 프레임 버퍼를 24비트로 설정하고 tvrd 함수에 키워드 /true 키워드

를 사용해야 한다. 이러한 과정을 거쳐 얻어진 image는 그 배열 구조가 [3, 300, 300]인 참 색상 이미지가 된다.

```
IDL> ini_dev = !d.name ; 원래의 디바이스명을 저장
IDL> set_plot, 'z'; 그래픽스 디바이스를 z-버퍼로 전환
IDL> device, set_resolution=[300, 300]; 메모리의 화면 크기 설정
IDL> device, set_pixel_depth=24; 버퍼를 24비트로 설정
IDL> loadct, 20
IDL> shade_surf, dist(100)
IDL> image = tvrd(/true) ; 키워드 /true로 설정
IDL> set_plot, ini_dev ; 원래의 디바이스로 복귀
```

이미지가 제대로 캡처되었는지는 다음과 같이 화면을 띄우고 직접 그려서 확인해 볼 수 있다.

```
IDL> window, xsize=300, ysize=300
IDL> tv, image, /true
```

지금까지는 그래픽 윈도나 메모리에 그려진 그림을 캡쳐하여 그 내용을 이미지 배열로 얻어내는 과정을 살펴보았다. 이제는 이것을 실제 비트맵 그림 파일로 저장하는 방법을 살펴보기로 한다. IDL에서 저장이 가능한 비트맵 형식은 표 23.1과 같다.

표 23.1 IDL에서 지원하는 비트맵 형식

형식	8비트	24비트	기본 압축	프러시저명
BMP	가능	가능	압축 안함	write_bmp
GIF	가능	불가	무손실 압축	write_gif
JPEG	불가	가능	손실 압축	write_jpeg
NRIF	가능	가능	압축 안함	write_nrif
PICT	가능	불가	압축 안함	write_pict
PNG	가능	가능	무손실 압축	write_png
PPM	가능	가능	압축 안함	write_ppm
SRF	가능	가능	압축 안함	write_srf
TIFF	가능	가능	압축 안함	write_tiff

이 표에서 보는 바와 같이 IDL에서는 널리 사용되는 대부분의 이미지 파일 형식으로 저장할 수 있다. 저장 방법은 그 형식에 따라 "write_저장형식"으로 시작하는 프러시저를 사용한다. 여기서는 자주 사용되는 GIF, JPEG, PNG, BMP의 형식에 대해 설명하기로 한다.

일반적으로 그림을 이미지 파일로 저장할 때 8비트 모드 혹은 24비트 모드가 있으며, 저장 형식에 따라 둘 중 하나만 가능하거나 둘 다 가능하기도 하다. PNG 형식의 경우에는 둘 다 가능하고, JPEG는 24비트만 가능하고, GIF는 8비트만 가능하다. 앞서 예문에서 그렸던 그림을 PNG 파일로 저장하는 방법을 살펴보면, 이미지 배열 변수가 의사 색상에 해당하면 8비트로 저장하고 참 색상에 해당하면 24비트로 저장한다. 먼저 8비트로 저장하는 과정은 다음과 같다.

```
IDL> window, /free, xsize=300, ysize=300
IDL> device, decomposed=0
IDL> loadct, 20
IDL> shade_surf, dist(100)
IDL> im = tvrd() ; 이미지 캡처
IDL> help, image
 IMAGE    BYTE    = Array[300, 300]
IDL> tvlct, r, g, b, /get; 현재 컬러테이블의 RGB 추출
IDL> write_png, 'test.png', image, r, g, b
```

PNG 형식으로 저장하는 write_png 프러시저에서 첫째 인수는 이미지 파일명, 둘째 인수는 이미지 배열이다. 그 뒤에 붙는 r, g, b는 선택사항으로서 그림을 그릴 때 사용된 색상표의 RGB 채널값에 해당된다. 특히, 컬러 이미지를 저장할 때에는 이 인수가 반드시 필요하며, 이를 위해서는 바로 앞 단계에서 tvlct 프러시저를 사용하여 현재 색상표의 RGB채널을 추출한다. 저장된 이미지 파일의 속성을 살펴보면 8비트 의사 색상 이미지로 저장되어 있음을 알 수 있다. GIF나 BMP 파일로 저장하려면 write_png 프러시저 대신에 다음과 같이 해당 프러시저를 사용하면 된다.

```
IDL> write_gif, 'test.gif', im, r, g, b
IDL> write_bmp, 'test.bmp', im, r, g, b
```

8비트 의사 색상이 아닌 24비트 참 색상 이미지로 저장하는 방법을 살펴보자. 이는 다음과 같은 과정을 거친다.

```
IDL> window, /free, xsize=300, ysize=300
IDL> device, decomposed=0
```

```
IDL> loadct, 20
IDL> shade_surf, dist(100)
IDL> image = tvrd(/true); 이미지 캡처
IDL> help, image
 IMAGE    BYTE    = Array[3, 300, 300]
IDL> write_png, 'test.png', image
```

8비트 의사 색상 이미지로 저장할 때와 다른 점은 이미지를 캡처할 때 키워드 /true 키워드를 설정한 것과 write_png 프러시저에서 RGB 채널 인수를 따로 설정하지 않은 것이다. 이 경우에 이미 image 자체가 3차원 이미지 배열이기 때문이다. 이렇게 저장된 그림 파일의 속성을 보면 24비트 참 색상 이미지로 저장되어 있음을 알 수 있다. 만약 JPEG 형식으로 저장하고자 한다면 write_png 프러시저 대신에 다음과 같은 해당 프러시저를 사용한다. 이 때, 유의할 사항은 입력 인수로 사용된 이미지 배열 image가 3차원이므로 반드시 키워드 /true를 사용해야 한다는 점이다.

```
IDL> write_jpeg, 'test.jpeg', image, /true
```

만약 image가 2차원 배열이라면 키워드 /true는 사용되지 않는다. 이렇게 저장된 jpeg 파일을 열어보면 그림의 질이 다소 떨어지는 것을 볼 수 있다. 이것은 jpeg 형식 자체가 기본적으로 압축에 의한 손실을 피할 수 없기 때문이다. 물론 이 프러시저에 키워드 quality를 사용하여 다소 질을 높일 수는 있지만, 그래도 한계는 존재한다. 따라서 압축손실이 없는 24비트 이미지를 얻으려면 다음과 같이 PNG 형식을 사용하는 것이 좋다.

```
IDL> write_png,'test.jpeg', image, /true
```

23.6 벡터 형식 파일로 이미지 저장

벡터 형식은 그림을 그래픽스 디바이스에서 직접 그려주는 방식이다. 따라서 선을 그릴 경우에, 비트맵 형식에서는 선을 픽셀 단위까지만 인식을 하기 때문에 확대하면 계단 현상이 두드러지게 나타난다. 그러나 벡터 형식에서는 선을 하나의 벡터로 인식하기 때문에 계단 현상은 나타나지 않는다. 벡터 형식의 하나인 포스트스크립트(PostScript) 디바이스에서 그 해상도가 1 cm당 1000개의 픽셀에 해당될 정도로 고해상도이므로 확대를 하더라도

외곽선의 경계가 여전히 부드러운 모습으로 유지된다. 따라서 그래프나 도형 위주의 그림에서는 벡터 형식이 적당하며, 사진이나 이미지와 같이 복잡한 패턴이 많이 들어가는 그림에서는 비트맵 형식이 보다 효율적이다. 가장 많이 사용되는 벡터 형식인 포스트스크립트 형식으로 그림을 저장하는 방법은 제17.2절을 참고하면 상세하게 이해할 수 있을 것이다.

23.7 이미지 데이터의 응용 사례

이미지 데이터로 표현하는 예제를 제시하였다. 예제 그림에 사용된 데이터나 데이터 입출력 과정은 생략하였고, 제시된 그림을 그리기 위한 맞춤설정 내용만 제시하였다.

- **레이더 이미지**

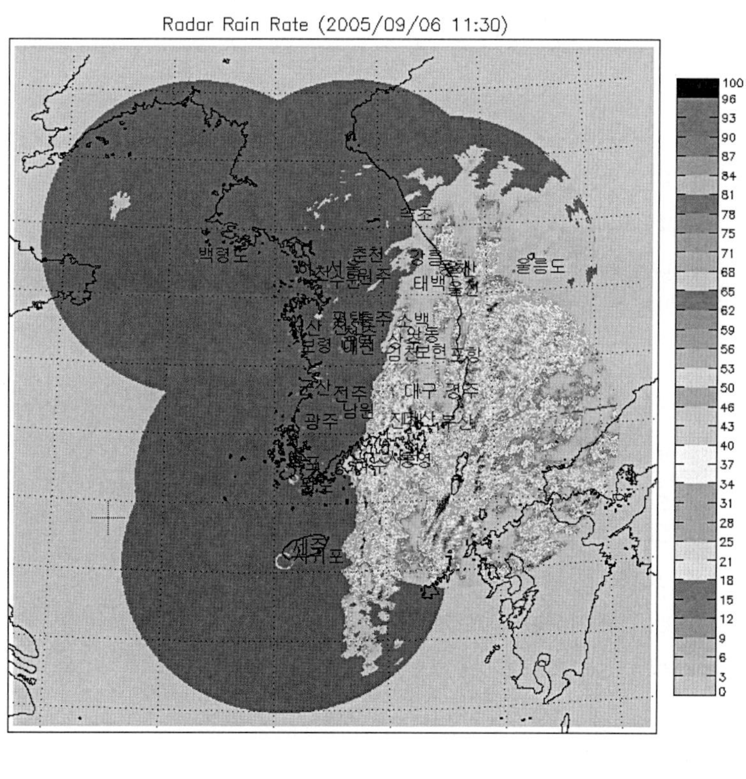

< 맞춤 설정 코드 >

※ 이 그림에 사용된 데이터는 임의로 만든 것으로 실제로는 원하는 데이터로 대체해야 한다. 이 코드에서 사용하는 외부 라이브러리는 다음에서 이용할 수 있다.
http://www.dfanning.com/programs/colorbar.pro
http://www.idluser.org/ '유용한 루틴' 26번 게시물

```
f = 'c1cm_200509061130.dat'
rain = intarr(901, 1051)
openr, lun, f, /get_lun
readu, lun, rain
free_lun, lun
byteorder, rain ;change byte order for windows machine
device, decomposed=0
loadct, 0
;make color table
tvlct,204,204,204, 0
tvlct,153,204,255, 1
tvlct,102,204,255, 2
tvlct, 51,153,255, 3
tvlct, 51,102,255, 4
tvlct,  0,102,255, 5
tvlct,153,255,153, 6
tvlct,102,255,102, 7
tvlct, 51,204, 51, 8
tvlct,  0,204,  0, 9
tvlct,  0,204,  0,10
tvlct,255,255,102,11
tvlct,255,255, 51,12
tvlct,255,204,  0,13
tvlct,255,204,  0,14
tvlct,255,153,  0,15
tvlct,255,204,255,16
tvlct,255,153,204,17
tvlct,255,102,204,18
```

```
tvlct,255, 51,153,19
tvlct,204,  0,102,20
tvlct,255,204,153,21
tvlct,255,153,153,22
tvlct,255,102,102,23
tvlct,255,  0,  0,24
tvlct,204,  0,  0,25
tvlct,255,153,255,26
tvlct,204,102,255,27
tvlct,153, 51,255,28
tvlct,153,  0,255,29
tvlct,153,  0,255,30
tvlct,  0,  0,  0,31 ;black
tvlct,102,102,102,32 ;outside radar range color
tvlct,255,255,255,33 ;white
!p.background=33
!p.color=31
window, xs=800, ys=700
erase
rain=rain/100.
;rainfall index
ri=[0.001, 0.1, 0.2, 0.4, 0.6, 0.8, 1.0, 1.5, 2.0, 3.0, $
    4.0, 5.0, 6.0, 7.0, 8.0, 9.0, 10.0, 12.0, 14.0, 16.0, $
    18.0, 20.0, 25.0, 30.0, 35.0, 40.0, 50.0, 60.0, 70.0, 80.0, $
    90.0,100,300.0]
rain[where(rain eq -327.68)]=0
rain[where(rain eq -327.67)]=32
limit=[30.79203, 121.5453, 40.49761, 132.5218]
position=[0.05,0.05,0.95,0.95]
map_set, 35, 126, /conic, /iso, standard_parallels=[30,60], $
      limit=limit, position=position, color=31,$
      title='Radar Rain Rate (2005/09/06 11:30)'
result=map_image(rain, startx,starty, latmin=limit[0], $
    lonmin=limit[1], latmax=limit[2], lonmax=limit[3], $
```

```
    compress=1)
tvscl, bytscl(result, min=0, max=100), startx, starty
tknms=['0','0.1', '0.2', '0.4', '0.6', '0.8', '1', '1.5', $
    '2', '3', '4','5', '6', '7', '8','9', '10', '12', '14', $
    '16', '18', '20', '25', '30', '35', '40', '50', '60', '70', $
    '80', '90','100',' ']
colorbar, /vertical, position=[0.90, 0.10, 0.95, 0.90], $
    range=[0,100], /right, div=32, ncolors=32, charsize=0.8, $
    minor=1, ticknames=tknms
map_continents, /hires, /coasts, color=31
map_grid, color=31
ifile = 'cities_korea.txt'
n = file_lines(ifile)
openr, lun, ifile, /get_lun
s = ''
for i = 0, n-1 do begin
  readf, lun, s
  spl = strsplit(s, ' ', /extract)
  name = spl[0]
  lat = spl[1]
  lon = spl[2]
  plots, [lon, lon], [lat, lat], $
      psym=plotsym(/circle, /fill, scale=0.4), color=20
  xyouts, lon, lat, name, font=0
endfor
```

• 위성 이미지

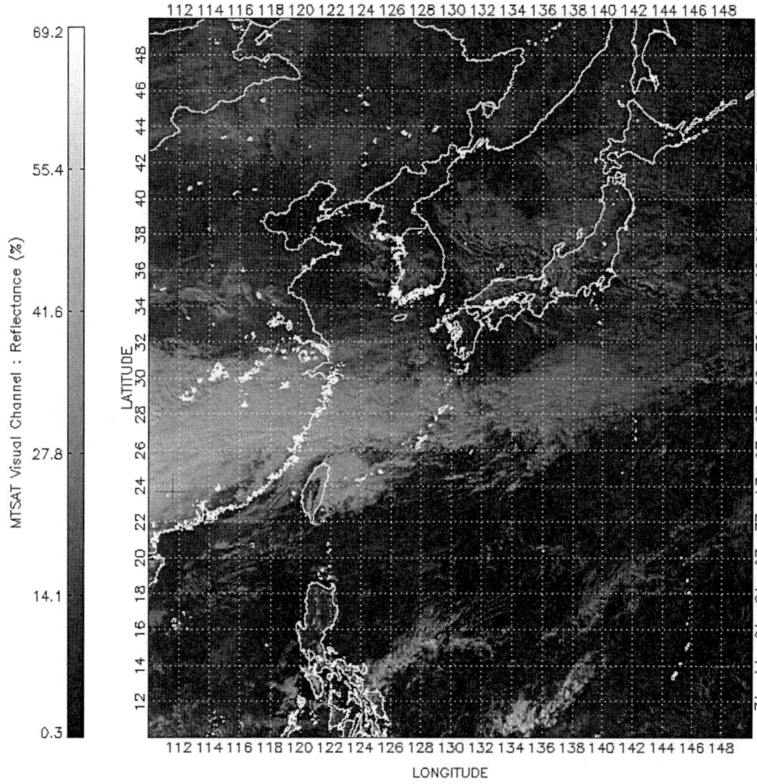

< 맞춤 설정 코드 >

※ 이 그림의 예제코드는 MTSA MTSAT full disk L1B HDF자료에 맞추어 작성된 것으로서 위성 자료의 종류에 따라 다르게 적용해야 한다. 이 코드에서 사용하는 외부 라이브러리는 다음에서 이용할 수 있다.

http://www.dfanning.com/programs/tvimage.pro

http://www.dfanning.com/programs/colorbar_define.pro

```
hdffile = HDF_SD_START(file)
HDF_SD_FILEINFO, hdffile, Datasets, Attributes
index = HDF_SD_ATTRFIND(hdffile, 'MINLON')
var = HDF_SD_SELECT(hdffile, index)
HDF_SD_ATTRINFO, hdffile, index, DATA=minlon
index = HDF_SD_ATTRFIND(hdffile, 'MAXLON')
```

```
var = HDF_SD_SELECT(hdffile, index)
HDF_SD_ATTRINFO, hdffile, index, DATA=maxlon
index = HDF_SD_ATTRFIND(hdffile, 'MINLAT')
var = HDF_SD_SELECT(hdffile, index)
HDF_SD_ATTRINFO, hdffile, index, DATA=minlat
index = HDF_SD_ATTRFIND(hdffile, 'MAXLAT')
var = HDF_SD_SELECT(hdffile, index)
HDF_SD_ATTRINFO, hdffile, index, DATA=maxlat
chn = 'VIS'
index = HDF_SD_NameToIndex(hdffile, 'MTSAT_'+chn+'_DATA')
var = HDF_SD_SELECT(hdffile, index)
HDF_SD_GETINFO, var
HDF_SD_GETDATA, var, data
index = HDF_SD_NameToIndex(hdffile, 'MTSAT_'+chn+'_LUT')
var = HDF_SD_SELECT(hdffile, index)
HDF_SD_GETINFO, var
HDF_SD_GETDATA, var, lut
HDF_SD_END, hdffile

data = lut[data]
sz = SIZE(data, /DIM)
cbt = 'MTSAT Visual Channel : Reflectance (%)'
szi = 750
posi = [0.22, 0.06, 0.97, 0.93]
lond = 2; longitude spacing for Asian region map
latd = 2; latitude spacing for Asian region map
cposi = [0.12, 0.06, 0.14, 0.92]
DEVICE, DECOMPOSED = 0
WINDOW, XS=szi, YS=szi
LOADCT, 0
TVLCT, 0, 0, 0, 0
TVLCT, 255, 255, 255, 255
ERASE, 255
limit=[10., 110., 50., 150.]
```

```
xmin = ROUND(sz[0] * (limit[1]-minlon) / (360+maxlon-minlon))
xmax = ROUND(sz[0] * (limit[3]-minlon) / (360+maxlon-minlon))
ymin = ROUND(sz[1] * (limit[0]-minlat) / (maxlat-minlat))
ymax = ROUND(sz[1] * (limit[2]-minlat) / (maxlat-minlat))
data1 = data[xmin:xmax, ymin:ymax]; sub image
mn = MIN(data1)
mx = MAX(data1)
data2 = (data1-mn)*253./(mx-mn)+1
clat = (limit[2]+limit[0])/2.
clon = (limit[3]+limit[1])/2.
map = MAP_PROJ_INIT(8, LIMIT=limit)
Plot, map.uv_box[[0, 2]], map.uv_box[[1, 3]], Position=posi, $
    XStyle=1, YStyle=1, XTICKLEN=1e-6, YTICKLEN=1e-6, $
    XTICKFORMAT='(A1)',                YTICKFORMAT='(A1)',
XTITLE='LONGITUDE', $
    YTITLE='LATITUDE', COLOR=0, /NoData, /NoErase
result = MAP_IMAGE(data2, stx, sty, COMPRESS=1, $
    MAP_STRUCTURE=map, LATMIN=limit[0], LONMIN=limit[1], $
    LATMAX=limit[2], LONMAX=limit[3], /BILINEAR)
TVIMAGE, data2, /OVERPLOT
MAP_CONTINENTS, MAP_STRUCTURE=map, /COAST, /COUNTRIES, /HIRES, $
    COLOR=255
MAP_GRID, COLOR=255, LONDEL=lond, LATDEL=latd, MAP_STRUCTURE=map
MAP_GRID, COLOR=0, LONDEL=lond, LATDEL=latd, BOX_AXES=0.1, $
    /NO_GRID, MAP_STRUCTURE=map
cbar = OBJ_NEW("COLORBAR")
cbar -> SetProperty, POSITION=cposi, /VERTICAL, RANGE=[mn, mx], $
    COLOR=0, MAJOR=5, MINOR=1, TITLE=cbt, BOTTOM=1, $
    NCOLORS=254, FORMAT='(F6.1)', TICKLEN=0.2, TICKV=0
cbar -> Draw
```

부 록

수학 관련 루틴과 유용한 팁

수학과 관련된 함수와 프러시저

부록 1

IDL은 과학 분석 언어로 개발되었기 때문에 수학과 관련된 함수와 프러시저를 많이 제공한다. 여기서는 자주 사용하는 수학 관련 프러시저나 함수를 간단한 범주에 따라 분류하고 이름과 기능을 요약하였다. 이들 프러시저와 함수에 대한 자세한 설명은 IDL Reference를 참고하는 것이 좋다.

함수/프러시저명	기능
복소수	
complex	인수를 복소수 형태로 전환한다.
conj	인수의 복소수 켤레를 되돌려준다.
dcomplex	인수를 배정도 복소수 형태로 전환한다.
imaginary	복소수 값의 허수부를 되돌려준다.
상관관계	
a_correlate	자기상관을 계산한다.
c_correlate	상호상관을 계산한다.
correlate	선형 피어슨 상관을 계산한다.
m_correlate	다중상관계수를 계산한다.
p_correlate	부분상관계수를 계산한다.
r_correlate	순위상관을 계산한다.
곡선/표면 적합	
comfit	6개의 일반적인 필터링 함수 중의 하나를 사용하여 짝자료를 적합한다.

함수/프러시저명	기능
crvlength	곡선 길이를 계산한다.
curvefit	사용자 공급 함수로 다변량 데이터를 적합한다.
gauss2dfit	2차원 타원형 가우스 방정식을 직선 격자 데이터에 적합한다.
gaussfit	가우스와 이차의 합으로 적합한다.
grid_tps	불규칙하게 표본추출된 데이터 값부터 직각 이차원 격자 데이터 값을 보간하기 위하여 얇은 판 스플라인(Thin Plate Spline)을 사용한다.
krig2d	크리깅을 사용하여 자료 세트를 보간한다.
ladfit	최소절대편차방법으로 짝자료를 적합한다.
linfit	카이제곱 오차 통계량을 최소화하여 적합한다.
lmfit	비선형 최소제곱 적합을 수행한다.
min_curve_surf	최소 곡률 면이나 얇은 판 스플라인 면으로 평면 혹은 구에 대해 보간한다.
poly_fit	최소제곱 다항식 적합을 수행한다.
regress	다중 선형 회귀식으로 적합한다.
sfit	표면에 다항식 적합을 수행한다.
svdfit	SVD 방법으로 다변량 최소제곱적합을 수행한다.
trigrid	삼각법으로 불규칙 격자 데이터를 직각 격자에 보간한다.
미분과 적분	
crvlength	곡선 길이를 계산한다.
deriv	3점 라그랑지 보간으로 미분한다.
derivsig	deriv으로 구한 도함수의 표준편차를 계산한다.
int_2d	이변량 함수의 이중적분을 계산한다.
int_3d	삼변량 함수의 삼중적분을 계산한다.
int_tabulated	제표 데이터 세트를 통합한다.
lsode	1시간 단계 H로 상미분방정식의 시스템에 대한 해를 전진시킨다.
qromb	닫힌 구간에 대해 적분을 구한다.
qromo	열린 구간에 대해 적분을 구한다.
qsimp	심프슨 법칙으로 적분을 구한다.
rk4	4차 룬게-쿠타법으로 미분방정식을 푼다.

함수/프러시저명	기능
고유값(eigenvalue)과 고유벡터(eigenvector)	
eigenql	실수 대칭 배열의 고유값과 고유벡터를 계산한다.
eigenvec	실수 비대칭 배열의 고유벡터를 계산한다.
elmhes	비대칭 배열을 상한 헤센베르그 형식으로 환산한다.
hqr	상한 헤센베르그 배열의 모든 고유값을 되돌려준다.
triql	3항 배열의 고유값과 고유벡터를 결정한다.
trired	실수 대칭 배열을 3항 배열로 환산한다.
격자화 및 보간	
bilinear	겹선 보간으로 배열을 계산한다.
grid_tps	불규칙하게 표본추출된 데이터 값부터 직각 이차원 격자 데이터 값을 보간하기 위하여 얇은 판 스플라인(Thin Plate Spline)을 사용한다.
grid3	산재한 3차원 데이터 세트로부터 정규 격자 3차원 데이터 세트를 생성한다.
interpol	벡터에 대해 선형 보간을 수행한다.
interpolate	보간의 배열을 되돌려준다.
krig2d	크리깅을 사용하여 자료 세트를 보간한다.
min_curve_surf	최소 곡률 면이나 얇은 판 스플라인 면으로 평면 혹은 구에 대해 보간한다.
polar_surface	면을 극좌표에서 직각좌표로 보간한다.
sph_scat	구면 격자화를 수행한다.
spl_init	보간 스플라인의 유형을 설정한다.
spl_interp	3차 스플라인 보간을 수행한다.
spline	3차 스플라인 보간을 수행한다.
spline_p	모수적 3차 스플라인 보간을 수행한다.
tri_surf	격자점 세트를 평활 5차 면으로 보간한다.
triangulate	평면 세트의 점들에 대해 들로네 삼각형을 구성한다.
trigrid	삼각법으로 불규칙 격자 데이터를 직각 격자에 보간한다.
value_locate	1개 이상의 탐색값 세트를 묶는 단조 벡터 내에서 간격을 구한다.
voronoi	들로네 삼각형에 대해 볼로노이 다각형을 계산한다.

함수/프러시저명	기능
가설검정	
cti_test	카이제곱 적합도 검정을 수행한다.
fv_test	F 분산 검정을 수행한다.
kw_test	크루스칼-왈리스 검정을 수행한다.
lnp_test	Lomb 정규주기도를 계산한다.
md_test	중앙 델타 검정을 수행한다.
r_test	임의성 검정을 수행한다.
rs_test	윌콕슨 순위합 검정을 수행한다.
s_test	부호순위 검정을 수행한다.
tm_test	t 평균 검정을 수행한다.
xsq_test	카이제곱 적합도 검정을 수행한다.
선형 시스템	
choldc	행렬의 콜레스키 분해를 구성한다.
cholsol	choldc를 사용하여 선형 방정식 세트를 푼다.
cond	정방행렬의 상태수를 계산한다.
cramer	크래머 규칙을 사용하여 선형 방정식의 시스템을 푼다.
crossp	벡터 교차곱을 계산한다.
determ	정방행렬의 행렬식을 계산한다.
gs_iter	가우스-사이델 반복으로 선형 체계를 푼다.
identity	항등 배열을 되돌려준다.
invert	정방 배열의 역을 계산한다.
linbcg	반복켤레경사도법으로 희박 선형 방정식의 세트를 푼다.
lu_complex	LU 분해로 복소수 선형 시스템을 푼다.
ludc	LU 분해로 배열을 교체한다.
lumprove	근사해를 개선하기 위하여 LU 분해를 사용한다.
lusol	ludc를 사용하여 선형 방정식의 세트를 푼다.
norm	벡터의 유클리드 노름이나 배열의 무한대 노름을 계산한다.
svdc	배열의 비정칙 분해를 계산한다.
svsol	후방대입으로 선형 방정식을 푼다.

함수/프러시저명	기능
trace	배열의 대각합을 계산한다.
trisol	선형 방정식의 삼중대각 시스템을 푼다.
수학적 오차 추정	
check_math	누적 수학의 오류 상태를 되돌려주고 지운다.
finite	인수가 유한이면 참을 되돌려준다.
machar	부동연산에 영향을 주는 기계 지정 파라미터를 결정하고 되돌려준다.
기타 수학 루틴	
abs	인수의 절대값을 되돌려준다.
ceil	인수와 동일하거나 큰 쪽에서 가장 근접한 정수를 되돌려준다.
cir_3pnt	3개 점이 주어지면 원의 반경과 중심을 되돌려준다.
complexround	복소수 배열을 반올림한다.
dist	빈도수에 비례하는 각 요소의 배열을 생성한다.
exp	주어진 식의 자연 로그 함수를 되돌려준다.
floor	인수와 동일하거나 작은 쪽에서 가장 근접하는 정수를 되돌려 준다.
imaginary	복소수 값의 허수부를 되돌려준다.
ishft	정수 비트 이동을 수행한다.
leefilt	이미지 배열에 대해 Lee 필터 알고리즘을 수행한다.
matrix_multiply	두 배열의 IDL 행렬곱 연산자(#)를 계산한다.
pnt_line	어떤 점과 선 사이의 수직거리를 되돌려준다.
poly_area	정점의 좌표로 주어진 다각형의 면적을 되돌려준다.
primes	소수를 계산한다.
round	인수에 가장 가까운 정수를 되돌려준다.
sph_4pnt	4점으로 주어진 구의 중심과 반경을 되돌려준다.
sqrt	인수의 제곱근을 되돌려준다.
total	배열의 인수에 대한 총합을 되돌려준다.
voigt	원자 흡수선 프로파일의 강도를 계산한다.
다변량 분석	
clust_wts	클러스터 분석을 위하여 배열의 클러스터 가중을 계산한다.
cluster	클러스터 분석을 수행한다.

함수/프러시저명	기능
cti_test	카이제곱 적합도 검정을 수행한다.
kw_test	크루스칼-왈리스 검정을 수행한다.
m_correlate	다중 상관 계수를 계산한다.
p_correlate	부분 상관 계수를 계산한다.
pcomp	주요 성분과 유도 변수를 계산한다.
standardize	표준 변수를 계산한다.
비선형 방정식	
broyden	브로덴 방법으로 비선형 방정식을 푼다.
fx_root	최적 뮬러 방법으로 일변량 비선형 함수의 실수와 복소수를 계산한다.
fz_roots	라게르 방법으로 복소수 다항식의 근을 찾는다.
newton	뉴턴 방법으로 비선형 방정식을 푼다.
최적화	
amoeba	활강 단방향 방법으로 함수를 최소화한다.
constrained_min	Generalized Reduced Gradient 방법으로 함수를 최소화한다.
dfpmin	Davidon-Fletcher-Powell 방법으로 함수를 최소화한다.
powell	Powell 방법으로 함수를 최소화한다.
확률	
binomial	이항분포함수를 계산한다.
chisqr_cvf	카이제곱분포에서 절사값을 계산한다.
chisqr_pdf	카이제곱분포를 계산한다.
f_cvf	F 분포에서 절사값을 계산한다.
f_pdf	F 분포 함수를 계산한다.
gauss_cvf	가우스 분포에서 절사값을 계산한다.
gauss_pdf	가우스 분포 함수를 계산한다.
gaussint	가우스 확률 함수의 적분을 되돌려준다.
t_cvf	스튜던트 분포에서 절사값을 계산한다.
t_pdf	스튜던트 분포를 계산한다.
신호처리	
a_correlate	자기상관을 계산한다.
blk_con	입력신호를 임펄스 반응 시퀀스로 콘볼류션한다.

함수/프러시저명	기능
c_correlate	상호상관을 계산한다.
convol	두 벡터나 배열을 콘볼류션한다.
correlate	선형 피어슨 상관을 계산한다.
digital_filter	비재귀 디지털 필터의 계수를 계산한다.
fft	고속 푸리에 변환
hanning	해닝과 해닝 윈도를 생성한다.
hilbert	힐버트 변환를 구축한다.
interpol	벡터에 대해 선형 보간을 수행한다.
leefilt	이미지 배열에 대해 Lee 필터 알고리즘을 수행한다.
m_correlate	다중 상관 계수를 계산한다.
median	배열의 중앙값을 되돌려주거나 중앙값 필터를 적용한다.
p_correlate	부분 상관 계수를 계산한다.
r_correlate	순위상관을 계산한다.
savgol	Savitzky-Golay 평활필터의 계수를 되돌려준다.
smooth	Boxcar 평균으로 평활한다.
ts_coef	자기회귀 시계열에 대한 계수를 계산한다.
ts_diff	시계열의 전진차분을 계산한다.
ts_fcast	정상 시계열의 전후 값을 계산한다.
ts_smooth	시계열의 이동평균을 계산한다.
wtn	입력 배열의 웨이블릿 변화
희박 배열	
fulstr	희박 행렬을 최대 저장 모드로 반환한다.
linbcg	반복켤레경사도법으로 희박 선형 방정식의 세트를 푼다.
read_spr	파일에서 행 지수 희박 행렬을 읽는다.
sprsab	희박 행렬에 대한 행렬곱을 수행한다.
sprsax	희박 행렬을 벡터로 곱한다.
sprsin	행렬을 행 지수 희박 행렬로 변환한다.
sprstp	희박 행렬의 전치를 구성한다.
write_spr	행 지수 희박 배열 구조체를 파일로 쓴다.

함수/프러시저명	기능
특별 수학 함수	
beseli	N차 I 베셀 함수를 되돌려준다.
beselj	N차 J 베셀 함수를 되돌려준다.
beselk	N차 K 베셀 함수를 되돌려준다.
besely	N차 Y 베셀 함수를 되돌려준다.
beta	베타 함수의 값을 되돌려준다.
errorf	오차 함수의 값을 되돌려준다.
expint	지수적분의 값을 되돌려준다.
gamma	감마 함수를 되돌려준다.
ibeta	불완전 베타 함수를 계산한다.
igamma	불완전 감마 함수를 계산한다.
laguerre	관련 라게르 다항식의 값을 되돌려준다.
legendre	르장드르 다항식의 값을 되돌려준다.
lngamma	감마 함수의 로그를 되돌려준다.
poly	어떤 변수에 대한 다항식 함수 값을 구한다.
spher_harm	구형 조화함수의 값을 되돌려준다.
통계 적합	
comfit	6개 일반적인 필터링 함수 중의 하나를 사용하여 짝자료를 적합한다.
curvefit	사용자 정의 함수로 다변량 데이터를 적합한다.
funct	가우스와 2차 다항식 합을 구하고, 선택사항으로 편도함수의 값을 되돌려준다.
ladfit	최소절대편차방법으로 짝자료를 적합한다.
linfit	카이제곱 오차 통계량을 최소화하여 적합한다.
regress	다중 선형 회귀식로 적합한다.
svdfit	SVD 방법으로 다변량 최소제곱 적합을 수행한다.
통계 도구	
factorial	N 계승을 계산한다.
hist_2d	두 변수의 히스토그램을 되돌려준다.
histogram	어떤 배열의 히스토그램을 계산한다.
kurtosis	어떤 벡터의 첨도를 계산한다.

함수/프러시저명	기능
max	어떤 배열의 최대 원소의 값을 되돌려준다.
mean	수 벡터의 평균을 계산한다.
meanabsdev	어떤 벡터의 평균절대편차를 계산한다.
median	배열의 중앙값을 되돌려주거나 중앙값 필터를 적용한다.
min	어떤 배열의 최소 원소의 값을 되돌려준다.
moment	평균, 분산, 비대칭도, 첨도 등을 계산한다.
randomn	정규분포 의사난수를 되돌려준다.
randomu	균일분포 의사난수를 되돌려준다.
ranks	크기 기반 순위를 계산한다.
skewness	어떤 벡터의 비대칭도를 계산한다.
sort	오름 순으로 분류된 배열의 지수를 되돌려준다.
stddev	어떤 벡터의 표준편차를 계산한다.
total	어떤 배열의 요소를 합한다.
variance	어떤 벡터의 분산을 계산한다.
시계열 분석	
a_correlate	자기상관을 계산한다.
c_correlate	상호상관을 계산한다.
smooth	Boxcar 평균으로 평활한다.
ts_coef	자기회귀 시계열에 대한 계수를 계산한다.
ts_diff	시계열의 전진차분을 계산한다.
ts_fcast	정상 시계열의 전후 값을 계산한다.
ts_smooth	시계열의 이동평균을 계산한다.
초월함수	
acos	아크 코사인을 되돌려준다.
alog	자연로그를 되돌려준다.
alog10	밑이 10인 로그를 되돌려준다.
asin	아크 사인을 되돌려준다.
atan	아크 탄젠트를 되돌려준다.
cos	코사인을 되돌려준다.
cosh	쌍곡선 코사인을 되돌려준다.

함수/프러시저명	기능
exp	주어진 식의 자연 로그 함수를 되돌려준다.
sin	삼각함수 사인을 되돌려준다.
sinh	쌍곡선 사인을 되돌려준다.
tan	탄젠트를 되돌려준다.
tanh	쌍곡선 탄젠트를 되돌려준다.
변환	
blk_con	입력신호를 임펄스 반응 시퀀스로 콘볼류션한다.
chebyshev	전진 또는 역의 체비셰프 다항식 전개를 되돌려준다.
convol	두 벡터나 배열을 콘볼류션한다.
fft	고속 푸리에 변환
hilbert	힐버트 변환을 구축한다.
hough	이차원 이미지의 Hough 변환을 되돌려준다.
radon	이차원 이미지의 Radon 변환을 되돌려준다.
wtn	어떤 배열의 웨이블릿 변환

알아두면 유용한 팁

부록 2

IDL을 사용하면서 알아두면 좋을만한 팁들을 몇가지 소개한다. IDL도 프로그래밍 언어이기 때문에, 여기 수록된 내용 외에도 굉장히 많은 팁들이 존재하지만, 지면 관계상 이를 모두 실을 수는 없다. 이 책에 나오지 않은 다른 팁들을 보고자 한다면, 국내 최대의 IDL 사용자 커뮤니티 사이트인 www.idluser.org에 방문해 보기를 권장한다.

1 반올림(round), 반내림(floor), 상한(ceil)

round 함수는 인수에 가장 가까운 long 정수를 되돌려준다. floor는 인수와 동일하거나 작은 쪽에서 가장 근접하는 long 정수를 되돌려 준다. ceil 함수는 인수와 동일하거나 큰 쪽에서 가장 근접한 long 정수를 되돌려준다.

```
IDL> arr = [4.2, 7.7, -1.1, -2.8]
IDL> print, long(arr)
 4    7    -1    -2
IDL> print, round(arr)
 4    8    -1    -3
IDL> print, floor(arr)
 4    7    -2    -3
IDL> print, ceil(arr)
 5    8    -1    -2
```

2 문자열의 앞과 뒤에 있는 공백 없애기

문자열의 앞과 뒤에 있는 공백은 strtrim 함수로 없앨 수 있다. strtrim 함수의 첫째 인수는 문자열 변수, 둘째 인수가 0이면 문자열의 앞에 있는 공백을, 1이면 문자열의 뒤에 있는 공백을, 2이면 문자열의 앞과 뒤에 있는 공백을 모두 없앤다.

```
IDL> s = '  12.4600  '
IDL> print, s
 ∨∨12.4600∨∨
IDL> print, strtrim(s, 2)+strtrim(s, 2)
 12.460012.4600
```

3 율리우스 일과 역일의 변환

율리우스 일(Julian day)은 BC 4713년 1월 1일을 0으로 시작하여 매일 1일씩 증가하는 날짜 체계이다. 이 체계에 따르면 날짜를 포함하는 데이터를 처리하는데 편리하다. 그렇지만 사람이 보기에는 불편하므로, 컴퓨터에서 날짜를 다룰 경우에는 모든 날짜는 율리우스 일(Julian day)를 바꾸어서 처리하고 최종에서 역일(Calendar day)로 변환하여 보여주는 것이 좋다. julday 함수는 역일을 율리우스력 일로 변환하며, caldat 함수는 율리우스력 일을 역일로 변환한다.

```
IDL> jd = julday(6, 20, 2008, 15, 38, 50)
IDL> help, jd
JD      DOUBLE  = 2454638.2
IDL> caldat, jd, mo, da, yr, ho, mi, se
IDL> print, mo, da, yr, ho, mi, se
    6    20    2008    15    38    50.000035
```

4 사용자 색상표의 제작

자신만의 색상표(color table)를 만들기 위해서는, 원하는 256개의 색상들 각각의 R, G, B값을 알아야 한다. 그러면 각각의 R, G, B는 256개짜리 배열이 되는데, 이를 tvlct 프러시저를 사용하여 불러오면 된다.

```
IDL> tvlct, r, g, b, /get
IDL> r[0:99] = 255
IDL> g[0:99] = 0
```

```
IDL> b[0:99] = 0
IDL> save, file = 'mycolors.sav', r, g, b
IDL> tvlct, r, g, b
IDL> plot, x, y, colors = 2
```

5 프로그램의 처리시간 확인

자신이 만든 프로그램을 실행했을 때, 구체적으로 프로그램 내의 어느 부분에서 시간이 오래 걸리는가를 점검해볼 수 있다. 이를 위하여 systime이라는 함수를 사용한다. 어떤 특별한 작업을 시작할 때의 시간을 구하고, 작업이 끝난 후의 시간을 구해서 서로간의 차이를 구하면 된다.

```
IDL> jd1 = systime(/julian)
IDL> data = hanning(300, 300)
IDL> ww = where(data gt 0.3 and data lt 0.7, count)
IDL> data[ww] = 0.5
IDL> tvscl, data
IDL> jd2 = systime(/julian)
IDL> print, 'time duration (seconds) : ', jd2-jd1
```

찾아보기_INDEX

기호 · 숫자

A

B

C

D

E

F

G

H

I

J

K

저자 약력

| **허복행**(許福行, Bok-Haeng Heo) |

- 경북대학교 지학교육과 졸업
- 경북대학교 대학원 천문대기과학과 대기과학 박사
- (現) 경북대학교 천문대기과학과 겸임교수
  (現) 기상청 기상레이더센터 근무
- 경북대학교 대학원과 국립기상연구소에서 IDL 강의

정가 27,000원

쉬워지는 과학, IDL 프로그래밍

2011년 1월 3일 초판 인쇄
2011년 1월 15일 초판 발행

저 자 : 허 복 행
발행자 : 우 명 찬 · 송 준
발행처 : 홍릉과학출판사
주 소 : ㊮ 142-885 서울시 강북구 인수동 455-60
등 록 : 1976년 10월 21일 제5-66호
전 화 : 999－2274~5, 996－8341, 903－7037
팩 스 : 905-6729
ISBN : 978-89-7283-750-3
hongpub@hongpub.co.kr
www.hongpub.co.kr

저자와의 협의하에 인지생략